Erhard Hornbogen • Birgit Skrotzki

Mikro- und Nanoskopie
der Werkstoffe

3. Auflage

 Springer

Prof. Dr.-Ing. Dr.h.c. Erhard Hornbogen (em.)
Lehrstuhl für Werkstoffwissenschaft
Institut für Werkstoffe
Fakultät für Machinenbau
Ruhr-Universität Bochum
44780 Bochum

Priv. Doz. Dr.-Ing. Birgit Skrotzki
BAM Bundesanstalt für Material-
forschung und -prüfung
Unter den Eichen 87
12205 Berlin
birgit.skrotzki@bam.de

ISBN 978-3-540-89945-7   e-ISBN 978-3-540-89946-4
DOI 10.1007/978-3-540-89946-4
Springer Dordrecht Heidelberg London New York

Die Deutsche Nationalbibliothek verzeichnet diese Publikation in der Deutschen Nationalbibliografie;
detaillierte bibliografische Daten sind im Internet über http://dnb.d-nb.de abrufbar.

Einbandentwurf: eStudio Calamar S.L.

Gedruckt auf säurefreiem Papier

Springer ist Teil der Fachverlagsgruppe Springer Science+Business Media (www.springer.com)

Inhalt

IV

1 Systematik und Methoden zur Kennzeichnung des Aufbaus der Werkstoffe

1.1 Einleitung

Die Materialwissenschaft behandelt den Zusammenhang zwischen dem Aufbau und den nützlichen Eigenschaften aller Werkstoffgruppen. Für die Strukturen unterscheiden wir drei Größenbereiche Δx: makro ($1\ mm \leq \Delta x_{Makro} \leq \infty$), mikro ($10\ nm \leq \Delta x_{Mikro} \leq 1\ mm$), nano ($0{,}1\ nm \leq \Delta x_{Nano} \leq 10\ nm$). Die zugehörigen Methoden werden entsprechend als Makroskopie, Mikroskopie, Nanoskopie bezeichnet. Diese sind in der Lage eine vollständige Beschreibung vom Aufbau der festen Stoffe zu geben: von den Grundbausteinen (Atom und Molekül), über die Phasen (Kristall, Quasikristall, Glas/amorpher Festkörper) mit ihren Baufehlern, bis zu dem, was in Zeiten als lichtmikroskopische Methoden vorherrschten, als das Gefüge bezeichnet wurde. Diesen nützlichen Begriff gibt es allerdings nur in der deutschen Sprache. Wir unterscheiden jetzt wiederum Makro-, Mikro- und Nanogefüge. Letzteres ist Gegenstand elektronenoptischer Methoden. Besonders vielfältig anwendbar ist direkte Durchstrahlung von Proben mit Elektronen. Deshalb findet diese Methode in diesem Buch besondere Beachtung. Heute können wir alle Ebenen der Struktur, auch kompliziert aufgebauter Werkstoffe der Technik, lückenlos analysieren und den Eigenschaften zuordnen. Viele werkstofftechnische Entwicklungen werden auf dieser Grundlage gezielt und damit auch am wirtschaftlichsten durchgeführt.

Ziel des vorliegenden Buches ist eine knappe, aber trotzdem umfassende Darstellung der Werkstoffmikroskopie. Dabei werden physikalische Grundlagen, soweit unbedingt notwendig, ebenso behandelt wie die kompliziert aufgebauten Gefüge von Werkstoffen der Technik wie zum Beispiel ausscheidungsgehärtete Aluminiumlegierungen und thermo-mechanisch behandelte Stähle. Die verschiedenen mikroskopischen Methoden werden systematisch und vergleichend erörtert. Im Mittelpunkt stehen aber die Methoden der Transmissionselektronenmikroskopie, einschließlich Beugung zur Analyse der Struktur der Phasen sowie Spektroskopie für die quantitative Bestimmung der Atomarten. Der Grund dafür ist, dass die Auswertung der Abbildungen der meisten mikroskopischen Methoden relativ vordergründig ist. Dies gilt nicht für die Transmissionselektronenmikroskopie, wo ohne Kenntnisse der Grundlagen der Bildentstehung wenig auszurichten ist. Andererseits gibt gerade diese Methode die bei weitem umfassendste Auskunft über den Aufbau der Werkstoffe. Sie steht deshalb im Mittelpunkt der mikroskopischen Methoden. In den allermeisten Fällen muss sie aber durch andere Methoden, insbesondere die Lichtmikroskopie und die Rasterelektronenmikroskopie, ergänzt werden.

Das Buch beruht auf Vorlesungen und Übungen, die von den Autoren im Rahmen des Vertiefungsfaches Werkstoffwissenschaft an der Ruhr-Universität gehalten wurden. Es ist aber auch zum Selbststudium für alle Naturwissenschaftler und Ingenieure geeignet, die einen Einstieg in das Gebiet der Mikroskopie von metallischen, keramischen und polymeren Werkstoffen suchen. Weiterführende Literatur ist am Ende eines jeden Kapitels angegeben.

Die Forschung auf dem Gebiet der Werkstoffe ist in den letzten 100 Jahren sehr schnell fortgeschritten. Die Anregung dafür stammt aus zwei Quellen. Die Ergebnisse der Materialwissenschaft haben dazu beigetragen, dass wir viele Eigenschaften der bekannten Werkstoffe besser verstehen. So hat die Theorie der Baufehler des Kristallgitters zu einem quantitativen Verständnis der Metallplastizität geführt, die Theorie der ferromagnetischen Bezirke zum Verständnis der Eigenschaften magnetisch weicher und harter Stoffe. Die zweite Anregung stammt von der Technik. Für deren neue Entwicklungen müssen neue oder sehr verbesserte Werkstoffe entwickelt werden, zum Beispiel für Gasturbinen oder integrierte Schaltungen. Außerdem wird von vielen bekannten Werkstoffen größere Reproduzierbarkeit ihrer Eigenschaften gefordert.

Für diese Werkstoffentwicklungen ist es immer weniger sinnvoll, den früher allein üblichen empirischen Weg zu gehen. Es ist vielmehr zweckmäßig, die Eigenschaften eines Werkstoffes aus der Mikrostruktur abzuleiten. Die moderne Festkörperforschung liefert Theorien, in denen mikroskopischer Aufbau und makroskopische Eigenschaften in einfachen Fällen verknüpft werden. In zunehmendem Maße lassen sich auch technisch wichtige Eigenschaften wie Empfindlichkeit gegen Spannungskorrosion und Ermüdung oder Neigung zu Sprödbruch aus dem mikroskopischen Aufbau ableiten. Voraussetzung dazu ist in jedem Fall, dass der mikroskopische Aufbau eines Stoffes lückenlos bekannt ist.

Zusätzlich zu den seit langem bekannten Methoden zur Untersuchung des Aufbaus der Stoffe

- Chemische Analyse - zur Bestimmung der Atomarten,
- Beugung von Röntgenstrahlen - zur Bestimmung der Kristallstrukturen,
- Lichtmikroskopie - zur Untersuchung des Mikrogefüges

sind in den letzten Jahren weitere Methoden gekommen, die vorzugsweise mit Korpuskelstrahlen (= Teilchenstrahlen) als Sonden zur Untersuchung der Nanostrukturen arbeiten. Die wichtigsten sollen nachstehend aufgeführt werden:

- Durchstrahlungs-Elektronenmikroskopie,
- Emissions-Elektronenmikroskopie,
- Raster-Elektronenmikroskopie,
- Elektronenstrahl-Mikrosonde,
- Feldionen-Mikroskopie,
- Rastersondenmikroskopie
- Computertomographie.

Jedes dieser Verfahren hat seinen mehr oder weniger weiten Anwendungsbereich, in dem es vor allen anderen Verfahren die beste Information über einen mikroskopischen Parameter liefert. Durch eine geeignete Kombination dieser Verfahren sind wir heute in der Lage, eine lückenlose mikroskopische Kennzeichnung zu geben. Gegenstand der Kapitel 2 bis 12 dieses Buches ist ein Teilgebiet der Werkstoffmikroskopie - die direkte Durchstrahlung des Werkstoffes mit Elektronen -, ein Verfahren, das sich durch eine große Breite der Anwendungsmöglichkeiten auszeichnet.

1.2 Systematik des Gefüges

Zu einer vollständigen mikroskopischen Kennzeichnung eines Werkstoffes gehören folgende Größen, die z. T. in Abb. 1.1a in einer zweidimensionalen Darstellung schematisch gezeigt werden:

- Atomart (d. h. die chemische Zusammensetzung),
- Moleküle, die Grundbausteine einer Phase für Polymerwerkstoffe,
- die Anordnung der Grundbausteine mit den Grenzfällen "perfekter Kristall" (größtmögliche Ordnung) und "Glas" oder "amorpher Festkörper" (kleinstmögliche Ordnung im festen Zustand),
- die Volumenanteile, Größe, Form und Verteilung der Phasen (für den Fall von mehrphasigen Stoffen),
- in kristallinen Stoffen die nicht im thermodynamischen Gleichgewicht befindlichen Gitterstörungen wie Korngrenzen, Stapelfehler, Zwillingsgrenzen, Versetzungen, Leerstellen; im Falle von kristallinen und nichtkristallinen Phasengemischen zusätzlich die Phasengrenzen nach Art, Form, Dichte und Verteilung,
- elektronische Strukturen wie Bloch- und Néel-Wände (= Grenzen zwischen Bereichen mit unterschiedlicher Magnetisierungsrichtung, s. Kap. 10), Flussfäden der Supraleiter, ferroelektrische Bezirke,
- Struktur und Morphologie der Oberfläche des Werkstoffes.

Abb. 1.1b definiert die Begriffe „makro", „mikro" und „nano" im Größenbereich von Strukturen. So liegen z.B. Nanoteilchen im Größenbereich von 10^{-9} m.

Die Eigenschaften der festen Stoffe können danach eingeteilt werden, ob sie primär abhängen von

- Atomart - z. B. Dichte, kernphysikalische Eigenschaften,
- Molekülstruktur - z. B. chemische Eigenschaften, Schmelztemperatur von Molekülkristallen, Viskosität,
- Kristallstruktur - z. B. Kristallanisotropie, Anisotropie des Elastizitätsmoduls,
- Gitterstörungen - z. B. Kristallplastizität, magnetische Hysterese, Leitfähigkeit von Halbleitern.

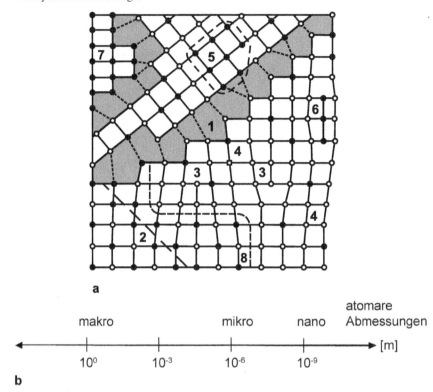

a

atomare

makro   mikro   nano   Abmessungen

← ——————|————————|————————|————————→ [m]

10^0 10^{-3} 10^{-6} 10^{-9}

b

Abb. 1.1: a) Zweidimensionale schematische Darstellung des Gefüges eines Stoffes, der aus mehreren Kristallarten besteht, die wiederum verschiedene Arten von Gitterbaufehlern enthalten: 1. Korngrenze, 2. Antiphasengrenze, 3. Stufenversetzung, 4. Leerstelle, 5. kohärentes Teilchen, 6. teilkohärentes Teilchen, 7. nicht kohärentes Teilchen, 8. Grenze zwischen geordneter Phase und ungeordnetem Mischkristall, b) Größenbereiche der Strukturen

Die Strukturen der untersuchten Werkstoffe können durch ganz verschiedene Ursachen entstanden sein. Zum Beispiel:

- *Thermodynamisches Gleichgewicht*: sehr langsame Abkühlung: Meteoriten, graues Gusseisen (Abb. 1.9c), Einkristalle.
- *Eingefroren*: Glas als eingefrorene Flüssigkeit (Abb. 4.5b), Leerstellen in abgeschreckten Mischkristallen, Versetzungen in kalt verformten Kristallen (Abb. 6.9e).
- *Evolutionäre Struktur*: entstanden in zeitlicher Folge durch Keimbildung und Wachstum aus Glas (Abb. 8.11, 8.12) oder übersättigtem Mischkristall (Abb. 1.29, 8.6, 8.7, 8.9, 8.10, 8.13, 9.4).
- *Historische Struktur*: z.B. Schadensfälle (Abb. 1.26 bis 1.28, 9.3, 9.18 bis 9.21), entstanden in zeitlicher Folge aus Risskeim und dessen Wachstum bis zum kritischen Zustand.

- *Fraktale Strukturen:* raue Linien, Flächen – nichteuklidische Dimensionen von Gitterfehlern, Oberflächen (Abb. 1.6).
- *Künstliche Strukturen*: hergestellt mittels menschlicher Intelligenz, z.B. durch Aufdampftechniken (integrierte Schaltkreise) oder Sintern (Abb. 5.7c, Abb. 7.6).

Ein Verständnis der Werkstoffeigenschaften setzt eine vollständige Kenntnis der Mikrostruktur voraus. Dafür ist eine klare Systematik erforderlich, die alle Aspekte enthält und die Voraussetzungen für eine quantitative Beschreibung liefert. Zunächst unterscheiden wir die bereits erwähnten Ebenen der Struktur, die, ausgehend vom makroskopischen Werkstoff (Probe, Bauteil), vom Gefüge bis zu den Elementarteilchen reichen (Tabelle 1.1, Abb. 1.1b). Das Gefüge steht in der Werkstoffmikroskopie im Mittelpunkt des Interesses. Es folgen die Phasenstruktur (Kristall, Quasikristall, Glas) und die Atomart. Die für die hochpolymeren Stoffe so wichtige Ebene der molekularen Struktur ist den üblichen Mikroskopien nicht zugänglich, sondern spektroskopischen und nanoskopischen Methoden vorbehalten.

Tabelle 1.1: Strukturebenen von Werkstoffen

			Größenordnung [m]
+5	Industrie	Makrostruktur	
+4	Anlage		
+3	Maschine		
+2	Einfaches System		
+1	Bauteil		
0	Probe/Halbzeug		Größenordnung [m]
-1	Gefüge	Mikrostruktur	$5 \cdot 10^{-9} - 10^{0}$
-2	Phase		$10^{-9} - 10^{-6}$
-3	Molekül		$10^{-9} - 10^{-4}$
-4	Atom		10^{-9}
-5	Elementarteilchen		10^{-15}

Für eine Beschreibung des Gefüges ist es sehr sinnvoll, Elemente entsprechend ihrer euklidischen geometrischen Dimension d zu definieren. Im dreidimensionalen Raum ergeben sich vier Gruppen: punkt-, linien-, flächenförmige sowie räumliche Elemente (Tabelle 1.2). Sie werden quantitativ als Dichten ρ_i (Defektdichten: $d \cdot m^{-3}$) angegeben und besitzen eine Energie e (Einheit $J \cdot d^{-1}$); das Produkt $\rho_i \cdot e_i$ hat dann immer die Einheit Jm^{-3}. Es handelt sich also um eine Energiedichte, nämlich die Gefügeenergie. Die mikroskopischen Methoden sind hilfreich bei ihrer Bestimmung in Ergänzung zur Kalorimetrie (= Messung von Wärme-mengen). In der Praxis spielt diese Energie eine wichtige Rolle, zum Beispiel als Triebkraft für Kristallerholung, Rekristallisation und Kornwachstum.

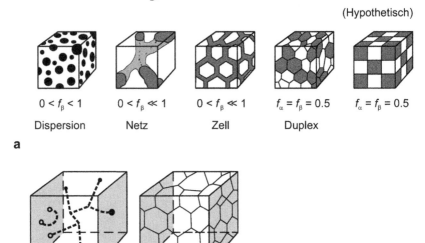

Abb. 1.2: a) Prinzipielle Gefügetypen in zweiphasigen Mikrostrukturen (schematisch). Bei glei-chen Volumenanteilen der Phasen führen die verschiedenen Gefügetypen zu unterschiedlichen Eigenschaften des Werkstoffes. b) Perkolation (i.e. lückenlose Durchdringung) von Gefügeele-menten (Versetzungen $d = 1$, Korngrenzen $d = 2$) c) Perkolation in anisotropen und isotropen homogenen Gefügen

Tabelle 1.2: Euklidische Dimensionen *d* und spezifische Energien *e* von Gefügeelementen.

d	Element	Dichte ρ	spezifische Energie *e*	Härtungsmechanismus
0	Leerstelle	m^{-3}	J	Bestrahlungshärtung
	Zwischengitteratom			Mischkristallhärtung
	Substitutionsatom			
1	Versetzung	m^{-2}	Jm^{-1}	Kaltverfestigung
2	Korngrenzen	m^{-1}	Jm^{-2}	Feinkornhärtung
	Zwillingsgrenzen			
	Antiphasengrenzen			
3	dispergierte Teilchen	m^{0}	Jm^{-3}	Ausscheidungshärtung

Ein weiteres wichtiges Gebiet ist die Beschreibung mehrphasiger Gefüge. Zum Beispiel kann ein Werkstoff aus 50 v/o α-Phase und 50 v/o β-Phase bestehen. Dann gibt es drei grundsätzliche Möglichkeiten, diese Phasen anzuordnen (Abb. 1.2). Sie sind als Gefügetypen bekannt und zwar: Dispersions-, Zell- und Netzgefüge.

Zellstrukturen, deren eine Komponente ein Gas ist, sind als Schäume oder Schwämme bekannt. Falls Perkolation (= Durchdringen) des Gases möglich ist, handelt es sich um offene Schäume, sonst um geschlossene Schäume.

Eine Variante des Netzgefüges ist das Duplexgefüge, während Dualphasengefüge einen speziellen Fall der Dispersionen darstellen. Duplexstähle und Dualphasenstähle weisen derartige Gefüge auf. Duplexstähle weisen zweiphasige Gefüge mit etwa gleichen Anteilen von Ferrit (α-Eisen) und Austenit (γ-Eisen) auf. Sie werden in korrosiven Umgebungen und bei tiefer Temperatur eingesetzt. Dualphasenstähle sind ebenfalls zweiphasig, aber ihr Gefüge besteht aus einer ferritischen Matrix mit martensitischen Körnern, die auf den Ferritkorngrenzen dispergiert sind. Der Martensitanteil beträgt etwa 10 – 20 %. Diese Stähle werden als Bleche im Karosseriebau eingesetzt, da sie sich durch Tief- und Streckziehen gut umformen lassen.

Es ist plausibel, dass verschiedene Gefügetypen trotz gleichen Volumenanteils zu unterschiedlichen Werkstoffeigenschaften führen können. Dies wird deutlich durch eine Festlegung dieser Gefügetypen mit Hilfe der *Perkolation*. Dies bedeutet eigentlich Durchdringungsfähigkeit. In einer Dispersion kann in der Grundmasse α immer ein Weg von einem Ende der Probe bis zur anderen gefunden werden. Die Teilchen liegen darin völlig isoliert. Entsprechendes gilt für das Zellgefüge, in dem dieser Weg jedoch entlang der Zellwände führt, in denen das Zellinnere isoliert ist. Für die Beurteilung der Leitfähigkeit von Metallen ist entscheidend, ob Elektronen diesen Weg finden. Ist in der Dispersion die Grundmasse elektrisch leitend, so ist es der Gesamtwerkstoff. Das gleiche gilt für die Phase, die eine Zellwand bildet. Schließlich muss in diesem Zusammenhang der *Netz-* oder *Duplex-Typ* erwähnt werden. Hier haben wir Perkolation durch α- und ß-Phasen.

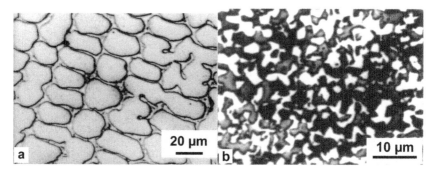

Abb. 1.3: Beispiele für zweiphasige Gefüge a) Zellstruktur, Fe-12Mn-0,5 B-12C (wt. %), LM b) Duplexgefüge, Fe-9 Ni, Ferrit + Martensit, LM

Diese Zusammenhänge sind nicht nur für Leitfähigkeiten, sondern auch für Diffusions-, Korrosions- oder Bruchvorgänge von Bedeutung. Dreidimensionale Licht- und Elektronenmikroskopie erlauben eine eindeutige Kennzeichnung der Gefügetypen (Abb. 1.3).

Elemente und Typen reichen manchmal nicht zur vollständigen Kennzeichnung der in der Praxis gefundenen Gefüge aus. Häufig treten mehrere Elemente und Gefügetypen auf. So können die teilchenfreien Zonen in der Umgebung von Korngrenzen ausscheidungsgehärteter Legierungen als Zellgefüge betrachtet werden, das sich dem Dispersionsgefüge im Korninneren überlagert (Abb. 1.4). Weitere wichtige Aspekte sind Gefügegradienten (= Gefügeänderungen, z.B. von der Oberfläche ins Innere, siehe Abb. 1.5), Ordnung und Unordnung im Gefüge und fraktale Gefüge (Abb. 1.6).

Fraktale (oder selbstähnliche) Gefüge sind Strukturen wie z.B. raue oder zerklüftete Oberflächen, Dendriten, Agglomerate und verzweigte Risse, die relativ ungeordnet, aber noch nicht chaotisch sind. Selbstähnlichkeit bedeutet, dass bei höherer Vergrößerung und größerem Auflösungsvermögen die beobachtete Form der ursprünglichen Form geometrisch ähnlich ist. Für eine Fraktalanalyse ist daher die kombinierte Anwendung mehrerer mikroskopischer Methoden erforderlich. Martensit, wie er in Abb. 1.6 dargestellt ist, lässt sich mit klassischer quantitativer Metallographie nicht beschreiben, kann aber mit der nicht-ganzzahligen Fraktaldimension D gekennzeichnet werden (Abb. 1.6d).

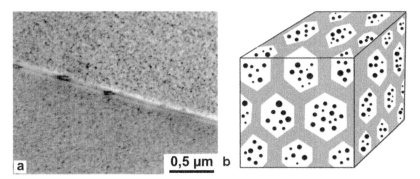

Abb. 1.4: Überlagerung von Zell- und Dispersionsgefüge. a) Teilchenfreie Zone in der Umgebung der Korngrenze einer ausscheidungsgehärteten AlMgSi1-Legierungen (B. Grzemba) b) schematisch: Überlagerung von groben Zell- und feinen Dispersionsgefügen

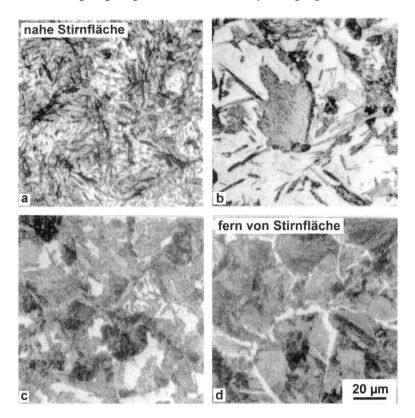

Abb. 1.5: Gefügegradient einer Stirnabschreckprobe. Das Gefüge ändert sich mit zunehmendem Abstand x von der Stirnfläche. a) $x = 1,5$ mm: Martensit b) $x = 6$ mm: Martensit und Bainit c) $x = 7$ mm: Martensit, Bainit und Perlit d) $x = 24$ mm: Perlit und Ferrit, Zellgefüge des Ferrit (E. Kobus)

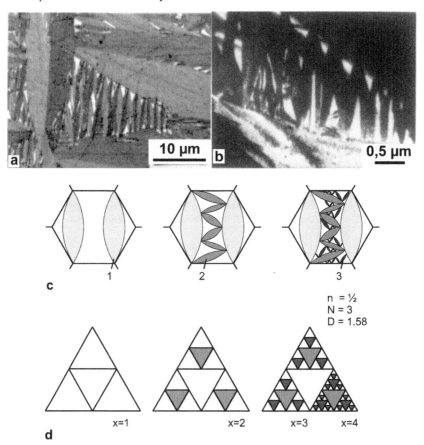

Abb. 1.6: . a)-b) Fraktale Gefüge. a) Martensitisches Gefüge; Fe-31.6 Ni-1.7 Cu (LM) b) Martensit im TEM; Fe-31 Ni-10 Co-3.5 Ti (wt.%) (K. Escher) c) Bildung von drei Martensitkristall-generationen im Austenit (schematisch) d) Sierpinsky-Dreieck, durch aufeinanderfolgende Fragmentation gebildet, dient als Modell für martensitische Umwandlung α, von Austenit γ; Hausdorff-Dimension: $1 < D = 1{,}58 < 2$

1.3 Optische Verfahren zur Analyse des Aufbaus der Werkstoffe

Es gibt eine sehr große Zahl von Methoden zur Analyse der verschiedenen Ebenen der Struktur. Sie beruhen alle auf der Wechselwirkung entweder von elektromagnetischen Wellen (Licht, Röntgenstrahlen) oder Korpuskelstrahlen (Elektronen, Neutronen) mit dem zu untersuchenden Stoff (Tabelle 1.3). Die grundsätzlichen Wirkungsweisen dieser Methoden und deren wichtigste Anwendungsgebiete sollen im nächsten Abschnitt kurz behandelt werden.

Tabelle 1.3: Verfahren für Festkörperanalyse mittels Elektronen, Röntgenstrahlen und Ionen

Ab-kürzung	Struktur-ebene	Methode		Art der Wechsel-wirkung
ISS	A	ion scattering spectroscopy		I→I
XES	A	X-ray energy spectroscopy		e→x
XRF	A	X-ray fluorescence spectroscopy		x→x
WDX	A	wavelength dispersive X-ray spectroscopy		e→x
EDX	A	energy dispersive X-ray spectroscopy		e→x
EELS	A	electron energy loss spectroscopy		e→e
AES	A	Auger electron spectroscopy		e→e
SIMS	A	secondary ion mass spectroscopy		I→I
ESCA	A	electron spectroscopic chemical analysis		x→e
IIX	A	ion induced X-ray emission spectroscopy		I→x
RBS	A	Rutherford backscattering spectroscopy		I→I
EXAFS	A	extended X-ray absorption fine structure spectroscopy		x→x
EMPA	A	Electron Micro Probe Analysis		e→e
FIMS	A	Field Ion Mass Spectroscopy		→I
ESAD	P	electron selected area diffraction	b	e→e
LEED	P	low energy electron diffraction	s	e→e
ECP	P	electron channelling pattern	b	e→e
EBSP	P	electron beam scattering pattern (KIKUCHI)	b	e→e
XD	P	X-ray diffraction	b	x→x
HEED	P	high energy electron diffraction	b	e→e
SAD	P	selected area diffraction	b	e→e
CBED	P	convergent beam electron diffraction	b	e→e
TEM	G	transmission electron microscopy	b	e→e
HVTEM	G	high-voltage transmission electron microscopy	b	e→e
SEM	G	scanning electron microscopy	b	e→e
STEM	G	scanning transmission electron microscopy	b	e→e
XT	G	X-ray topography	b	x→x
FIM	G	field ion microscopy	s	I→I
SAXS	G	small-angle X-ray scattering	b	x→x
LAXS	G	large-angle X-ray scattering	b	x→x
HRTEM	G	high resolution transmission electron microscopy	b	e→e
STM	G	scanning tunnelling microscopy	s	→e
SEI	G	secondary electron image	s	e→e
BSI	G	back scattered electron image	s	e→e

A Atomart, P Phase, G Gefüge, s Oberfläche (surface), b Inneres (bulk),
e Elektron, I Ion, x Röntgenstrahlung

Tabelle 1.4: Auflösungsvermögen optischer Verfahren der Werkstoffprüfung (siehe auch Kap. 12.1)

Gerät	Auflösungsvermögen [nm]
Lichtmikroskopie, Auflicht und Durchlicht	300
Elektronenstrahl-Mikrosonde	200
Rasterelektronenmikroskop (Sekundärelektronen)	< 1
Emissionselektronenmikroskop	15
Optische Nahfeldmikroskopie	> 10
Durchstrahlungselektronenmikroskop	
a) Replikamethode	5
b) Direkte Durchstrahlung	> 0,1
Rasterkraftmikroskopie	~ 0,2
Raster-Transmissions-Elektronenmikroskopie (STEM)	< 0,2
Feldionenmikroskop	< 0,1
Rastertunnelmikroskop	< 0,1

In Tabelle 1.4 ist die heute erreichbare Grenze für das Auflösungsvermögen (= kleinster noch wahrnehmbarer Abstand zweier Punkte oder Linien) einige Verfahren angegeben.

Abbildung 1.7 zeigt den Bereich, der durch die verschiedenen mikroskopischen Methoden abgedeckt wird. Mit steigendem Auflösungsvermögen steigen in der Regel die Anforderungen an die Probendicke, und die maximal untersuchbare Probengröße sinkt. Abbildung 1.8 zeigt die zeitliche Entwicklung einiger wichtiger mikroskopischen Methoden.

Bis zum Mittelalter waren die Menschen einzig auf ihre Augen angewiesen. Dann kamen in der Renaissance die ersten Lupen auf, die als Lesehilfen verwendet wurden. Die Entwicklung des ersten Lichtmikroskops ist nicht exakt belegbar, fällt aber vermutlich in das Ende des 16. Jahrhunderts. Ernst Abbe entwickelte ab 1869 dazu die theoretischen Grundlagen. Basierend auf diesen Berechnungen fertigte Carl Zeiss Mikroskopobjektive unter Verwendung von optischen Gläsern von O. Schott. Mit der Entwicklung der Elektronenmikroskopie wurden von Mitte des 20. Jahrhunderts (Ernst Ruska, Nobelpreis 1986) die Möglichkeiten hinsichtlich erreichbarer Vergrößerung und Auflösungsvermögen stark gesteigert. Diese Methode führte zu einem raschen Fortschritt im Bereich der Metallphysik, da sich erstmals die Möglichkeit der Abbildung von Objekten ergab, über die bis dahin lediglich theoretische Vermutungen existierten (z.B. Versetzungen, Nanoausscheidungen).

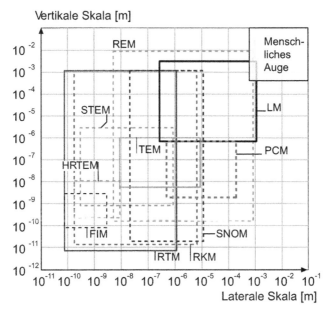

Abb. 1.7: Skalenbereiche, die durch verschiedene mikroskopische Verfahren abgedeckt werden. Die untere und obere Grenze der lateralen Skala beschreiben die laterale Auflösung und die maximale Probengröße, die untersucht werden kann. Die untere und obere Grenze der vertikalen Skala geben die erforderliche Proben-"Dünnheit" sowie maximale Probendicke für die mikroskopische Untersuchung an (nach K. Maeda und H. Mizubayashi [1])

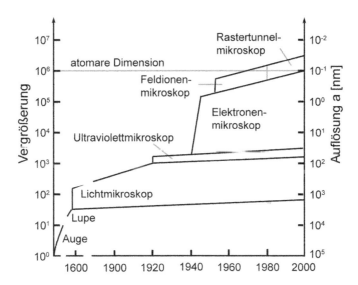

Abb. 1.8 Die zeitliche Entwicklung, d. h. Steigerung des Auflösungsvermögens der wichtigsten Methoden der Mikroskopie (schematisch)

1.3.1 Lichtmikroskopie (LM)

Das Auflösungsvermögen der Lichtmikroskopie ist bestimmt durch die große Wellenlänge des sichtbaren Lichtes (λ = 400-800 nm). Oberhalb dieser Grenze lassen sich homogene Phasenbezirke und auch manche Kristallbaufehler (Korngrenzen, Zwillingsgrenzen) erkennen (Abb. 1.9).

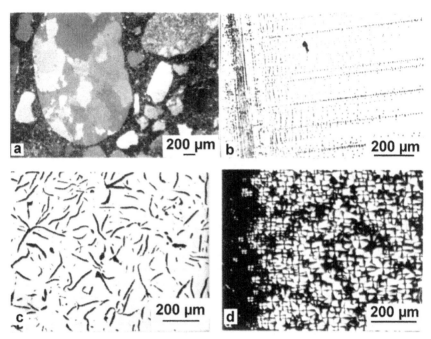

Abb. 1.9 Beispiele für lichtmikroskopische Untersuchungen. a) Durchstrahlung eines Dünnschliffs von Beton (polarisiertes Licht; I. Wittkamp) b) Versetzungsanordnung in verformtem Silizium. Ätzgrübchen, Si-0,2 at. % P, verformt zur unteren Streckgrenze bei 1100 °C (H. Siethoff) c) graues Gusseisen, α-Fe+Graphit (thermodynamisches Gleichgewicht), Dispersion von Lamellen d) Durchstrahlung von Polypropylen; links: Formwand; Glasbildung an der Formwand gefolgt von sphärolitisch erstarrter Schmelze im Inneren (polarisiertes Licht) (K. Friedrich)

Ein Beispiel für die Anwendung der Durchstrahlungslichtmikroskopie (oder auch Durchlichtmikroskopie, Abb. 1.10a) auf die Untersuchung von Werkstoffen ist die Bestimmung des kristallinen Anteils von Kunststoffen. Die optisch anisotropen kristallinen Bereiche können im polarisierten (= annähernd gleich ausgerichteten) Licht klar von den isotropen Bereichen mit amorpher Struktur getrennt werden (Abb. 1.9d).

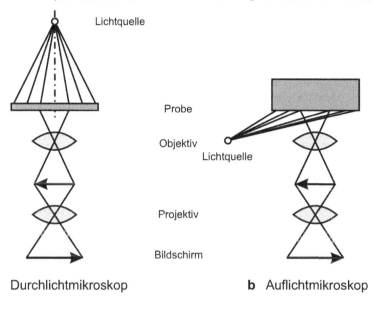

a Durchlichtmikroskop   **b** Auflichtmikroskop

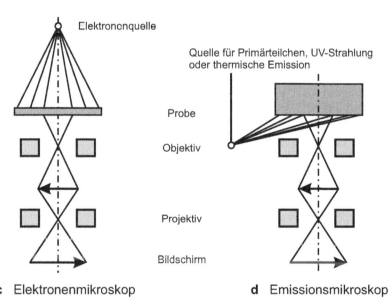

c Elektronenmikroskop   **d** Emissionsmikroskop

Abb. 1.10 Vergleich der prinzipiellen Strahlengänge für a) Durchlicht- und b) Auflichtmikroskopie und für Licht- und Elektronenmikroskopie (c). Die Emissionselektronenmikroskopie (d) kommt dem Prinzip der Auflichtmikroskopie am nächsten, obwohl die Elektronen entweder thermisch oder durch UV-Strahlung aus der Probe herausgelöst werden

Das entsprechende Verfahren kann natürlich auch für glaskeramische Werkstoffe angewandt werden, falls die Größe der in der Glasmatrix ausgeschiedenen

Kriställchen das Auflösungsvermögen überschreitet. Eine weitere Voraussetzung für die Anwendung der Durchlichtmikroskopie ist, dass die einfallenden Lichtstrahlen beim Durchgang durch die Probenfolie nicht zu stark geschwächt werden. In Metallen und Halbleitern führt die Wechselwirkung mit den freien Elektronen dazu, dass die Lichtstrahlen nur eine sehr geringe Eindringtiefe haben. Man ist dann auf die Methoden der Auflichtmikroskopie angewiesen (Abb. 1.10b), wo aus dem Abbild einer geätzten Probenoberfläche Schlüsse auf den mikroskopischen Aufbau im Inneren gezogen werden. In einphasigen Stoffen ist die wichtigste Möglichkeit die Bestimmung der Versetzungsdichte und der Korngröße. Die Durchstoßpunkte der Versetzungen erscheinen in der polierten und geätzten Oberfläche als Ätzgrübchen (Abb. 1.9b), Korn- und Zwillingsgrenzen als gekrümmte oder gerade Linien (Abb. 5.7, 5.8). Die obere Grenze für Messbarkeit der Dichte dieser Defekte ist außer durch das Auflösungsvermögen des Mikroskops (200-300 nm) durch den kleinstmöglichen Abstand der Ätzspuren bestimmt. Die in Phasengemischen vorhandenen Kontraste zwischen den Phasen und den Phasen- und Korngrenzen sind vielfach so schwach, dass sie zur Sichtbarmachung ver-

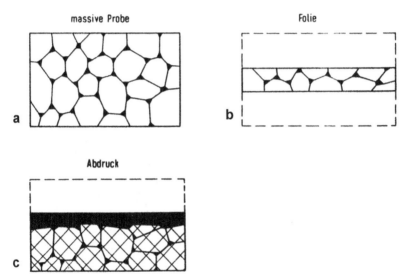

Abb. 1.11: Schematische Darstellung der Herstellung einer Folie für Durchstrahlungs- (b) und einer geätzten Oberfläche für Auflichtmikroskopie (c). Vom Relief der geätzten Oberfläche kann mit Lack oder amorphem Kohlenstoff ein Abdruck hergestellt werden

Da der Ätzvorgang kaum exakt zu beherrschen ist, sind die auflichtmikroskopischen Abbildungen häufig nicht quantitativ vergleichbar. Mit neueren Ätzverfahren wird versucht, die Reproduzierbarkeit zu erhöhen. Erwähnenswert ist in diesem Zusammenhang das Aufdampfen von Interferenzschichten auf polierte Oberflächen und das potentiostatische Ätzen.

1.3.2 Transmissionselektronenmikroskopie (TEM)

Während das Auflösungsvermögen a des Lichtmikroskops allein durch die Beugungseffekte begrenzt ist, wie es die Abbesche Theorie fordert (Gl. 11.1), ist es beim Elektronenmikroskop nicht möglich, Linsen gleicher Qualität herzustellen. Die optimale Apertur ist sehr klein, die Linsenfehler bestimmen das Auflösungsvermögen. Im konventionellen Elektronenmikroskop ist nur eine Durchstrahlung der Probe möglich, da eine Umlenkung der Elektronen auf der Probenfläche schwierig ist (Abb.1.10d). Typische Beschleunigungsspannungen liegen zwischen 100 und 400 kV. Es gibt zwei Möglichkeiten der Untersuchung von Proben im Transmissionselektronenmikroskop (Abb. 1.11). Bei der indirekten Abdruckmethode wird die Probe wie zur Auflichtmikroskopie poliert und geätzt und von der Oberfläche mit einem amorphen Stoff (Kunststoff, Kohlenstoff) ein Abdruck hergestellt, der die Morphologie der Oberfläche reproduziert (Abb. 1.11c). Der Kontrast entsteht im Mikroskop durch die Dickenunterschiede und kann durch Beschatten mit schweren Elementen noch verstärkt werden. Das Auflösungsvermögen dieser Methode ist immer geringer als das der direkten Durchstrahlung. Es ist durch die Verfahren der Abdruckherstellung bestimmt. Diese Methode stellt im Wesentlichen eine Fortsetzung der Lichtmikroskopie mit etwa 100mal größerem Auflösungsvermögen dar. Ein Beispiel für eine derartige Abbildung zeigt Abbildung 1.12b.

Für die direkte Durchstrahlung eines Werkstoffes müssen je nach Ordnungszahl (und bei 100 kV Beschleunigungsspannung) Folien einer Dicke von $\approx$ 80 nm (Au, W) bis 300 nm (Al, Si) hergestellt werden (vgl. Tabelle 4.1). Im Gegensatz zur Lichtdurchstrahlungsmikroskopie können im Elektronenmikroskop auch Metalle und Halbleiter durchstrahlt werden. Schwierigkeiten bestehen allerdings bei den mit Licht leicht durchstrahlbaren keramischen und hochpolymeren Stoffen. Die feste Bindung der Elektronen führt zu Durchstrahlbarkeit im sichtbaren Licht und macht sie zu Isolatoren, die sich im Elektronenstrahl elektrostatisch aufladen. Periodische Entladungsvorgänge führen dann zu Schwierigkeiten bei der Beobachtung im Elektronenmikroskop durch unkontrollierte Ablenkung des Stahls. Mit Kunstgriffen, wie Aufdampfen sehr dünner Leiterschichten auf die Probenoberfläche, kann man diesem Problem teilweise beikommen.

Die Abbildung entsteht bei direkter Durchstrahlung immer durch Streuung der einfallenden Elektronen an den Atomen in der Folie. Regellose Atomanordnung (Glas) führt zu *inkohärenter* Streuung (= mit Energieverlust und Richtungsänderung). Der Kontrast hängt dann lediglich wie bei den Replikas (d. h. Abdruck) von Dicken- und Dichtenunterschieden ab. Ganz andere Bedingungen treten auf, wenn bei periodischer Atomanordnung in Kristallen die Elektronen *kohärent* (= ohne Energieverlust, mit Richtungsänderung) gestreut werden und zu Beugung Anlass geben. Kristalle sind deswegen bei gleicher Dicke und Dichte in verschiedenen Richtungen ganz verschieden "durchlässig" für Elektronen. Diese Beugungserscheinungen spielen bei der Deutung der Abbildung des Inneren von kristallinen Stoffen eine große Rolle.

Bei der Durchstrahlungselektronenmikroskopie handelt es sich um die universellste mikroskopische Methode. Bei hohem Auflösungsvermögen (0,17-0,35 nm Punktauflösung) können die meisten Gitterbaufehler und Phasengrenzen analysiert werden. Darüber hinaus können durch einfaches Umschalten des Mikroskops auf Beugung die Kristallstruktur und Orientierungen in kleinen Bereichen (≈ 1 μm) bestimmt werden (Abb. 1.12 e).

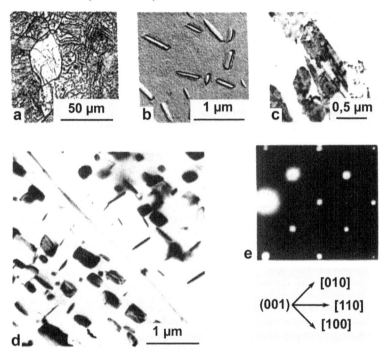

Abb. 1.12: Analyse des Gefüges einer Legierung aus Fe + 1,1 at.% Au (10 h bei 600°C geglüht) mit verschiedenen mikroskopischen Methoden: a) Auflichtmikroskopie - Korngrenzen, Ausscheidungen an Subkorngrenzen b) Oberflächenabdruck - plattenförmige Gold-Teilchen im α-Eisen c) Extraktionsreplika (siehe Kap. 8) - Form der Teilchen, Defekte in den Teilchen, Möglichkeit zur Bestimmung ihre Kristallstruktur mit Elektronenbeugung (vgl. Abb. 3.7) d) Transmissionselektronenmikroskopie - Korngrenze, Versetzungen im α-Eisen, plattenförmige Gold-Teilchen in drei Orientierungen e) Elektronenbeugungsbild - Bestimmung der Orientierung des α-Eisens im oberen Kristallit (001) und daraus Bestimmung der Habitusebene der Gold-Teilchen, $\{100\}_{\alpha\text{-Fe}}$

1.3.3 Rastertransmissions-Elektronenmikroskopie (STEM)

Dieses Verfahren verbindet quasi die Transmissionselektronenmikroskopie und die Rasterelektronenmikroskopie: ein fokussierter Elektronenstrahl wird über die elektronentransparente Probe gerastert und Detektoren unterhalb der Probe sammeln verschiedene Signale, die durch die Wechselwirkung zwischen Elektronen und Probe erzeugt werden (Abb. 12.5, 12.7). Die Bildentstehung ähnelt der Rasterelektronenmikroskopie während es sich bei dem Strahlengang um ein TEM handelt. Die Auflösung ist durch die Größe des fokussierten Strahls bestimmt, Linsenfehler spielen hier keine Rolle.

Zur Abbildung können verschiedene Signale verwendet werden: transmittierte Elektronen, die nicht gebeugt wurden (Hellfeldabbildung) oder solche, die an der Probe um kleine Winkel abgebeugt wurden (Dunkelfeldabbildung). Der Hellfelddetektor liegt in der optischen Achse des Mikroskops und erfasst die nicht oder nur um einen kleinen Winkel gestreuten Elektronen. Bei den Dunkelfelddetektoren handelt es sich um Detektoren, die ringförmig um die optische Achse angeordnet sind. Werden Elektronen verwendet, die um größere Winkel gestreut wurden, so werden sog. HAADF-Detektoren (High Angle Annular Dark Field) eingesetzt. Dieser Modus liefert eine höhere Auflösung sowie (bei konstanter Probendicke) Informationen über die Zusammensetzung (Z-Kontrast Abbildung).

1.3.4 Feldionenmikroskopie (FIM) und Atomsondenspektroskopie

Die Möglichkeiten der Elektronenmikroskopie enden bei Geräten geringerer Hochspannung vor der Auflösung einzelner Atome oder Punktfehler (z. B. Leerstellen). Die dazu notwendige Auflösung von $a < 0,2$ nm wird mit dem Feldionenmikroskop erreicht. Die Probe ist eine gekühlte Nadel mit Krümmungsradius 10 bis 100 nm. Sie steht unter einer positiven Spannung (30 kV) zur Erzeugung eines hohen elektrischen Feldes und befindet sich in einem evakuierten Kolben. Dieser ist mit $\sim 10^{-1}$ Pa Helium, dem Abbildungsgas, gefüllt. Die Abbildung kommt dadurch zustande, dass die He-Atome dicht vor der Probenoberfläche ionisiert und dann sofort durch das elektrische Feld radial beschleunigt werden. Die Ionisationswahrscheinlichkeit hat die Periodizität der Atomanordnung des Probenmaterials. Die He-Atome werden am häufigsten direkt über der Mitte eines Atoms des Probenmaterials ionisiert und ergeben dann auf dem Bildschirm einen hellen Punkt (Abb. 1.13).

Bisher ist die Feldionenmikroskopie nur für höher schmelzende Metalle anwendbar. Für Eisen beginnen bereits die Schwierigkeiten, die dadurch bedingt sind, dass die zur Ionisation von He notwendige Feldstärke auch Felddesorption der Fe-Atome von der Probenspitze bewirkt, und dadurch kein stabiles Bild mehr entsteht.

Die Feldionenmikroskopie hat sich beim Studium von wichtigen Erscheinungen bewährt, z. B. von Strahlenschäden und der atomaren Struktur der Korngrenzen. Es können in korpuskelbestrahlten W-Proben direkt die Leerstellen, Leerstellengruppen und Zwischengitteratome ausgezählt werden, die bei der Bestrahlung entstehen. Auch deren Ausheilen kann durch Erwärmen der Spitze direkt beobachtet werden. Durch definierte Feldverdampfung kann erreicht werden, dass sich je-

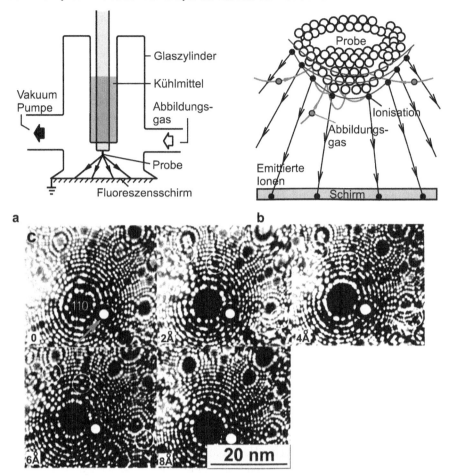

Abb. 1.13: Feldionenmikroskopie. a) Aufbau des Mikroskops b) Vorgänge an der Spitze c) Sequenz von Feldionenbildern einer mit $3 \cdot 10^{19}$ Neutronen/cm² (E > 1 MeV) bei 288 °C bestrahlten Fe-0,34 at.% Cu Legierung. Kreise zeigen Leerstellenagglomerate ("Poren"). Zwischen jedem der einzelnen aufeinanderfolgenden Teilbilder wurde eine (220)-Ebene mit einer Schichtdicke von ~ 0,2 nm von der Oberfläche der Feldionenspitze abgetragen. Der helle Punkt (Pfeil im ersten Teilbild) zeigt die Öffnungsblende für die FIM-Atomsonde (R. Wagner)

weils eine Atomschicht in der Oberfläche der Spitze löst. Auf diese Weise wird die Anordnung der Atome im Inneren der Kristalle verfolgt. Mit der Hilfe von Computern lässt sich der Kristall aus nach den einzelnen Verdampfungsschritten gemachten Aufnahmen wieder zusammensetzen und analysieren.

Die quantitative *Atomsonden-* oder *Feldionenspektroskopie* kann für die Analyse sehr kleiner Defekte verwendet werden. Dazu werden Atome an der Spitze durch einen Hochspannungspuls desorbiert, d. h. als Ion feldverdampft und radial auf den Bildschirm beschleunigt (Abb. 1.14). Die Ionen dienen allerdings dann nicht zur Abbildung, sondern treten durch ein Loch in der Bildschirmmitte und treffen auf einen Ionendetektor. Die Art des Atoms wird durch Messung des Zeit-intervalls zwischen Anlegen des Hochspannungsimpulses und Auftreffen des Ions auf den Detektor bestimmt.

Die Präparation der spitzenförmigen Proben der Feldionenmikroskopie ist der Herstellung von Folien ähnlich (Kap. 2). Der endgültige Krümmungsradius von ρ ≈ 100 nm wird durch Elektrolyse von Drähten in Salzschmelzen erreicht.

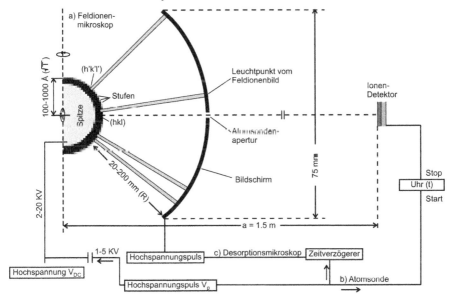

Abb. 1.14 Prinzip der Atomsondenspektroskopie (R. Wagner)

1.3.5 Emissionsmikroskopie

Das Emissionsmikroskop ist eine direkte Weiterentwicklung des Auflichtmikro-skops zu höherem Auflösungsvermögen, das im Elektronenmikroskop nur indirekt über den Oberflächenabdruck erreichbar ist (Abb. 1.10d). Ein zusätzlicher Vorteil dieses Gerätes besteht aber darin, dass die Proben in einem weiten Temperaturbe-reich beobachtet werden können. In den jetzt erhältlichen Geräten sind Beobach-tungen von Kupfer und Eisen bei bis zu 2.000 °C möglich.

Das eröffnet die Möglichkeit, Festkörperreaktionen, die bei erhöhten Tempera-turen ablaufen, mit hoher Auflösung zu beobachten. Folgende Vorgänge kommen als bevorzugte Untersuchungsobjekte in Frage: Keimbildung von Aufdampf-schichten auf einem Substrat, Diffusion in der Grenzschicht zwischen zwei Legie-rungen, Ausscheidungs- und Umwandlungsreaktionen und besonders die Rekris-tallisation. Alle Reaktionen können auch dynamisch beobachtet werden. Dieses

Gerät schließt eine Lücke, die zwischen Licht- und konventioneller Elektronen-Mikroskopie liegt, während der Anwendungsbereich des Feldionenmikroskop jenseits der Elektronenmikroskopie liegt.

1.3.6 Elektronenstrahlmikrosonde (ESMA)

Das umgekehrte Prinzip wie beim Elektronenemissionsmikroskop liegt der Elektronenstrahlmikrosonde zugrunde. Der Elektronenstrahl trifft auf die Probenoberfläche und löst elektromagnetische Wellen aus (Abb. 1.15).

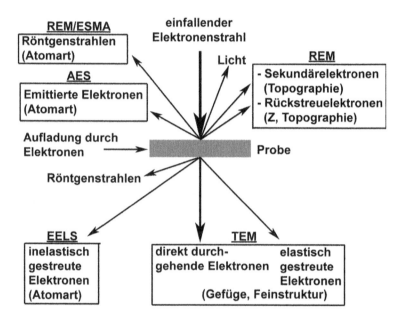

Abb. 1.15 Durch Wechselwirkung mit den Atomen in der Probe werden die einfallenden Elektronen elastisch und inelastisch gestreut, sie erzeugen außerdem Röntgenstrahlen, Lichtstrahlen und Sekundärelektronen sowie eine Aufladung der Probe, je nachdem, ob dort mehr Elektronen absorbiert oder emittiert werden

Die Röntgenstrahlung wird in einem Kristallspektrometer zerlegt. Aus den charakteristischen Wellenlängen kann auf die Art, aus der Intensität auf die Konzentration verschiedener Atomarten geschlossen werden. Im Gegensatz zur konventionellen chemischen Analyse wird die Zusammensetzung örtlich in sehr kleinen Volumina bestimmt. Das Auflösungsvermögen ist nicht durch die Möglichkeit der Bündelung des Elektronenstrahls, sondern durch den birnenförmigen Bereich der Wechselwirkung der Elektronen in der Probe bestimmt (siehe auch Abb. 12.9). Unter normalen Bedingungen liegt es in der gleichen Größenordnung wie das

Auflösungsvermögen des Lichtmikroskops. Die Methode spielt eine große Rolle bei Feststellung von Seigerungen, Bestimmung der chemischen Zusammensetzung von einzelnen Phasen mehrphasiger Gefüge und bei Diffusionsuntersuchungen. Abb. 1.16 zeigt ein Beispiel für eine Seigerungsuntersuchung am Stahl X 5 CrNiMoTi 17 12 2. In der rasterelektronenmikroskopischen Abbildung sind deutlich Dendriten zu erkennen (Abb. 1.16a). Die Elementverteilungsbilder für Ni (Abb. 1.16b) und Cr (Abb. 1.16c) zeigen, dass Cr recht gleichmäßig verteilt ist, während sich der Ni-Gehalt an einigen Stellen deutlich von der Matrix unterscheidet. Dies spiegelt auch die wellenlängendispersive Röntgenanalyse wieder, die entlang des in b) und c) gezeigten Pfeils durchgeführt wurde. An den dunkleren Stellen in Abb. 1.16b) ist der Ni-Gehalt deutlich geringer.

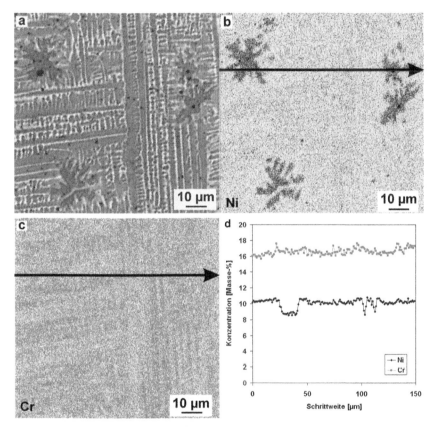

Abb. **1.16**: Seigerungsuntersuchung an X5 CrNiMoTi 17 12 2 mit der Elektronenstrahlmikrosonde. a) REM-Aufnahme, die mit Hilfe der Rückstreuelektronen gewonnen wurde. b) Elementverteilungsbild für das Element Ni. c) Elementverteilungsbild für Cr. d) Konzentration der Elemente Ni und Cr entlang des in b) und c) eingezeichneten Pfeils (mit freundlicher Genehmigung von G. Oder)

Die unter 1.3.1 bis 1.3.6 erwähnten Untersuchungsmethoden erlauben eine qualitative und quantitative Untersuchung sämtlicher Gefügeparameter. Es gibt aber doch noch Probleme der Werkstoffuntersuchung, bei denen diese Möglichkeiten versagen: z. B. die Untersuchung sehr unebener Oberflächen oder die Ermittlung von elektrischer Ladungsverteilung an der Oberfläche von Halbleitern. Hier hilft das *Rasterelektronenmikroskop*

1.3.7 Rasterelektronenmikroskop (REM)

Es ist eine elektronenmikroskopische Methode zur Abbildung von Oberflächen, die jedoch nicht mit der Hilfe von Linsen erzeugt wird. Ein gebündelter Strahl wird durch Ablenkspulen rasterförmig über die Probe geführt (Abb. 1.15 und 1.17). Er erzeugt an jedem Ort der Probenoberfläche Sekundärelektronen, Rückstreuelektronen und Röntgenstrahlung (die bei der energie- und wellenlängendispersiven Röntgenanalyse ausgenutzt wird). Diese Signale treffen auf Detektoren, und ihre Intensität wird über Scintillatorkristall-Photomultiplier-Verstärker zur Steuerung der Intensität eines Kathodenstrahls benutzt. Die Ablenkung auf dem Schirm der Kathodenstrahlröhre ist mit der Abrasterung der Probe durch den Elektronenstrahl synchronisiert.

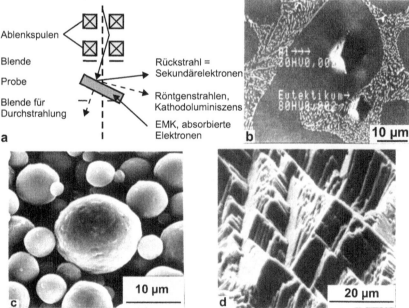

Abb. 1.17: Rasterelektronenmikroskop a) Prinzip des Verfahrens. Die Ablenkspulen bewegen den primären Elektronenstrahl rasterförmig über die Probenoberfläche, die austretenden Signale erzeugen auf einem Bildschirm die Abbildung. b) Vickershärteeindrücke in Al und Eutektikum einer untereutektischen Al-Si-Legierung. c) Al-20 Si-Pulver (L. Kahlen) d) Bruchoberfläche, Ermüdung eines aushärtbaren austenitischen Stahls (X 5 NiCrTi 2615)

Am häufigsten werden Sekundärelektronen zur Abbildung verwendet. Da ihre Austrittswahrscheinlichkeit von der Oberflächenmorphologie abhängt, entsteht ein topographischer Kontrast. Die Intensität der Rückstreuelektronen nimmt mit der Ordnungszahl der streuenden Atome zu, so dass verschiedene Phasen an Hand ihrer Helligkeit unterschieden werden können.

Das Auflösungsvermögen des REM ist etwa zehnmal höher als das des Lichtmikroskops, es liegt bei Routineanwendungen für Beschleunigungsspannungen von 50 kV bei < 10 nm. Die bemerkenswerte Eigenschaft für unser Anwendungsgebiet ist aber eine mit Linsenabbildung nicht erreichbare Tiefenschärfe.

Diese erlaubt, bei Vergrößerungen unterhalb 1000 x beliebige räumliche Strukturen zu beobachten, wofür sich besonders in der Biologie viele Anwendungsmöglichkeiten bieten. In der Werkstoffuntersuchung ist es besonders gut geeignet für die Untersuchung von Oberflächenmorphologien, also besonders Bruchgefüge, Sintervorgänge, Ätzgrübchen und Pulverteilchen. Weitere Anwendung findet diese Methode aber in der Technologie der integrierten Schaltungen und anderer Mikroelektronik. Hier kann die Ladungsverteilung mit hoher Auflösung gemessen und damit können Schaltvorgänge mikroskopisch verfolgt werden. Entsprechendes gilt für die Analyse der Domänenstruktur keramischer Ferroelektrika wie BaTiO$_3$.

1.3.8 Fokussierter Ionenstrahl (Focused Ion Beam, FIB)

Diese Methode arbeitet ähnlich wie ein Rasterelektronenmikroskop, verwendet zur Abbildung aber anstelle eines Elektronenstrahls einen Ionenstrahl (meist Gallium). Beim Auftreffen auf die Probe werden in der Oberfläche Atome herausgeschlagen sowie Sekundärionen und Elektronen erzeugt, die zur Abbildung verwendet werden. Die starken Wechselwirkungen des Ionenstrahls mit der Oberfläche werden zur Materialbearbeitung im Nanobereich genutzt, was diese Technik insbesondere auch für die Präparation von Proben für die Transmissionselektronenmikroskopie sehr interessant macht (Abb. 2.13 u. 2.14). Darüber hinaus gibt es Geräte, die mit Ionenstrahl und Elektronenstrahl ausgestattet sind ("dual beam"). Diese erlauben das gleichzeitige Bearbeiten und Beobachten des Objektes.

1.3.9 Rastersondenmikroskopien (SPM)

Der Begriff Rastersondenmikroskopie (engl. scanning probe microscopy, SPM) umfasst mikroskopische Methoden, die mit einer Sonde arbeiten (und nicht mit optischer oder elektronenoptischer Abbildung). Die Sonde besteht in der Regel aus einer extrem scharfen Spitze und steht mit der Probe in Wechselwirkung. Sie wird durch Piezo-Aktuatoren kontrolliert bewegt und rastert die Probenoberfläche

Punkt für Punkt ab. Für jeden Punkt werden aufgrund der Wechselwirkungen Messwerte erzeugt, die dann zu einem digitalen Bild zusammengesetzt werden.

Sieht man von der Rasterelektronenmikroskopie einmal ab, so handelt es sich bei den Wechselwirkungen der Sonde mit der Oberfläche des Festkörpers z.B. um mechanische, elektrische, magnetische oder auch chemische Kräfte sowie Lichtwellen. Von besonderem Interesse ist auch die Möglichkeit der gezielten Veränderung der Oberfläche, um Nanostrukturen zu erzeugen.

Unter den Begriff Rastersondenmikroskopie fallen die folgenden Verfahren:
- Rastertunnelmikroskopie (RTM; engl.: scanning tunneling microscopy, STM)
- Rasterkraftmikroskopie (RKM, engl.: atomic force microscopy, AFM)
- Magnetkraftmikroskopie (MKM, engl.: magnetic force microscopy, MFM)
- Chemische Kraftmikroskopie (CKM, engl.: chemical force microscopy, CFM)
- Optische Nahfeldmikroskopie (engl.: scanning near-field optical microscopy, SNOM)

Die Anforderungen (elektrisch leitend/nichtleitend, magnetisch, optisch aktiv), die diese Methoden an die Probe stellen, hängen von der Art der Wechselwirkung ab, auf der sie beruht.

Rastertunnelmikroskopie (RTM)

Das Rastertunnelmikroskop wurde vor etwas 25 Jahren entwickelt. Das Bild entsteht durch Elektronen des zu untersuchenden Materials, die dessen Oberfläche verlassen. Eine nadelförmige Sonde wird über die zu untersuchende Oberfläche gerastert. Die Sonde muss eine sehr scharfe Spitze besitzen; am günstigsten ist ein einziges Atom. Diese Spitze wird so nah an die Oberfläche herangebracht, dass ein Abstand von wenigen Zehntel Nanometer bleibt. Zwischen Spitze und Probe wird eine Spannung angelegt, so dass ein Tunnelstrom zu fließen beginnt. Der Abstand zwischen Spitze und Probe soll konstant bleiben und wird durch diesen Tunnelstrom geregelt, da er von der Position der Atome in der Oberfläche im Verhältnis zur Spitze abhängt. Die Bewegung der Spitze geschieht durch einen reibungsfreien x-y-z-Piezoantrieb. Direkt können nur elektrisch leitende Proben (Metalle, Halbleiter, Supraleiter) untersucht werden. Nicht leitende Proben müssen mit einer elektrisch leitenden Schicht versehen werden.

Diese Methode erlaubt die direkte Beobachtung der Atome in einer Oberfläche (Abb. 1.18), ist aber z. B. auch zur Untersuchung von Gleitstufen und Rissspitzen geeignet. Am häufigsten wurden bisher Halbleiter untersucht. Es wurden aber auch zahlreiche Versuche an Metallen durchgeführt. Es stellte sich u. a. heraus, dass sich oberflächennahe Atome oft umordnen, d. h. sie nehmen nicht die gleiche Position wie im Inneren des Kristalls ein. Die Methode ist inzwischen so verfeinert worden, dass auch die Lokalisierung der Bindung zwischen Atomen direkt beobachtet werden kann. Dieser Effekt tritt naturgemäß bei Metallen nicht auf.

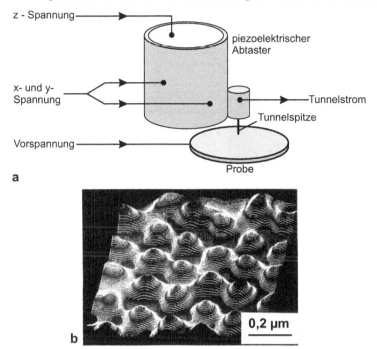

Abb. 1.18: Rastertunnelmikroskopie a) Prinzip des Rastertunnelmikroskops b) Graphitoberfläche mit hexagonaler Ringstruktur der Kohlenstoffatome (Besocke)

Rasterkraftmikroskopie (RKM)

Für die Messung wird eine scharfe Nadelspitze, die an einer kleinen Blattfeder (engl. cantilever) befestigt ist, in geringem Abstand über die Probenoberfläche gerastert, Abb. 1.19. Ist der Abstand klein genug, so übt die Oberfläche eine Kraft auf den Federbalken aus. Diese Kraft hängt von der Oberflächenstruktur ab und ist positionsabhängig. Die daraus resultierende Auslenkung der Blattfeder wird mit optischen oder elektronischen Sensoren gemessen und ist ein Maß für die atomaren Kräfte, die zwischen Oberfläche und Sondenspitze wirken. Rasterkraftmikroskope können in verschiedenen Betriebsarten eingesetzt werden. Stehen Oberfläche und Sonde in direktem Kontakt, kann die Messung entweder ungeregelt mit konstanter Höhe erfolgen (hohe Messgeschwindigkeit) oder geregelt mit konstanter Kraft (geringe Messgeschwindigkeit). Wird kontaktlos gemessen, so wird der Federbalken dynamisch angeregt und schwingt in seiner Resonanzfrequenz. Die durch die Probenoberflächen induzierten Kräfte führen zu einer Änderung der Resonanzfrequenz, welche als Maß für die Wechselwirkung gilt. Diese Betriebsart erfordert in der Regel Vakuum. Es können im Gegensatz zum Rastertunnelmikroskop auch elektrisch nichtleitende Oberflächen abgebildet werden.

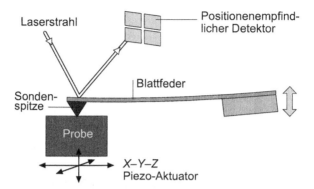

Abb. 1.19: Prinzip der Rasterkraftmikroskopie. Die Probe übt eine Kraft auf die Sondenspitze aus, die zu einer Auslenkung der Blattfeder führt (nach K. Maeda und H. Mizubayashi [1])

Neben der Oberflächentopographie können im Rasterkraftmikroskop weitere Messgrößen wie die lokale Magnetfeldstärke (Magnetkraftmikroskopie), Reibungskräfte zwischen Sonde und Oberfläche (führen zu einer Verkippung des Federbalkens) sowie chemisch Wechselwirkungen (chemische Kraftmikroskopie) genutzt werden. Darüber hinaus kann das Rasterkraftmikroskop auch für spektroskopische Untersuchungen eingesetzt werden, so dass sich die elastisch-plastischen Eigenschaften ermitteln lassen.

Ein Beispiel für diese Anwendung zeigt die Abb. 1.20, in der die lokale dynamische Oberflächensteifigkeit des amorphen Thermoplasts Acrylnitril-Butadien-Styrol-Copylemerisat (ABS) gemessen wurde. Die Untersuchung erfolgte mit einem Federbalken, der mit einem Piezo bei 100 kHz zum Schwingen angeregt wurde. Der Piezo bewegt sich mit einer Amplitude von ca. 0,4 nm. Im Kontakt mit der Oberfläche ist die Deformation jedoch kleiner. Eine weiche Phase lässt eine größere Amplitude zu als eine harte Phase. Die Abb. 1.20a zeigt die Topographie

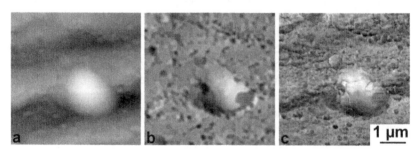

Abb. 1.20: Messung der lokalen dynamischen Oberflächensteifigkeit mit dem Rasterkraftmikroskop am Beispiel eines Acrylnitril-Butadien-Styrol-Copolymerisats. a) Topographie (Grauwert entspricht einer Höhendifferenz von 198 nm) b) Amplitude des Federbalkens bei 100 kHz. Weiche Bereiche erscheinen hell, harte Bereiche dunkel. c) Phasendifferenz zur Anregung (mit freundlicher Genehmigung von H. Sturm)

der Probe. Man erkennt diagonal durch das Bild laufende „Rillen", die durch den Mikrotomschnitt hervorgerufen wurden, sowie den Abschnitt einer Kugel. Abb. 1.20b zeigt die Amplitude des Federbalkens im Kontakt mit der Oberfläche. Hellere Bereiche stellen weichere Gebiete dar, die Kugel weist also an ihrer Oberfläche keine einheitliche Zusammensetzung auf. Harte und weiche Bereiche grenzen sich scharf gegeneinander ab. Abb. 1.20c zeigt schließlich die Phasenverschiebung zwischen Anregung und Kontaktdeformation; große Phasenverschiebungen erscheinen hell, kleine erscheinen dunkel. Alle drei Signale werden simultan gemessen.

Optische Nahfeldmikroskopie (SNOM)

Mit dieser Methode können neben den topologischen Informationen auch optische Eigenschaften von Mikro- und Nanostrukturen erfasst werden. Dazu wird eine submikroskopische Strahlungsquelle aus Glasfasern (oder neuerdings auch aus Silizium oder Diamant) in einem Abstand von wenigen nm über die Oberfläche der Probe gerastert (Abb. 1.21). Licht wird durch die Glasfasern geführt und trifft durch eine winzige Apertur an der Sondenspitze auf die Oberfläche. Die Sonde befindet sich in so geringer Distanz zur Oberfläche, dass sich das Licht nicht mehr in seiner Wellenform ausbreiten kann und es daher nicht zu den bei der konventionellen optischen Mikroskopie bekannten und das Auflösungsvermögen begrenzenden Beugungseffekten kommt. Das hohe Auflösungsvermögen der optischen Nahfeldmikroskopie beruht auf dem exponentiell mit dem Abstand abklingenden optischen Nahfeld (sog. evaneszente Moden), das in der konventionellen Lichtmikroskopie nicht zur Abbildung herangezogen werden kann. Das Auflösungsvermögen liegt oberhalb einiger 10 nm und wird im Wesentlichen durch den Aperturdurchmesser begrenzt.

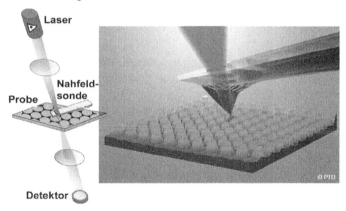

Abb. 1.21: Schematische Darstellung des Prinzips der optischen Nachfeldmikroskopie (mit freundlicher Genehmigung von H.-U. Danzebrink)

1.3.10 Computertomographie (CT)

Ein Prüfkörper wird mit Röntgen- oder Synchrotonstrahlung durchstrahlt und dabei gleichzeitig gedreht. Der Körper schwächt die Strahlung, die von einem Flächendetektor für jeden Winkelbereich gemessen wird. Aus den Messwerten wird mit Hilfe von 3D-Rekonstruktionen die Dichte für jeden durchstrahlten Punkt des Körpers berechnet. Als Ergebnis erhält man ein Tomogramm, das einen Querschnitt des Prüfkörpers darstellt (Abb. 1.22). Die Auflösung eines Röntgen-CT liegt bei etwa 1 µm, wie die Lichtmikroskopie.

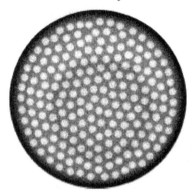

Abb. 1.22: CT-Aufnahme des Querschnitt durch die Messlänge einer Zugprobe aus einem Verbundwerkstoff (Titanmatrix verstärkt mit SiC-Fasern). Der Durchmesser im Querschnitt beträgt 3,5 mm (J. Goebbels)

1.4 Nanostrukturen

Als Nanostrukturen können alle Arten von Gefügen bezeichnet werden, bei denen die Korngröße einer Phase (Abb. 5.7c), die Kristallitgrößen mehrerer Phasen oder andere Gefügebestandteile wie Lamellen oder Poren Abmessungen im Nanometerbereich aufweisen. Ebenso fallen in dieses Gebiet alle Pulverteilchen in dieser Größenordnung (Abb. 1.17c). Diese können dann entweder als Pulver wirksam werden (Feinstaub) oder zu Nanogefügen agglomeriert werden (durch Sintern, mechanisches Legieren, etc.). Dem Nanometerbereich werden heute sehr allgemein Strukturen und Gefüge mit kennzeichnenden Bestandteilen von 1 bis 100 nm Größe zugerechnet. Hierzu zählen bei Metallen und Legierungen:

- Gefüge mit Clustern, Ausscheidungen, Dispersionsteilchen und Poren in nm-Größe wie Aushärtungs- und Dispersionshärtungsgefüge (Abb. 1.12,. 4.16, 8.7, 8.9);
- Gefüge, die als Ganze aus kompaktierten Teilchen von nm-Größe bestehen;

- Gefüge, die als Ganze aus Kristallen von nm-Größe in einer amorphen Matrix bestehen (Abb. 8.11), wie nanokristalline weichmagnetische Werkstoffe;
- Offenporige, schwammförmige Gefüge mit Korn- und Porengrößen im nm-Bereich;
- Verbundwerkstoffe mit Metall-, Keramik- und Polymerteilchen im Nanometerbereich;
- künstliche Konstruktionen, z.b. Schichtsysteme.

Darüber hinaus werden heute im Rahmen der Nanotechnologie als nanostrukturierte Materialien zahlreiche natürliche und künstlich erzeugte Stoffe, Stoffformen und strukturierte Bauteile bezeichnet, die Abmessungen in nm-Bereich aufweisen: Moleküle (Abb. 7.8), Zeolithe, Nanopulver, Nanodrähte, Fullerene, Quantenpunkt-Strukturen, Metall/Halbleiter/Isolator-Strukturen in nm-Dimensionen als elektronische Bauelemente oder Schaltkreise, und viele weitere Strukturen, Teile und Produkte – bis zu den noch utopischen Nanorobotern.

Kennzeichnend für Nanostrukturen ist die Erscheinung, dass der hohe Grenzflächenanteil bzw. die geringen Abmessungen von Struktur- bzw. Gefügebestandteilen Abweichungen von der üblichen Größenabhängigkeit der intrinsischen Eigenschaften gegenüber dem massiven Zustand bewirken. Für jede Eigenschaft tritt ein charakteristischer Grenzwert einer Gefügeabmessung (Korngröße, Teilchengröße usw.) auf, unterhalb dessen die anomale Eigenschaftsänderung einsetzt.

Die Bedeutung der Grenzflächen für die Eigenschaften von Nanostrukturen lässt sich leicht ableiten, wenn man beispielsweise mit einer einfachen Abschätzung den Volumenanteil und den Energiebeitrag von Korngrenzen ermittelt. Nimmt man an, dass die mittlere Eigendicke der Korn- bzw. Phasengrenzen, d.h. der strukturell gestörte Bereich, zu zwei Atomabständen angesetzt werden kann, sie also effektiv aus zwei Atomdurchmesser dicken Schichten bestehen, so ergibt sich aus dieser einfachen Näherung für das Verhältnis von Grenzschichtvolumen zu Gesamtvolumen: etwa 1 % Korngrenzenvolumenanteil bei 50 nm Korngröße, etwa 10 % Korngrenzenvolumenanteil bei 10 nm Korngröße und etwa 50 % Korngrenzenvolumenanteil bei 2,5 nm Korngröße. Dementsprechend steigt zum Beispiel der Anteil der freien Korngrenzenenergie pro Volumeneinheit von 5 auf 40 % der Schmelzenergie, wenn die Korngröße in kompaktierten Pulvern aus Metallen oder intermetallischer Phasen von 15 auf 5 nm reduziert wird.

Bei geringer Korngröße muss unter anderem auch die Rückwirkung von hohen Grenzflächenanteilen auf die chemische Verteilung von Legierungselementen im Korn berücksichtigt werden. Die Korngrenzenseigerung bewirkt nämlich, dass sich Verunreinigungs- bzw. Legierungselemente an den Korngrenzen anreichern und dass diese Anreicherung über einen Abstand im nm-Bereich kontinuierlich zum Korninneren hin abfällt. Abb. 1.23 zeigt, dass die Dicke der Zone von Korngrenzenseigerung bis etwa 1,5 nm beiderseits einer Korngrenze messbar ist. Bei Nanostrukturen mit Korngrößen im nm-Bereich bedeutet dies, dass ein erheblicher Anteil des Gesamtvolumens im Bereich von Korngrenzen-Seigerungszonen liegt, das heißt mit Konzentrationsschwankungen behaftet ist, die nicht dem Gleichgewicht (Zustandsdiagramm) entsprechen. Die Auswirkungen von Nanostrukturen auf den Zustand und die Eigenschaften von Metallen sind sehr zahlreich und vielfältig (Tabelle 1.5).

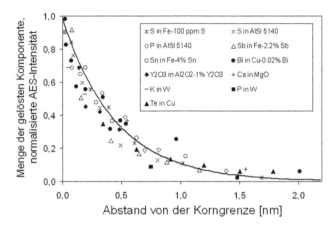

Abb. 1.23. Experimentelle Beobachtungen der Seigerungen an Korngrenzen nach Hondros et al. [2]

Tabelle 1.5. Einige wesentliche Auswirkungen von Nanoabmessungen auf Struktur und Eigenschaften von Metallen

Grundlegendes Phänomen	Auswirkungen bei Nanostrukturen	Beeinflusste Eigenschaften
Bandstruktur	Lokale Änderungen der Bandstruktur nahe inneren und äußeren Grenzflächen	Elektronische Zustandsdichte, größenabhängige Quanteneffekte, elektrische und thermische Leitfähigkeit, Hall-Effekt
Kohäsionspotential	Variation der Atomabstände nahe inneren und äußeren Grenzflächen	Schmelztemperatur, elastische Eigenschaften, strukturelle Stabilität
Elektronenstreuung	Mittlere freie Weglänge	Elektrischer Widerstand, Austrittsarbeit
Kopplung magnetischer Momente	Magnetische Austauschkopplung, magnetokristalline Anisotropie	Magnetische Moment, Curie-Temperatur, Superparamagnetismus, Austausch-Anisotropie, Permeabilität, Koerzitivfeldstärke, Remanenz, Magnetowiderstand
Supraleitung	Auswirkungen von Defektdichte, Korngröße, Ausscheidungen auf Flusslinien	Kritisches Magnetfeld, kritische Stromdichte, Sprungtemperatur
Versetzungen, Verformung	Hohe Quellspannung für Versetzungen, hohes Wechselwirkungspotential	Kritische Schubspannung, Verfestigungskoeffizient
Teilchenhärtung	Ausscheidung und Aushärtung: Maximum der Härtung beim Übergang von Schneid- zu Umgehungsmechanismus, Dispersionshärtung	Kritische Schubspannung, Verfestigungskoeffizient

Nanostrukturen können je nach Entstehungsweg, thermodynamischem Zustand und Temperatur sehr unterschiedliche Stabilität aufweisen. Im Allgemeinen stellen sie einen kinetisch gehemmten instabilen Zustand dar. Dementsprechend können sie ihren strukturellen Zustand durch diffusionsgestützte Vergröberungs-, Rekristallisations- und Umwandlungsvorgänge zeitabhängig verändern. Nanostrukturen sind folglich sehr alterungsanfällig. Dadurch ändern sie gegebenen falls auch ihre besonderen Eigenschaften und sie können sie vollständig verlieren.

Als Methoden zur nicht mikroskopischen Analyse von Nanostrukturen werden außerdem Kleinwinkelstreuung, elektrische Leitfähigkeit und andere Methoden zur Kennzeichnung anomale Makro-Eigenschaften herangezogen wie z.B. Streckgrenze, elektrischer Widerstand und Koerzitivfeldstärke von Ferromagneten.

1.5 Kombination der Untersuchungsverfahren

Die Analyse von kompliziert aufgebauten Gefügen mit elektronenoptischen Methoden wird im Kapitel 9 beschrieben.

In vielen Fällen, insbesondere bei der Behandlung werkstofftechnischer Probleme genügt nicht die Anwendung einer einzigen Methode zur Analyse eines Problems. Oft müssen zwei oder mehr Verfahren angewandt werden, um eine strukturelle Situation vollständig zu beschreiben. Dabei gilt für die Reihenfolge meistens:

Makro-, Mikro-, Nanoskopie (Abb. 1.24), um zunächst einen Überblick zu gewinnen und von da aus, nur wenn nötig die feineren Details zu analysieren.

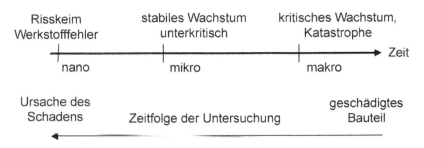

Abb. 1.24: oben: Geschichte eines Schadens. Unten: Die Zeitfolge der Schadensuntersuchung geschieht in umgekehrter Reihenfolge zum zeitlichen Verlauf der Schadensentwicklung. Die Untersuchung beginnt immer mit einer makroskopischen Begutachtung. Falls erforderlich werden dann Mikroskopie und Nanoskopie zur Analyse feinerer Details eingesetzt

Zwei Beispiele sollen das erläutern:
Die Schadensanalyse (oder historische Methode)
Der zeitliche Verlauf eines Schadensfalls folgt in der Regel drei wichtigen Schritten:

Rissbildung (Abb. 9.18b) → Unterkritisches stabiles Risswachstum (Abb. 9.19c, d) → Kritisches, schnelles Risswachstum (manchmal Katastrophe; Abb. 1.25). Die Untersuchung folgt dem zeitlichen Verlauf in umgekehrter Richtung, um zu den entscheidenden Phänomenen zu gelangen (Abb. 1.24). Die Ursache (so sie denn werkstoffbedingt ist) liegt in vielen Fällen in der nanostrukturellen Ebene, z.B. ein Mikroriss in einer Grenzfläche, oder eine lokalisierte martensitische Umwandlung, mechanische Zwillingsbildung oder örtliche Korrosion (Lokalelement).

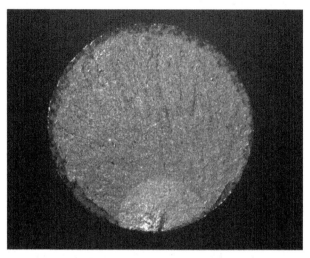

Abb. 1.25: Bruchfläche einer β-Titanlegierung, die im Ermüdungsversuch versagte. Der Riss bildete sich an der Oberfläche (unten) und wuchs zunächst stabil (heller halbkreisförmiger Bereich), darüber der Restbruch (dunkel) (B. Koch)

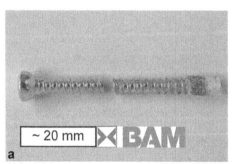

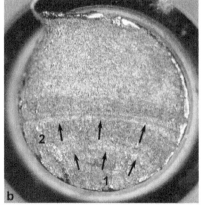

Abb. 1.26. a) gebrochene Knochenschraube, links: Schraubenkopf, rechts: ausgebohrte Schraubenspitze mit Knochensubstanz b) Übersicht des linken Teilstücks in a). Zahlen markieren genauer untersuchte Bereiche, Pfeile markieren Rastlinien. Der Bruchausgangsort liegt unten. (Stereomikroskopie) (mit freundlicher Genehmigung von D. Bettge)

Die Abb. 1.26 bis 1.28 zeigen ein Beispiel für die systematische Untersuchung einer gebrochenen Knochenschraube (genauer: Corticalisschraube) von der makroskopischen zur mikroskopischen Ebene. Die gebrochene Schraube sollte hinsichtlich des Bruchmechanismus, sowie auf Material-, Fertigungs- und Dimensionierungsfehler untersucht werden. Abbildung 1.26a zeigt eine Übersicht der gebrochenen Schraube, Abb. 1.26b die Bruchfläche des linken Teilstücks in Abb. 1.26a unter dem Stereomikroskop. Es sind deutlich Rastlinien zu erkennen, die auf einen Schwingbruch hindeuten. Die vermutete Ausgangsstelle für den Bruch liegt unten, der Bruch ging von der äußeren Oberfläche im Gewindebereich aus. Ein Restbruch ist nicht sichtbar, was auf eine geringe Nennspannung hindeutet.

Die weitere Untersuchung erfolgte im Rasterelektronenmikroskop. Abbildung 1.27a zeigt den in Abb.1.26b mit "1" gekennzeichneten Bereich, also den vermuteten Bruchausgangsbereich. Hier sind ebenfalls die Rastlinien zu erkennen. Bei höherer Vergrößerung werden diese (im markierten Bereich "2") noch deutlicher sichtbar, Abb. 1.27b.

Die metallographischen Untersuchungen des nichtrostenden Stahls zeigen ein austenitisches Gefüge. In Abb. 1.28 ist ein Längsschliff im Lichtmikroskop dargestellt, in dem ein Nebenriss zu erkennen ist. Dieser verläuft transkristallin, schneidet also die Körner, was für Schwingrisse zu erwarten ist. Der Nebenriss wurde im Gewindegrund gefunden und war mit Korrosionsprodukten gefüllt. An anderen Stellen wurden auch Korrosionsgrübchen gefunden. Ergänzende Untersuchungen zeigten, dass der Schraubenwerkstoff sowohl die geforderten Gefügeeigenschaften in Bezug auf Korngröße und Verunreinigungen als auch die chemische Zusammensetzung gemäß der Anforderungen für chirurgische Implantate erfüllt. Ein Materialfehler konnte daher als Schadensursache ausgeschlossen werden. Ein Fertigungsfehler konnte ebenfalls nicht festgestellt werden. Als Bruchmechanismus wurde Schwingbruch unterstützt durch Korrosion festgestellt. Eine Corticalisschraube ist hinsichtlich ihrer Betriebsfestigkeit nicht dafür ausgelegt, die normale durch den Patienten aufgebrachte Belastung dauerhaft zu übernehmen. Es ist vielmehr eine zeitgerechte Heilung erforderlich, die die Schraube zunehmend entlastet und damit Versagen durch Schwingbruch verhindert. Im untersuchten Fall ist eine verzögerte Knochenheilung als Ursache für das Versagen der Schraube ermittelt worden. Ein Dimensionierungsfehler schied daher als Schadensursache aus.

Evolutionäre Analyse komplexer Gefüge
Sie entstehen aus Zuständen hoher Energiedichte in positiver zeitlicher Folge (Tabelle. 1.2, Gläser, verformte, übersättigte Mischkristalle) auf dem Weg zum thermodynamischen Gleichgewicht (Kap. 8). Hier gilt das Prinzip – es bildet sich die Struktur (Summe der freien Energie aller Phasen), die am schnellsten in die Nähe des Gleichgewichts führt, - und nicht etwa die absolut stabilste Struktur einer Phase (Abb. 1.4a, Abb. 1.29, Abb. 8.6c, Abb. 8.9a). Stabilere Phasen bilden sich sekundär, oft in-situ mit Hilfe der früher gebildeten weniger stabilen Teilchen, die wie auch kleinere Teilchen anschließend aufgelöst werden ("survival of the fit-

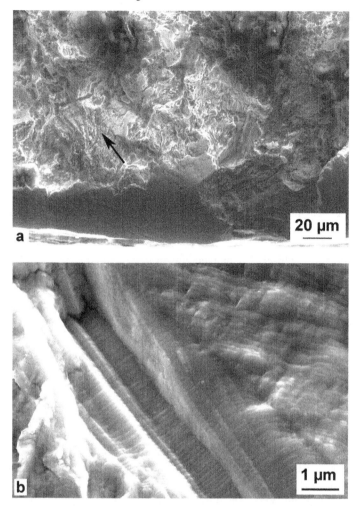

Abb. 1.27: a) Bruchfläche des Ortes "1" nahe des Bruchausgangs (vergl. Abb. 1.26b). Der Pfeil markiert einen Bereich, in dem Rastlinien deutlich sichtbar sind. (REM) b) Die Bruchfläche des Ortes "2" bei höherer Vergrößerung zeigt Rastlinien im Abstand von etwa 100 nm (REM) (mit freundlicher Genehmigung von D. Bettge)

test"). Parallel dazu spielen Gitterstörungen (Korngrenzen, Versetzungen) zusätzlicheine Rolle bei der zeitlichen Folge der örtlichen Phasenbildung. So bildet sich ein komplexes Gefüge wie es typisch für viele technische Legierungen ist (gehärtete Al-Legierungen, vergüteter Stahl). Bei evolutionärem Gefüge handelt es sich immer um einen Zwischenzustand. Am Ende (nach sehr langen Glühzeiten) entsteht das grobe Gemisch der Gleichgewichtsphasen.

Dies sei am Beispiel von übersättigten α-Al(Cu) Mischkristallen gezeigt, aus denen sich die Gleichgewichtsphase Θ-Al$_2$Cu über mehrere weniger stabile Zwischenzustände Θ'' und Θ' bildet. Diese helfen entweder der Keimbildung der

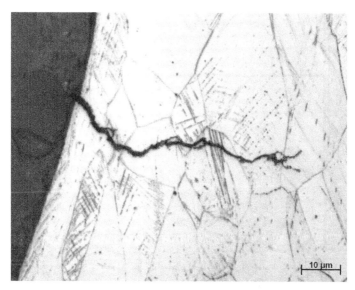

Abb. 1.28: Austenitisches Gefüge des rostfreien Stahls im Längsschliff. Transkristalliner Anriss im Gewindegrund (LM) (mit freundlicher Genehmigung von D. Bettge)

nächst stabileren Phase oder sie lösen sich auf. Eine zufällig im Mischkristall α-Al(Cu) vorhandene Korngrenze bewirkt die schnelle Bildung von Θ ohne Umweg über die evolutionären Zwischenschritte:

- direkte Reaktion, Abb. 1.29a: α-Al(Cu) → Θ-Al$_2$Cu an Korngrenze,
- mehrstufige Reaktion, Abb. 1.29b: α-Al(Cu) → Θ'' → Θ' → Θ-Al$_2$Cu.

Die Aufgabe des Werkstoffingenieurs in diesem Falle besteht darin, durch geeignete mikroskopische Untersuchungen das günstigste Gefüge zu ermitteln und zu reproduzieren, das wiederum zu den angestrebten Eigenschaften eines Werkstoffes oder des daraus gefertigten Bauteils führt. Umgekehrt handelt es sich bei technisch optimalen oft um komplex zusammengesetzte Gefüge. Deren Analyse erfordert die Anwendung mehrerer mikroskopischer Methoden, fast immer aber von Licht- und Elektronen-Mikroskopie.

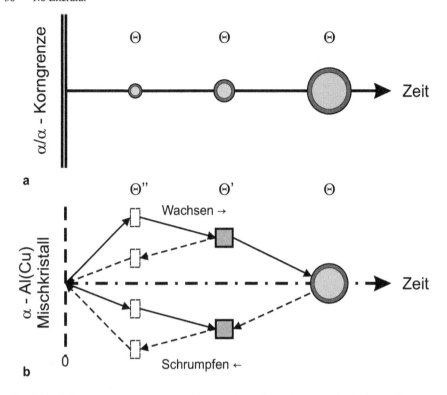

Abb. 1.29: Gefüge-Evolution im übersättigten Al(Cu)-Mischkristall. a) Die Gleichgewichtspha-se Θ-Al$_2$Cu bildet sich direkt nur an Korngrenzen. b) Im Gitter bildet sich die metastabile Phase Θ'', an größeren Θ''-Teilchen entstehen stabilere teilkohärente Θ'-Teilchen, während sich kleinere Θ''-Teilchen auflösen. An den größeren Θ'-Teilchen kann sich dann das stabilste Θ-Al$_2$Cu bilden. Das beobachtete Gefüge zeigt alle genannten Reaktionen

1.6 Literatur

[1] Czichos H, Saito T, Smith L (2007) (Eds): Springer Handbook of Materials Measurement Methods. Springer, Berlin, S 165 u 173

[2] Cahn RW (Hrsg) (1996) Physical Metallurgy, North-Holland, Amsterdam, S 1216

Weiterführende Literatur:

zu Kapitel 1.2:
Exner H, Hongardy H (1986) Quantitative Gefügeanalyse. DGM Informationsges
Grzemba B, Hornbogen E, Scharf G (1991) Die Gefüge von Aluminiumlegierungen, Teil I und Teil II, Aluminium 67: 1096-1111, 1193-1204
Herold-Schmidt U (1988) Elektronenmikroskopie und die Gefügedefinition von Werkstoffen, Prakt Metallogr 25: 3-16
Hornbogen E, Petzow G (1991) Metallographie. Prakt Metallogr 28: 320

Hornbogen E: A Systematic Description of Microstructure. J Mater Sci 21: 3737
Hornbogen E (1989) Fractals in Microstructure of Metals. Int Mater Rev 34: 277
Howard CV, Reed MG (2005) Unbiased Stereology: three-dimensional measurement in microscopy. BIOS Scientific Publ, Abingdon
Ohser J, Mücklich F (2000) Statistical Analysis of Microstructure in Materials Science. Wiley, Weinheim

zu Kapitel 1.3:
Amelinckx S et al (1997) Handbook of Microscopy. 1.2.3 Volume, VCH, Weinheim
Flewitt IEI, Wild RK (1986) Microstructural Characterization of Metals and Alloys. Inst. of Metals, London
Hawkes PW, Spence JCH (Eds) (2007), Science of Microscopy. Springer, New York, NY,
Schmahl G, Rudolph P (1984) X-ray microscopy. Springer, Berlin
Schumann H †, Oettel H (2005) Metallographie 14. Aufl Wiley-VCH, Weinheim
Slayter EM, Slayter HS (1992) Light and Electron Microscopy. Cambridge Univ. Press, Cambridge
Waschull H (1993) Präparative Metallographie. Dt. Verlag Grundstoffindustrie, Leipzig

zu Kapitel 1.3.1:
Françon M (1967) Einführung in die neueren Methoden der Lichtmikroskopie. G. Braun, Karlsruhe

zu Kapitel 1.3.2:
Bethge G, Heydenreich J (Hrsg) (1982) Elektronenmikroskopie in der Festkörperphysik. Springer, Berlin
Edington JW (1976) Practical Electron Microscopy in Materials Science. Tech Bocks, Hemdon, VA,
Fultz B, Howe JM (2007) Transission Electron Microscopy and Diffractometry of Materials. Springer, Berlin
Loretto MH (1993) Electron Beam Analysis of Materials. Springer, Netherland
Picht J, Heydenreich J (1966) Einführung in die Elektronenmikroskopie. VEB Verlag Technik, Berlin
Reimer L (2007) Transmission Electron Microscopy. Springer, Berlin
Schimmel G, Vogele W (1973-1984) Methodensammlung der EM. Wiss Verlagsgesellschaft Stuttgart
Watt IM (1997) The Principles and Practice of Electron Microscopy. 2. Aufl Cambridge University Press, Cambridge
Williams DB, Carter CB (2008) Transmission Electron Microscopy. Springer, Berlin

zu Kapitel 1.3.4:
Hono K (2002) Nanoscale microstructural analysis of metallic materials by atom probe field ion microscopy. Prog Mater Sci 47: 621
Wagner R (1982) Field - Ion Microscopy. Springer, Berlin

zu Kapitel 1.3.7:
Reimer L (1998) Scanning Electron Microscopy. Springer Berlin
Watt IM (1997) The Principles and Practice of Electron Microscopy. 2. Aufl Cambridge University Press, Cambridge
Zhou W, Zhong Lin Wang (2007) Scanning Microscopy for Nanotechnology. Springer, New York

zu Kapitel 1.4:
Gleiter H (2003) Is there a hidden world of new materials between the elements of the periodic table. Mater Trans 44: 1057-1067

Hornbogen E (2001) Precipitation hardening – the oldest nanotechnology. Metall 55: 522-526

zu Kapitel 1.5:
Hornbogen E (2008) "Evolution" of microstructure in materials. Int J Mat Res 99: 1066
Polmear IJ (2006) Light alloys – From traditional alloys to nanocrystals. 4. Aufl Butterworth-Heinemann, Oxford
Wassermann G (1957) Formation of metastable Θ'-Al$_2$Cu in Al-Cu solid solution. Z Metallkd 48: 223

2 Herstellung von Proben

2.1 Einleitung

Die Präparation des zu untersuchenden Werkstoffes ergibt sich aus den Anforderungen der jeweiligen Untersuchungsmethode an die Probe. Für die Auflichtmikroskopie von Metallen ist eine ebene und sehr glatte Fläche erforderlich, die durch mechanisches Schleifen auf zunehmend feinerem Schleifpapier und anschließendes Polieren auf Poliertüchern mit Tonerde oder Diamantpaste erreicht wird. Anschließend wird in der Regel zur weiteren Gefügeentwicklung die Oberfläche leicht angeätzt, wobei gewöhnlich entweder die Korngrenzen oder die Kornflächen angegriffen werden.

Keramische Werkstoffe können auch im Durchlichtmikroskop untersucht werden. Gesteine werden zunächst mit Epoxidharz getränkt, um die Poren zu schließen, anschließend eingebettet und bis auf ~ 25 µm Dicke angeschliffen.

Die Proben für die Durchstrahlungs-Elektronenmikroskopie sollen folgende Eigenschaften haben: 50 – 500 nm Dicke (je nach Dichte des Materials und Beschleunigungsspannung des Mikroskopes), möglichst große Flächen mit dieser Dicke, polierte und saubere Oberflächen auf beiden Seiten. Außerdem muss sicher sein, dass das Material bei der Folienherstellung nicht verändert wurde, sondern der Zustand des „massiven" Materials erhalten blieb, das am Ausgang des Präparationsverfahrens stand. Solche Veränderungen können z. B. durch plastische Verformung, Eindiffundieren von Wasserstoff bei der Elektrolyse oder martensitische Umwandlung metastabiler Phasen hervorgerufen werden.

Nur wenige Werkstoffe liegen direkt als durchstrahlbare Folien vor. Dies ist der Fall bei aus der Gasphase aufgedampften Schichten (Si, Ge, SiP, SiAs, CdS, CdSe, Metalle), wie sie in der Dünnschichten-Elektronik verwendet werden. Solche Schichten sind häufig mechanisch instabil und müssen nach vorsichtigem Ablösen vom Substrat mit einem aufgedampften Kohlefilm verstärkt werden.

In den meisten Fällen muss die Folie aus dem „massiven" Material herauspräpariert werden, d. h. aus dem zu untersuchenden Werkstück oder der zur Messung einer makroskopischen Eigenschaft verwendeten Probe. Falls ein Material speziell für elektronenmikroskopische Untersuchungen hergestellt wird, sind Bleche von 0,1 – 1 mm Dicke empfehlenswert. Größere Dicken würden zu lange Zeit für die Präparation erforderlich machen, bei geringeren Dicken besteht besonders bei Wärmebehandlungen die Gefahr, dass Oberflächenreaktionen störend wirken.

Für alle Vorbehandlungen, wie Wärmebehandlungen, Verformen, Bestrahlen, Magnetisieren, ist das Innere von 1 mm dicken Blechen repräsentativ für das "massive" Material. Trotzdem ist es empfehlenswert, vor dem Herstellen der dünnen Folie das Gefüge lichtmikroskopisch zu überprüfen. Anschließend wird die Folie in folgenden Schritten hergestellt, von denen manchmal einer oder mehrere ausgelassen werden können:

1. Vorzerkleinern,
2. Vordünnen,
3. Dünnpolieren,
4. evtl. Nachdünnen,
5. Abtrennen der Probe für den Probenhalter des Mikroskopes.

2.2 Vorzerkleinern

Es besteht die Aufgabe, eine kleine blechförmige Probe aus einem beliebig geformten Stück herauszupräparieren, ohne das Material mechanisch oder durch Wärmeeinwirkung zu verändern. Im einfachsten Falle bedient man sich dazu einer Juweliersäge. Voraussetzung ist, dass das Material nicht zu hart ist, und dass der mechanisch gestörte Bereich nicht den Bereich der späteren Folie erreicht. Für harte Materialien empfiehlt sich die Verwendung der Funkenerosion oder einer Trennscheibe. Man erhält in allen Fällen ein Scheibchen von $\approx$ 1 mm Dicke. Schonender, aber sehr langwierig ist die Anwendung einer Säuresäge, die für wasserlösliche Salze auch mit Wasser betrieben werden kann. Schließlich gibt es für manche mechanisch sehr anisotropen Kristalle die Möglichkeit, vorzerkleinerte Proben durch Spaltung zu erhalten. Amorphe Festkörper können gelegentlich mit geringem Keilwinkel brechen, so dass bei Gläsern durchstrahlbare Kanten entstehen. Auch kann man durch Blasen zähflüssiger Stoffe Folien beliebiger Dicke herstellen. In einigen leicht spaltbaren Stoffen ist es schließlich möglich, allein durch wiederholtes Spalten Folien durchstrahlbarer Dicke zu erhalten (Glimmer, Graphit). Kleinere Stücke werden zwischen zwei Klebstreifen (Tesafilm) geklebt, die dann auseinandergezogen werden. Der Vorgang wird so lange wiederholt, bis die gewünschte Dicke erreicht ist. Der Klebstreifen wird dann abgelöst und die Folie auf einem Trägernetz befestigt. Es ist nicht zu erwarten, dass der Spaltbruch ganz ohne plastische Verformung erfolgt. Aus diesem Grunde muss die beobachtete Fehlstellenanordnung nicht dem Zustand vor der Probenpräparation nach dieser Methode zu entsprechen.

2.3 Vordünnen

Das Vordünnen hat den Zweck, die vorzerkleinerte Probe möglichst schnell und störungsfrei auf eine Dicke zu bringen, von der sie dann durch das Dünnpolieren auf die endgültige Dicke und Oberflächenbeschaffenheit gebracht wird. Ein häufig angewandtes, aber für plastisch verformbare Stoffe nicht ganz ungefährliches Verfahren ist das *mechanische Vordünnen* durch Schleifen mit Schleifpapier, dessen Feinheit mit abnehmender Dicke der Probe zunimmt. Bei Materialien mit niedriger Streckgrenze (reine oder weichgeglühte Metalle) ist diese Methode auf keinen Fall zu empfehlen, da immer Versetzungen eingebracht werden. Das gleiche gilt für das Abtragen der Oberfläche mit dem Mikrotom. Hierbei handelt es sich um ein Schneidegerät zum Herstellen sehr dünner Schnitte für die Mikroskopie. Für Materialien mit hoher Streckgrenze, auch für gekühlte Kunststoffe, kann das mechanische Dünnen sehr praktisch sein. Für keramische Stoffe, Gläser und viele Mineralien hat sich das Ionenfräsen als schonendes, wenn auch langsames Verfahren bewährt.

Die Verformung der Oberfläche kann ganz vermieden werden, wenn *chemisch* oder *elektrochemisch* vorgedünnt wird. Es gibt dafür eine größere Zahl von Methoden. Beispiele von für wichtige Legierungen geeigneten Lösungen sind in Tabelle A1.1 im Anhang A 1 zusammengestellt worden. Verlangt wird ein möglichst gleichmäßiger Angriff der Probe, d. h. bestimmte Phasen, Kristallorientierungen und Gitterbaufehler sollen nicht bevorzugt angegriffen werden. Außerdem soll das Auflösen möglichst schnell und ohne große Wärmeentwicklung ablaufen. Das Vordünnen braucht nicht zu hochglänzenden Oberflächen zu führen. Die Oberflächenrauhigkeit im Größenbereich > 100 nm muss aber gering bleiben. Rein chemische Verfahren müssen für Isolatoren und Halbleiter angewandt werden, während für Metalle elektrolytische Verfahren bevorzugt werden. Elektrolytische Verfahren, bei denen die Oberfläche mit einem Flüssigkeitsstrahl abgerastert wird, erlauben es, jede mechanische Bearbeitung auch bei dicken Proben zu vermeiden. Wird ein feststehender dünner Strahl einer geeigneten Lösung oder eines Elektrolyten gegen eine Probenoberfläche gerichtet, so bildet sich bei günstigen Bedingungen (Durchmesser der Düse, Durchflussgeschwindigkeit, Abstand Düse - Probe) eine flache Mulde auf der Probenoberfläche. Die Form der Mulde kann beim elektrolytischen Strahldünnen außerdem durch die Stromdichte beeinflusst werden. Angestrebt wird ein flacher Boden. Beim anschließenden Dünnpolieren entstehen in dieser Mulde dann die durchstrahlbaren Stellen. Es ist empfehlenswert, das Vordünnen bei einer Dicke der Probe von etwa 0,1 mm abzubrechen, um genügend Zeit für den anschließenden Poliervorgang zu lassen, bis die Probe die gewünschten 100 nm erreicht hat.

Die Mulde kann auch mechanisch mit Hilfe eines Muldenschleifgerätes ("Dimple Grinder") erzeugt werden. Dabei wird ein Schleifrad auf die Oberfläche einer rotierenden Probe mit einem Durchmesser von 3 mm aufgesetzt und mit einem geringen Gewicht (bis 40 g) belastet (Abb. 2.1). Als Schleifmedium wird Diamantpaste verwendet. Der Materialabtrag wird mit einem Messmikrometer überwacht. Es kann auf eine Restdicke von 5-10 µm geschliffen werden. Beim anschließenden Dünnen bilden sich größere durchstrahlbare Bereiche aus und der nachfolgende Dünnprozess wird verkürzt. Es ist in einigen Fällen aber auch möglich, bis zur Elektronentransparenz dünnzuschleifen.

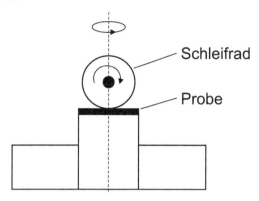

Abb. 2.1: Prinzip des Muldenschleifers: Ein um die horizontale Achse rotierendes Schleifrad dünnt den zentralen Bereich einer um die vertikale Achse rotierende Probe

2.4 Dünnpolieren

Das chemische oder elektrolytische Polieren ist der letzte Schritt zur Herstellung der Folie. Es können die vom chemischen Glänzen und Elektropolieren her bekannten Bedingungen verwendet und modifiziert werden. Es handelt sich aber um Vorgänge, bei denen man auch mit guten elektrochemischen Kenntnissen nicht auskommt, sondern auf empirischem Wege die günstigsten Polierbedingungen und Polierlösungen finden muss (Anhang A 1, Tabelle A 1.2).

Jede Polierlösung enthält Oxidationsmittel und ein Lösungsmittel für die Oxidationsprodukte. Kennzeichnend für viele Elektrolytlösungen ist der in Abb. 2.2 gezeigte Verlauf der Stromdichte-Spannungs-Kurve.

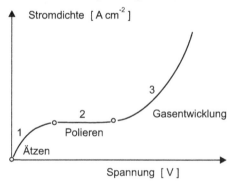

Abb. 2.2: Typische Stromdichte-Spannungskurve beim elektrolytischen Dünnen von Metallen. Die besten Polierbedingungen herrschen im Bereich 2

Im Bereich 1 des Anstiegs der Kurve löst sich das Metall zunächst an der Oberfläche auf, so dass sich eine an Metallionen angereicherte Schicht von zunehmender aber geringer Dicke an der Oberfläche des aufzulösenden Metalls aufbaut (ähnlich einer Passivschicht). Auflösung und Neubildung dieser Schicht erfolgen etwa proportional der Spannung. Von einer bestimmten Spannung an ändert sich der Strom bei weiterer Steigerung der Spannung nicht mehr, Bereich 2. Es hat sich jetzt eine Schicht gebildet, in der die Abtragungsgeschwindigkeit unabhängig von der Spannung ist. Diese Schicht ist häufig eine Flüssigkeit mit höherer Viskosität als der Elektrolyt, die die aus dem Metall herausgelösten Ionen in hoher Konzentration enthält. Sie ist manchmal mit bloßem Auge sichtbar. Im Bereich dieses Plateaus bestehen die besten Polierbedingungen. Unterhalb davon tritt elektrolytisches Ätzen auf. Oberhalb einer bestimmten Spannung steigt die Stromdichte wieder an, Bereich 3. Das Abscheidungspotential des Sauerstoffs wird überschritten, was zur Sauerstoffentwicklung (Gasblasen) an der Metalloberfläche führt. Bei langsamem Ablösen dieser Blasen kann dann anstelle der Politur eine narbige Oberfläche entstehen. Am besten lässt sich die Polierwirkung eines Elektrolyten bei gegebenem Werkstoff experimentell bei gleichzeitiger Aufnahme der Stromdichte-Spannungskurve bestimmen. Im Allgemeinen kann das Plateau in der Strom-Spannungskurve durch Erniedrigung der Badtemperatur verbreitert werden. Das ist wahrscheinlich auf eine Erhöhung der Viskosität der Zwischenschicht zurückzuführen. Manche Elektrolyte weisen kein Plateau auf. Ebenso ist bei den Strahlpolierverfahren kein Plateau zu finden. In diesen Fällen fehlt auch die Ausbildung einer viskosen Schicht in einem bestimmten Spannungsbereich.

Die viskose Schicht hat die Neigung, an der Probe abwärts zu fließen, so dass ein bevorzugter Angriff im oberen Probenteil zustande kommt (Abb. 2.3).

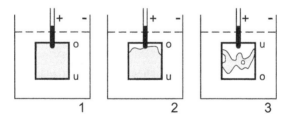

Abb. 2.3: Das "historische" Fensterverfahren. Der Probenrand wird mit Isolierlack bestrichen (1), die Probe wird gedünnt, bis im oberen Teil Löcher entstehen (2), gedreht und weitergedünnt, bis eine "Schweizer Käse"-Struktur entsteht (3)

Treten im Bereich 3 Gasblasen auf, so steigen diese zum oberen Teil der Probe, und der bevorzugte Angriff erfolgt am unteren Probenende. Eine geringe Reaktionsgeschwindigkeit im Plateau ist günstig für gleichmäßiges Polieren. Dies kann durch Erniedrigen der Badtemperatur erreicht werden. Rühren des Elektrolyten verhindert örtliche Überhitzung zwischen den Elektroden und fördert gleichmäßigen Angriff und Abtransport der Reaktionsprodukte. Elektrolytlösungen und Polierbedingungen für eine sehr große Zahl von Metallen und Legierungen sind häufig und ausführlich in der Literatur beschrieben worden. Es sind hier deswegen nur einige universell bewährte Gemische aufgeführt, neben Angaben über einige nicht-metallische Stoffe, die bisher noch nicht häufig zusammengestellt wurden (siehe Anhang A 1). Nach dem Dünnpolieren muss die Probe durch Eintauchen z. B. in reinen Alkohol von Resten der Polierlösung gesäubert und getrocknet werden.

Die geometrische Anordnung der Poliereinrichtung entscheidet über Stromdichteverteilung und damit über Gleichmäßigkeit des Polierens. Da die Stromdichte an den Probenkanten am größten ist, werden die Bleche an den Kanten bevorzugt aufgelöst, falls man nicht besondere geometrische Anordnungen (Spitzenelektroden) wählt. Einige bewährte Anordnungen zum Dünnpolieren sollen im Folgenden beschrieben werden.

Elektrolytische Badpolierverfahren. Ein apparativ einfaches und vielseitig anwendbares Verfahren ist das "historische" *Fensterverfahren* (Abb. 2.3). Eine rechteckige Probe (am günstigsten etwa 20 mm x 50 mm) wird an einer Schmalseite mit einer Klemme gehalten, und sowohl Klemme als auch Kante werden mit Isolierlack bestrichen. Die Probe wird sodann in den Elektrolyten eingetaucht (rostfreier Stahlbecher, der als Kathode dient, oder Gefäß mit Kathode aus Platin oder rostfreiem Stahl). Je nach Poliervorgang wird die Probe entweder am oberen Ende (Bildung einer viskosen Schicht) oder am unteren Ende (Bildung von Gasblasen) rascher abpoliert. Sobald Löcher entstehen, wird die Probe umgedreht, frisch lackiert, und der Poliervorgang fortgesetzt. Diese Behandlung wird fortgeführt, bis dünne Stege oder "Halbinseln" entstehen, die dann mit einer Klinge ohne Gefahr einer größeren Verformung abgetrennt werden können. Während des Polierprozesses soll die Probe stets leicht hin und her bewegt werden, da entlang des Meniskus ein bevorzugter Angriff erfolgt. Das Fensterpolieren kann auch beendet werden, wenn eine durchschnittliche Foliendicke von 25 - 75 μm erreicht ist. Mit Hilfe einer Lochstanze (wie zum Ausstanzen von Netzblenden verwendet) können dann Scheibchen ausgestanzt werden, die genau in den Elektronenmikroskop-Probenhalter passen und die durch Strahlpolieren fertig gedünnt werden können (sieht übernächsten Abschnitt).

Mit dem *Bollmann-Verfahren* wird angestrebt, eine gleichmäßige Stromdichteverteilung über die Folienfläche mit Hilfe von Spitzenkathoden zu erreichen (Abb. 2.4). Diese sind auf beiden Seiten der Proben-Blechscheibe nahe der Scheibenmitte angeordnet. Der Probenrand ist mit Lack abisoliert. Durch günstige Einstellung

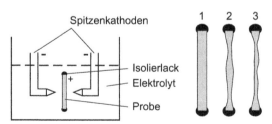

Abb. 2.4: Bollmann-Verfahren. Die Probe (1) wird zuerst bei großem Spitzenabstand vorgedünnt (2) und bei geringerem Spitzenabstand fertiggedünnt (3). Es entstehen verhältnismäßig große durchstrahlbare Flächen

der Kathodenentfernung (etwa 4 mm für Proben von 20 mm Durchmesser) kann die Auflösung so abgestimmt werden, dass Löcher sowohl entlang des Scheibenrandes als auch im Scheibenzentrum gleichzeitig auftreten. Das Polieren wird beendet kurz bevor oder nachdem die Löcher zusammenwachsen. Kleine "Halbinseln" können dann wieder mit einer Klinge herausgeschnitten werden. Die abgeschnittenen Teile werden zwischen zwei Netzchen in den Elektronenmikroskop-Probenhalter eingelegt.

Strahldünnungsverfahren. Durchstrahlbare Bereiche können in massiven Proben durch Elektrolytstrahlpolieren hergestellt werden, wenn der Strahlpoliervorgang, wie unter den Vordünnungsverfahren beschrieben, bis zum Auftreten eines Loches fortgeführt wird (Abb. 2.5 u. 2.6).

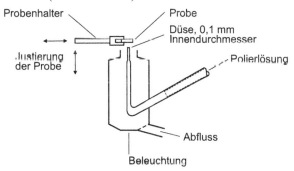

Abb. 2.5: Düsenverfahren zur Herstellung durchstrahlbarer Folien aus Halbleitern und Isolatoren. Für das elektrolytische Dünnen von Metallen wird in die Düse ein Platin- oder Chromnickel-Stahldraht als Kathode gebracht und die Probe als Anode geschaltet

Die Probenbereiche in der Umgebung des Loches sind im Allgemeinen für eine Durchstrahlungsuntersuchung geeignet. Der Vorteil der Strahldünnung liegt darin, dass ein verhältnismäßig dickes (bis zu 0,5 mm) und daher mechanisch stabiles Probenscheibchen, das unmittelbar in den Elektronenmikroskop-Probenhalter passt, nur in der Scheibchenmitte gedünnt wird. Jedes Schneiden nach dem Dünnen wird vermieden, die gedünnten Bereiche sind vor einer Beschädigung bestens geschützt. Da die dünnen Zonen in unmittelbarem Kontakt mit dicken Probenbereichen stehen, wird auch bei schlecht wärmeleitenden Festkörpern die Gefahr einer Überhitzung durch den Elektronenstrahl im Mikroskop verringert. Im Anhang A 1, Tabelle A 1.3 sind einige Polierlösungen zusammengestellt.

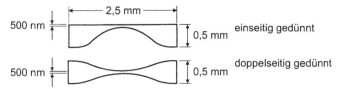

Abb. 2.6: Probenform bei einseitigem und beidseitigem Dünnen

Chemisches Strahldünnen. Bei chemischem Strahldünnen ist meist nur eine geringe Strömungsgeschwindigkeit der Polierlösung nötig. Diese wird erreicht, indem die durch Schwerkraft aus einem erhöht angebrachten Vorratsgefäß zulaufende Lösung aus einer nach oben gerichteten Düse langsam ausströmt (Geschwindigkeit etwa 2 Tropfen/sec), so dass die Flüssigkeit gerade die zu polierende Probe berührt und in einem kreisförmigen Gebiet benetzt. Die geringe Turbulenz in dem nahezu halbkugelförmigen Lösungstropfen, der an der Probenunterseite „hängt", ist ausreichend, um in Si, Ge oder GaAs eine spiegelblanke Mulde einzuätzen. Wenn man unterhalb der Apparatur eine starke Lichtquelle anordnet und die Probe von oben beobachtet, kann man den Endpunkt für den Poliervorgang an der Farbe des durchdringenden Lichtes (Si oder Ge) oder am Auftreten eines kleinen Loches feststellen. Das chemische Strahldünnen hat sich besonders für Halbleiterwerkstoffe und nicht-metallische Festkörper bewährt. Die Apparatur kann so konstruiert werden, dass es möglich ist, die Polierlösung auf hohe Temperaturen zu erhitzen (wie es für keramische oder oxidische Stoffe, z. B. Al_2O_3 nötig ist). Die Zusammensetzung einiger bewährter chemischer Polierlösungen ist in Anhang A 1, Tabelle 1.4 angegeben. Das Verfahren eignet sich auch zum Dünnen von hochpolymeren Kunststoffen.

Durchstrahlbare Folien kristallisierter Kunststoffe lassen sich außerdem durch Auskristallisieren aus flüssiger Lösung direkt auf einer Trägerfolie herstellen. Am häufigsten untersucht wurde bisher Polyäthylen, das in Paraffin ($C_{18} - C_{32}$) aufgelöst wird. Das Paraffin wird nach der Kristallisation mit Xylol herausgelöst. Schwierigkeiten bei der Untersuchung von Kunststoffen infolge von Strahlenschäden und geringer Streuung an den leichten Atomen der organischen Verbindungen werden im Kapitel über Mikroskopie bei höchsten Spannungen (Kap. 12) besprochen.

Elektrolytisches Doppelstrahlverfahren. Dies ist heute das Standardverfahren für Metalle; kommerzielle Geräte werden von verschiedenen Firmen angeboten. Eine gleichzeitige Verwendung von zwei Elektrolytstrahlen, die aus zwei entgegengesetzten Richtungen auf beide Probenoberflächen einfallen, bewirkt eine rasche Probendünnung, die bei kleinen Düsendurchmessern hauptsächlich auf die Mittelbereiche einer scheibenförmigen Probe beschränkt bleibt (Abb. 2.6).

Ein weiterer Vorteil, als Folge der entgegengesetzt angeordneten Elektrolytstrahlen, liegt darin, dass nach Entstehen eines Loches in der Scheibchenmitte die dünnen Bereiche um das Loch nicht rascher angegriffen werden. Somit ist die Unterbrechung des Poliervorganges nicht so kritisch wie beim Badpolieren. In einem kommerziell erhältlichen kompakten Poliergerät kann der Poliervorgang automatisch abgeschaltet werden, sobald durch eine Photozelle die Entstehung eines kleinen Loches im Probenscheibchen entdeckt wird (Abb. 2.7).

Praktisch bewährte Elektrolytlösungen sind für eine Reihe von Metallen und Legierungen in Tabelle A 1.5 im Anhang A 1 angeführt. In einigen Fällen kann ein derartiges Gerät auch für stromloses chemisches Strahlpolieren verwendet werden. Die genauen Polierbedingungen müssen für jedes Probematerial empirisch gefunden werden. Fließgeschwindigkeit des Elektrolytstrahles, Polierspannung und Badtemperatur sind von wesentlichem Einfluss. Falls diese Bedingungen nicht eingehalten werden, entstehen fehlerhafte Folien. Häufig auftretende

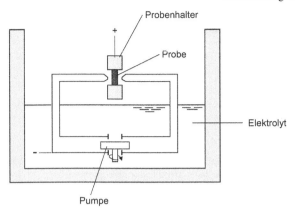

Abb. 2.7: Elektrolytisches Doppelstrahldünnen. Das Verfahren kann auch stromlos für Halbleiter und Isolatoren verwendet werden

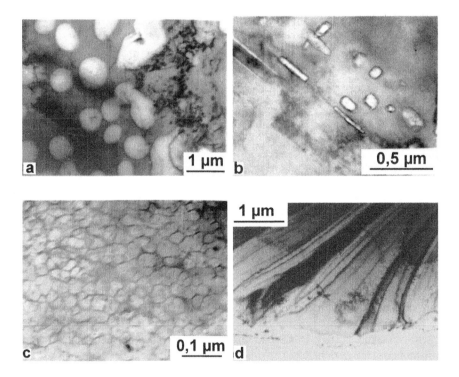

Abb. 2.8: Einige Beispiele für Fehler bei der Präparation von TEM-Proben. a) Elektrolytreste auf der Oberfläche von Aluminium b) Teilweises Herauslösen von Teilchen in Mg-10 Li (K. Schemme) c) Durch zu niedrige Polierspannung angeätzte Al-Folie d) Während der Bestrahlung im Mikroskop aufgewachsene Kontaminationsschicht. Eine amorphe Kohlenstoffschicht entsteht aus den Kohlenwasserstoffen des Pumpöls

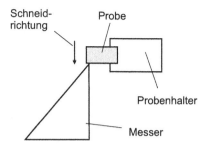

Abb. 2.9: Prinzip des Ultramikrotoms. Mit einem Glas- oder Diamantmesser können direkt durchstrahlbare Dünnschnitte von 10 – 20 nm Dicke erzeugt werden

Fehler sind Verschmutzungen aufgrund von Elektrolytresten oder Reinigungsmitteln, selektives Herauslösen bestimmter Phasen oder verätzte Oberflächen. Einige Beispiele dafür sind in Abb. 2.8 zusammengestellt worden. Als Alternative zu den o. g. Verfahren wird in einigen Fällen die Ultramikrotomie eingesetzt. Sie hat ihre Bedeutung bei der Herstellung medizinischer und biologischer Präparate. In der Materialwissenschaft wird sie im Wesentlichen für Polymere eingesetzt, ist aber auch auf weiche Metalle (z. B. Al, Pb, Cu) anwendbar. Hinzu kommen noch einige Spezialanwendungen wie z. B. Untersuchung von Hohlräumen in porösen Proben, Schnitte senkrecht zur Blechebene und oxidierte Oberflächen. Nach dem Schneiden mit einem Glas- oder Diamantmesser (Abb. 2.9) liegen 10 - 20 nm dicke und direkt durchstrahlbare Dünnschnitte vor. Plastische Verformung kann bei diesem Verfahren allerdings nicht in allen Fällen vermieden werden.

2.5 Ionendünnen

In einigen Fällen können mit den bisher beschriebenen Methoden keine zufriedenstellenden Ergebnisse erzielt werden, z. B. bei grob zweiphasigen Gefügen, die beim elektrolytischen oder chemischen Dünnen unterschiedlich stark abgetragen werden, oder bei sehr reaktiven Materialien, wie z. B. lithiumhaltigen Legierungen. In diesen Fällen wird zum Nachdünnen (Abtrag störender Oberflächenschichten) oder auch als alleiniges Verfahren das Ionendünnen angewendet. Dabei wird die Probenoberfläche durch einen Ionenstrahl mit einer Energie von einigen keV abgetragen (Abb. 2.10a). Der Strahl wird unter einem bestimmten Winkel auf die Probenoberfläche gerichtet.

Beim Auftreffen des Ionenstrahls auf die Probenoberfläche können verschiedene Wechselwirkungen auftreten. Ein oder mehrere Atome, positive oder negative Ionen werden durch den Rückstoß des einfallenden Ions herausgeschlagen. Es können auch Ionen oder herausgeschlagene Atome in die Oberfläche eingepflanzt werden, wobei Gitterschwingungen oder Strahlenschäden erzeugt werden. Schließlich können Sekundärelektronen und elektromagnetische Wellen emittiert werden. Diese Reaktionen führen neben der erwünschten Abtragung der Atome

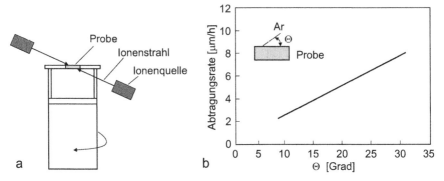

Abb. 2.10: Nachdünnen mit dem Ionendünngerät. a) Prinzip: Die Oberfläche der rotierenden Probe wird mit Hilfe zweier Ionenstrahlen abgetragen. b) Die Abtragungsrate ist abhängig von dem Winkel zwischen Ionenstrahl und Probenoberfläche

auch zu unerwünschter Erwärmung und Strahlenschädigung. Wärmeempfindliche Proben werden gekühlt. Die Abtragungsrate ist abhängig von dem Winkel zwischen Ionenstrahl und Probenoberfläche (Abb. 2.10b). Er liegt in der Regel zwischen 5° und 30°. Darüberhinaus wird der Abtrag von der an der Ionenquelle anliegenden Hochspannung bestimmt. In der Regel werden Ar-Ionen verwendet. Typische Abtragungsraten liegen zwischen 0,5 und 1,5 μm/h und Ionenquelle. Wird das Ionendünnen zum Fertigdünnen angewendet, kann der Prozess einige Tage dauern. In diesen Fällen wird möglichst eine vorgedünnte Probe mit Mulde verwendet.

2.6 Zielpräparation

Häufig wird die Aufgabe gestellt, eine Folie in bestimmter Lage aus einem Stück Material herauszupräparieren. Einige Beispiele für die Anwendung der Zielpräparation für wissenschaftliche und technische Untersuchungen sind:

1. Herauspräparieren von Folien parallel und senkrecht zu Gleitebenen aus Einkristallen bekannter Orientierung zur Bestimmung der Versetzungsanordnung (Abb. 2.11),
2. Herauspräparieren von Folien parallel und senkrecht zur Walz- und Querrichtung in kaltgewalzten Blechen zur Bestimmung der Lage der Verformungsbänder, Mikrobänder und der Textur,
3. Herstellen von Folien in genau bekanntem Abstand von einer Probenoberfläche,
4. Herstellen von Folien in genau bekannter Lage im Übergangsbereich einer Plattierung oder Schweißung (Abb. 2.12),

5. Herauspräparieren von Folien, die bestimmte, im Gesamtvolumen selten vorkommende Erscheinungen wie Rekristallisationskeime, Keime für martensitische Umwandlung, Spuren von Kernspaltungen enthalten.
6. Herauspräparieren von Folien aus elektronischen Bauteilen.

Das Herauspräparieren in bestimmter Winkellage beginnt man beim Vorzerkleinern. Das Scheibchen wird dann in einer mit Goniometer versehenen Einrichtung herausgesägt oder durch einen Säurestrahl herausgeätzt. Die äußeren Bezugsrichtungen, Kristallorientierung, Walzrichtungen etc. müssen bekannt sein. Beim Fertigdünnen bleiben die Winkellagen dann in etwa gleicher Genauigkeit ($\approx \pm 3°$) erhalten.

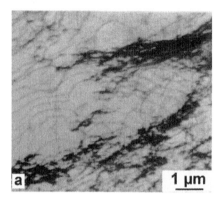 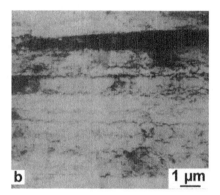

Abb. 2.11: Analyse der Versetzungsordnung in Kupfer, das bei 78 K verformt wurde, als Beispiel für gezielte Präparation von Folien. Die Proben wurden zur Fixierung der Versetzungsanordnung mit Neutronen bestrahlt. a) $\left(\overline{1}01\right)$-Schnitt senkrecht zum primären Gleitvektor $\overline{b} = a/2\left[\overline{1}01\right]$. Schichten mit großer Versetzungsdichte in der Hauptgleitebene (H. Strunk). b) Schnitt parallel der Hauptgleitebene (111). Die Versetzungen sind unter Last durch Bestrahlung fixiert worden; zu erkennen sind unter Spannung ausgebogene Versetzungen und Versetzungs-Multipolstränge

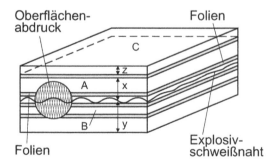

Abb. 2.12: Zielpräparation im Übergangsbereich einer Explosions-Plattierung, schematisch

Für das Herauspräparieren von Folien in bestimmter Lage innerhalb der Probe empfiehlt sich folgendes Verfahren: Die Probe wird von einer Seite aus abgetragen und fertigpoliert, und zwar genau bis zu der Stelle, an der die Folie herauspräpariert werden soll *(x + z* in Abb. 2.12). Die Tiefe der Abtragung muss so genau wie erforderlich und möglich (mit Messuhr oder optisch) bestimmt werden. Diese Seite wird dann mit Isolierlack abgedeckt. Anschließend trägt man die Probe von der anderen Seite aus ab und poliert schließlich, bis der Elektrolyt bis zu dem auf der anderen Seite befindlichen Isolierlack durchbricht *(y* in Abb. 2.12). Nachdem der Lack abgelöst ist, hat man eine Folie, deren Lokalisierung in der Probe von der Genauigkeit der Messung beim primären Abtrag abhängt. Die erreichbare Genauigkeit beträgt 0,1-0,01 mm.

Eine Abänderung des Bollmann-Verfahrens kann für die Herstellung von durchstrahlbaren Proben aus sehr dünnen Drähten angewandt werden. Der Draht wird an zwei gegenüberliegenden Seiten mit Isolierlack bestrichen. Anstelle der Spitzenkathoden verwendet man scharfe Schneiden, wofür sich Rasierklingen aus rostfreiem Stahl eignen. Die Schneiden werden den nicht isolierten Drahtteilen in geringem Abstand gegenüber gestellt. Der Angriff erfolgt so lokalisiert, dass längs der Drahtachse Löcher und Brücken entstehen, aus denen für Durchstrahlung geeignete Folien entnommen werden können.

Mit der Entwicklung der FIB (siehe 1.3.8) entstanden völlig neue Möglichkeiten für die Zielpräparation. Da die Geräte sowohl abbilden, als auch mit dem Ionenstrahl durch Sputtern Material entfernen können, erlaubt das Verfahren die Präparation von Objekten mit viel größerer Präzision, als dies mit den oben beschriebenen Methoden möglich wäre.

Das Potential liegt z. B. in der Präparation von Bauteilen der Mikrosystemtechnik und der Mikroelektronik, von Oberflächen (z. B. Fehler), von Oberflächen-, Reaktions- und von Wärmedämmschichten. Weitere wichtige Bereiche sind alle Materialien, die generell "schwierig" zu präparieren sind, also alle mehrphasigen Gefüge, Verbundwerkstoffe, Werkstoffverbunde und Gradientenstrukturen.

Abb. 2.13 zeigt die Schritte der Präparation einer TEM-Lamelle. Auf die Oberfläche wird zunächst eine Schutzschicht aus Platin oder Wolfram aufgebracht (Abb. 2.13b). Eine Lamelle wird anschließend durch den Ionenstrahl frei gedünnt (Abb. 2.13c). Es folgt das Schneiden des Rahmens mit anschließender Endpolitur auf eine Dicke, die im TEM durchstrahlbar ist (Abb. 2.13d). Die Lamelle wird danach freigeschnitten und entnommen. Für die Untersuchung im TEM wird sie an ein mit Kohlenstoff bedampftes Cu-Netzchen geheftet (Abb. 2.13e). In einigen Fällen kann die Gefügedarstellung der zielpräparierten Lamelle auch direkt in der FIB erfolgen, da der "Channelling"-Kontrast an der polierten Lamelle bereits sehr viele Informationen liefert (Abb. 2.13f).

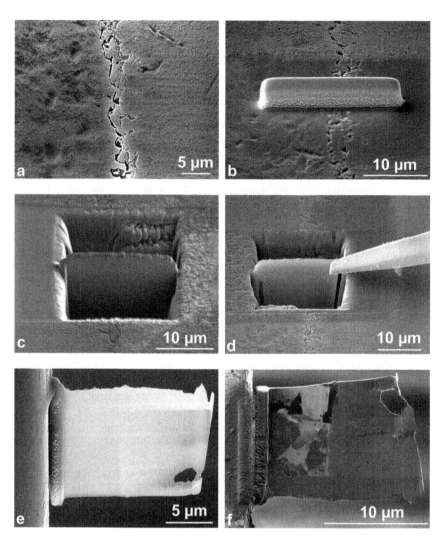

Abb. 2.13: Präparationsschritte zur Herstellung einer TEM-Lamelle in der FIB am Beispiel einer Laser-Schweißverbindung Stahl/NiTi. a) Auswahl einer geeigneten Probenstelle b) Aufbringen einer W-Schutzschicht c) Freidünnen einer Lamelle mit Ga^{2+}-Ionenstrahl d) Freischneiden der Lamelle e) Anheften der Lamelle an ein Cu-Netzchen f) Fertig gedünnte durchstrahlbare Lamelle im Ionenkontrast; links: NiTi; rechts: Stahl; dazwischen die Schweißnaht (mit freundlicher Genehmigung von T. Simon)

Abb. 2.14: Zielpräparation eines Bond-Kontakts a) Al-Bonddraht auf Cu-Ni-Au-Metallisierung. Lamelle wird quer zur Drahtachse herausgearbeitet. b) Abbildung der Lamelle in der FIB. Das Substrat ist mit einer Ni-P-Schicht bedeckt, zwischen dieser und dem Al-Draht befindet sich die Goldschicht. c) Korngefüge des Al-Drahts. d) TEM-Abbildung der Au_8Al_3-Schicht zwischen Al-Draht und Ni-P-Schicht (mit freundlicher Genehmigung von W. Österle)

Abb. 2.14 zeigt ein Beispiel für die Zielpräparation eines Bond-Kontakts. Es handelt sich um einen Aluminiumdraht auf einer Cu-Ni-Au-Metallisierung. Zunächst wird der Bereich von Interesse identifiziert (Abb. 2.14a) und eine TEM-Lamelle wie in Abb. 2.13 beschrieben präpariert. Abb. 2.14b zeigt den Aufbau aus Al-Si1-Draht und die Ni-P-Schicht, die auf das Substrat aufgebracht wurde. Die Pt-Schutzschicht ist ebenfalls gut zu erkennen. Bei höherer Vergrößerung ist die Kornstruktur des Al-Drahtes bereits sichtbar (Abb. 2.14c). Die Au-Al-Schicht, die den Al-Draht von der Ni-P-Schicht trennt, ist in der TEM-Aufnahme (Abb. 2.14d) dargestellt.

2.7 Einführung der Probe in den Probenhalter

Von der dünnpolierten Probe muss, außer beim Strahldünnungsverfahren, ein Stück von etwa 1 mm^2 Größe abgetrennt werden, das in den Probenhalter gebracht wird. Das Trennen kann wiederum mechanisch oder chemisch erfolgen. Im einfachsten Falle wird von einer Bollmann- oder Fensterprobe unter einem Stereo-Lichtmikroskop mit einem Messer ein geeignetes Stück abgetrennt (Abb. 2.3). Es besteht die Gefahr der plastischen Verformung. Falls der Probenhalter für die Elektrolyse eine Öffnung mit dem gleichen Durchmesser wie der Probenhalter hat, kann ein Probenscheibchen dieser Größe chemisch herausgetrennt werden. Dazu wird die Kathode des Bollmann-Verfahrens, nachdem in der Mitte ein Loch entstanden ist, in größeren Abstand von der Probe gebracht.

FIB-Lamellen werden auf kohlenstoffbedampfte Cu-Netzchen aufgebracht, die direkt in den Probenhalter passen.

Für sehr spröde Materialien wie z. B. Keramik, Halbleiter und Mineralien kann ein Ultraschallschneider verwendet werden, der Probenscheibchen von 3 mm Durchmesser liefert.

Bei ferromagnetischen Werkstoffen muss dann darauf geachtet werden, dass nicht zu große Mengen von Material in den Probenhalter gebracht werden, da deren Streufehler das Bild sehr stark verzerren können. Schließlich kann das Vordünnen mit einem Scheibchen von der Größe des Probenhalters begonnen werden, das anschließend vorzugsweise mit einem Strahldünnverfahren behandelt wird.

2.8 Literatur

Die zweisprachige Zeitschrift "Praktische Metallographie" publiziert Aufsätze sowohl zu speziellen Problemen, als auch zu zeitlich aktuellen Problemen der Probenpräparation.

Brammar IS, Dewey MAP (1966) Specimen Preparation for Electron Metallographie. Blackwell, Oxford

Giannuzzi LA; Stevie FA (eds) (2005) Introduction to Focused Ion Beams - Instrumentation, Theory, Techniques and Practice. Springer, Berlin

Kay D (ed) (1961) Techniques for Electron Microscopy. Blackwell, Oxford

Keith HD et al (1966) Preparation of Polyethylene-Paraffin Solutions for Study under the Electron Microscope. J Appl Phys 37: 4027, J Polymer Sci A 2 4: 267

Kelly PM, Nutting J (1958-1959) Techniques for the Direct Examination of Metals by Transmission Electron Microscopy. J Inst Met 87: 385

Österle Werner; Dörfel I; Gesatzke, W; Rooch, H; Urban, I (2004) Charakterisierung tribologischer Kontakte mit FIB und TEM, Praktische Metallographie 41: 166-179

Tegard WJ (1959) The Electrolytic and Chemical Polishing of Metals. Pergamon Press, Oxford

Thieringer HM, Strunk H (1969) Verfahren zur Herstellung elektronenmikroskopischer Durchstrahlungspräparate aus kompaktem Material. Z Metallkd 60: 584

Yao N (ed) (2007) Focused Ion Beam Systems - Basics and Applications, Cambridge University Press, Cambridge

3 Elektronenbeugung

3.1 Einleitung

Neben Erfahrung in der Probenpräparation ist die Kenntnis der Beugungserscheinungen eine Voraussetzung zum erfolgreichen Arbeiten auf dem Gebiete der Durchstrahlungs-Elektronenmikroskopie. Lediglich bei nicht-periodischen biologischen Präparaten und Gläsern ist ohne sie auszukommen. Bemerkenswert ist, dass im Elektronenmikroskop Beugung und Abbildung einer Objektstelle durch einfaches Ein-/Ausfahren der Beugungsblende und Umschalten des Mikroskopes erreicht werden können (Abb. 3.1).

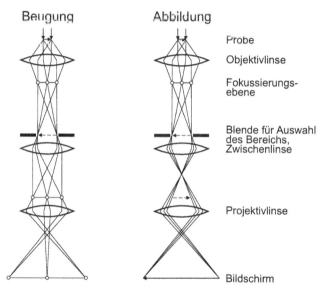

Abb. 3.1: Vereinfachter Strahlengang des Elektronenmikroskopes bei Feinbereichsbeugung und Abbildung. Die Fokussierebenen sind mit o gekennzeichnet

Da die Abbildungsbedingungen kristalliner Objekte direkt von den Beugungsbedingungen abhängen, werden die gewünschten Beugungsbedingungen häufig vor Umschalten des Mikroskopes auf Abbildung eingestellt (Abb. 4.6). Nur unter dieser Voraussetzung können die Bilder quantitativ gedeutet werden. Auf jeden Fall sollte man es sich zur Regel machen, zu jeder Aufnahme die Beugungsbedingungen festzustellen. So lässt sich vermeiden, dass eine große Zahl nicht eindeutig auswertbarer Bilder gemacht wird.

Der Grundvorgang für Beugung wie für Bildentstehung ist die Streuung der Elektronen an den Atomen innerhalb der Probe. Im Gegensatz zu den Röntgenstrahlen werden die Elektronen vorwiegend nicht durch die Atomelektronen, sondern durch die Anziehungskraft der Atomkerne gestreut (Rutherford-Streuung). Die Elektronen ändern dabei nicht ihre Geschwindigkeit, sondern nur ihre Richtung (elastische Streuung). Ein geringerer Anteil der Elektronen ändert durch Wechselwirkung mit Atomelektronen sowohl Richtung als auch Geschwindigkeit (unelastische Streuung). Für Elektronenbeugung und Elektronenmikroskopie beschränkt man sich meist darauf, nur mit der elastischen Streuung zu rechnen. Da die anziehende Kraft des Atomkerns mit der Kernladungszahl Z zunimmt, nimmt auch die Amplitude $f(\alpha)$ der in einem bestimmten Winkel α gestreuten Elektronen mit der Ordnungszahl der streuenden Atome zu[1].

$$f(\alpha) = 2{,}38 \cdot 10^{-10} \, \text{m}^{-1} \left(\frac{\lambda}{\sin \alpha} \right)^2 (Z - f_x) \equiv [\text{m}] \qquad (3.1)$$

Die Konstante enthält Masse und Ladung des ankommenden Elektrons und die Plancksche Konstante. Die Elektronen besitzen die Wellenlänge λ. f_x ist die Streuamplitude für Röntgenstrahlen. Durch diesen Summanden wird die Abschirmung des Kerns durch die Atomelektronen berücksichtigt. Einige Werte für f werden in Tabelle 4.2 angegeben. Dass die Werte nicht stetig mit Z ansteigen, ist auf die Änderung von f_x mit Z zurückzuführen. Durch Quadrieren von f (Dimension m) erhält man $f^2(\alpha) = \sigma_e(\alpha)$ ($\sigma_e \equiv [\text{m}^2]$; e = elastisch), den Wirkungsquerschnitt (Dimension m^2), vgl. Tabelle 12.4.

Infolge der Verschiedenheit des Streuprozesses werden Elektronen in viel stärkerem Maße als Röntgenstrahlen gestreut. Trotzdem können wir die geometrische Voraussetzung für die Beugung von Elektronen wie die von Röntgenstrahlen behandeln.

Die mit der Geschwindigkeit v auf die Probe treffenden Elektronen besitzen eine Wellenlänge λ von

$$\lambda = \frac{h}{mv} \, . \qquad (3.2)$$

Dabei ist h die Plancksche Konstante und m die effektive Masse. Unter der Voraussetzung, dass keine relativistische Korrektur für Masse gemacht zu werden braucht, und dass die Geschwindigkeit v lediglich von der Beschleunigungsspannung des Elektronenmikroskops U abhängt, ergibt sich durch Einsetzen der Zahlenwerte für alle Konstanten (U in [V], λ in [Å]; 10 Å = 1 nm)

---

[1] f_x, die Streuamplitude für Röntgenstrahlen, hängt von der Art der Bindung ab. Für heteropolare Bindung gelten die Werte für die Ionen. Für kovalente und metallische Bindung sind die Werte nur ungenau bekannt. Für die $f(\alpha)$-Werte ist deshalb mit einem Fehler von mindestens 10 %, für kleine Winkel sogar von 50 – 100 % zu rechnen. Verglichen zu Röntgenstrahlen ist die Streuung von Elektronen in Vorwärtsrichtung um einige Zehnerpotenzen stärker.

$$\lambda = \sqrt{\frac{150}{U}} \, . \tag{3.3}$$

Genauer berechnete Werte von λ für einige wichtige Beschleunigungsspannungen sind Tabelle 3.1 zu entnehmen. Die Wellenlänge der üblicherweise im Elektronenmikroskop verwendeten Elektronen (100 kV) beträgt also etwa 1/100 der Wellenlänge von Röntgenstrahlen. Wenn man die Werte der Wellenlänge λ in die Braggsche Gleichung einsetzt,

$$\sin \vartheta = \frac{n\lambda}{2d} \tag{3.4}$$

ϑ = Braggscher Beugungswinkel,
n = Ordnung der Reflexion,
d – Abstand der Netzebenen des Kristalls,

zeigt es sich, dass für niedrig indizierte Kristallebenen (z. B. (111) von Kupfer, und $U = 100$ kV, $\lambda = 0{,}0037$ nm) die zu erwartenden Beugungswinkel ϑ bei 1/2° liegen. Das bedeutet, dass alle gebeugte Intensität niederer Ordnung von Ebenen herrührt, die fast parallel zum einfallenden Elektronenstrahl liegen. Aus dem kleinen Beugungswinkel ϑ folgen einige geometrische Vereinfachungen beim Auswerten von Elektronenbeugungsaufnahmen, verglichen zur Beugung von Röntgenstrahlen.

Tabelle 3.1: Wellenlänge λ und Wellenzahl k der Elektronen

U[V]	λ [nm]	k [nm^{-1}]
10^0	1,2260	0,816
10^1	0,3878	2,579
10^2	0,1226	8,157
10^3	0,0387	25,8
10^4	0,0112	89,3
$6 \cdot 10^4$	0,0049	204,1
$8 \cdot 10^4$	0,0042	238,1
10^5	0,0037	270,2
$2 \cdot 10^5$	0,0025	400,0
10^6	0,00087	1149,4
10^7	0,00012	8333,3

Zunächst sollen die Bezeichnungen für die geometrischen Größen festgelegt werden. Die Gitterpunkte des Kristalls, auf den der Elektronenstrahl trifft, können wie Ortsvektoren mit den Abmessungen der Elementarzelle *(a, b* und *c)* als Einheitsvektoren beschrieben werden:

$$\bar{r} = u\bar{a} + v\bar{b} + w\bar{c} \tag{3.5}$$

Für die Atome in der Elementarzelle gilt: $u, v, w \leq 1$. Die Elementarzelle enthält meist mehr als ein Atom (siehe Kap. 8). Die Orte der Atome werden durch die Komponenten u, v, w angegeben (Abb. 3.2). Für den Ortsvektor $\bar{r}_2$ in Abb. 3.2 findet man für die Koordinaten des Atoms $u = \frac{1}{2}, v = \frac{1}{2}, w = \frac{1}{2}$. Diese Komponenten können auch zur Angabe einer Richtung im Kristall verwendet werden. Es ist für die Auswertung von Elektronenbeugungsdiagrammen zweckmäßig, die Atomebenen des Kristallgitters in der Form des *reziproken Gitters* darzustellen. Ein Punkt des reziproken Gitters wird festgelegt durch die Normale auf einer Ebenenschar mit einem Abstand $|\bar{g}|$ reziprok zum wirklichen Abstand der Netzebenen d: $|\bar{g}| = d^{-1}$ (Abb. 3.3a und b).

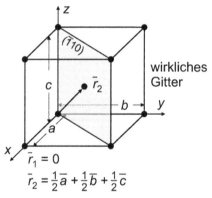

Abb. 3.2: Die Lage der Atome im wirklichen Kristallgitter werden durch Ortsvektoren gekennzeichnet. Die Koordination der Atome in der Elementarzelle des krz-Gitters sind 0, 0, 0 und ½, ½, ½

Im Folgenden wird der Ortsvektor des reziproken Gitters als $\bar{g}$ bezeichnet und die ganzen Vielfachen der Achsabschnitte als h, k, l. (Sie entsprechen den reziproken Achsabschnitten des wirklichen Gitters.) Das Koordinatensystem des reziproken Gitters ist definiert als:

$$\bar{a}^* = \frac{\bar{b} \times \bar{c}}{V}; \; \bar{b}^* = \frac{\bar{a} \times \bar{c}}{V}; \; \bar{c}^* = \frac{\bar{a} \times \bar{b}}{V} \tag{3.6}$$

mit V, dem Volumen der Elementarzelle. Die Vektoren des reziproken Gitters besitzen die Einheit einer inversen Länge.

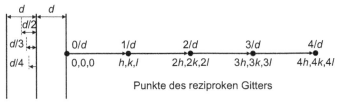

a   Netzebenen im wirklichen Gitter

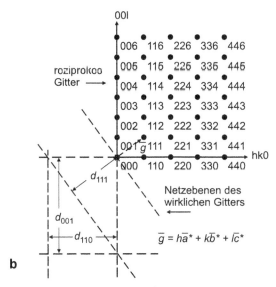

b

Abb. 3.3: a) Die Punkte des reziproken Gitters liegen senkrecht zu den Netzebenen des wirklichen Gitters in reziprokem Abstand. Beugung höherer Ordnung n ist möglich an scheinbaren Ebenen im Abstand d/n. b) Konstruktion eines zweidimensionalen Ausschnitts des reziproken Gitters und Kennzeichnung eines reziproken Gittervektors $\overline{g}$ der (111)-Ebenenschar

Für kubische Kristallstrukturen stimmen die Richtungen im wirklichen Kristallgitter mit denen des reziproken Gitters überein. Die Komponenten eines reziproken Gittervektors $\overline{g}$, mit dessen Hilfe eine Ebenenschar beschrieben wird, lauten also:

$$\overline{g} = h\overline{a}^* + k\overline{b}^* + l\overline{c}^* \tag{3.7}$$

3.2 Bezeichnung von Kristallstrukturen

Es gibt viele Möglichkeiten, kristalline Phasen zu beschreiben und zu benennen. In diesem Abschnitt werden die für die Metalle wichtigsten kurz beschrieben.

Es ist nicht immer sinnvoll, eine Elementarzelle durch die einfachste (primitivste) Zelle zu beschreiben. Es ist praktischer, dafür die 14 Translationsgitter zu verwenden, die zuerst von A. Bravais vorgeschlagen wurden (Abb. 3.4). Die Translationsgitter lassen sich aufgrund ihrer Symmetrie unterscheiden. Die 14 Bravais-Typen lassen sich zu 6 Kristallfamilien zusammenfassen: triklin, monoklin, rhombisch, tetragonal, hexagonal und kubisch. Nach ihrer Symmetrie lassen sich Kristallstrukturen in 32 Punktgruppen und weiter in 230 Raumgruppen einteilen, die durch Symmetrieoperationen erhalten werden. Bei diesen Operationen handelt es sich um 2-, 3-, 4- und 6-zählige Drehachsen, um Spiegelebenen m (= mirror) und Inversionszentren (Symbol: -1).

1. Die einzelnen Raumgruppen sind in den *International Tables for Crystallography* zusammengestellt. Hier finden sich sowohl bildliche als auch algebraische Darstellungen der Raumgruppen sowie weitere Informationen zur Symmetrie. Sie enthalten auch die erforderlichen Informationen, die für die Berechnung von Beugungsbildern notwendig sind.

2. Systematik des *Strukturberichts* (Structure report) seit 1913. Hier handelt es sich um eine Nomenklatur, die die Kristallchemie berücksichtigt.

Kennzeichnung	Strukturtyp	Stöchiometrie
A	Elemente	-
B	Verbindungen	AB
C	Verbindungen	AB_2
D	Verbindungen	A_xB_y
L	Legierungen	-

z.B.:

Kennzeichnung	Vertreter
A1	Cu (kfz)
A2	W (krz)
A3	Mg (hdp)
A4	Diamant
A5	Sn
A9	Graphit
B1	NaCl
B2	CsCl
B3	ZnS
C1	CaF_2
C2	FeS_2
C4	TiO_2
C8	SiO_2

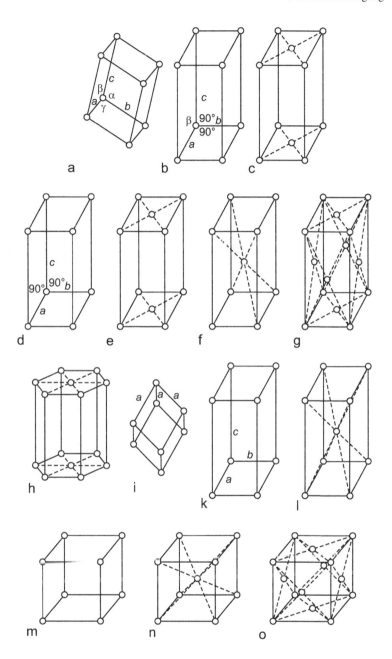

Abb. 3.4. Elementarzellen der 14 Bravais-Gitter: a) triklin; b) monoklin; c) flächenzentriert monoklin (fz); d) rhombisch (rh); e) basis flächenzentriert; f) raumzentriert rhombisch (rz); g) flächenzentriert rhombisch (fz); h) rhomboedrisch (hexagonal); k) tetragonal; l) raumzentriert tetragonal; m) kubisch primitiv (kp); n) kubisch raumzentriert (krz); kubisch flächenzentiert (kfz)

$L1_0$	Ordnungsstrukturen von Al (kfz)	
$L2_0$	Fe-C Martensit	
$L2_1$	Cu_2AlMn (krz)	Heuslerlegierungen

3. Pearson Symbol: beinhaltet die Kristallsymmetrie und die Anzahl der Atome pro Elementarzelle; z. B. ist NaCl kubisch (c) - flächenzentriert (F) und enthält 8 Atome pro Elementarzelle, daher lautet das Pearson Symbol cF8.
4. Stapelfolge dichtest gepackter Ebenen
    ABAB... hexagonal dichteste Packung
    ABCABC... kubisch flächenzentriert
    ABCDEFGHI…, rhomboedrische martensitische Struktur R9
5. Auf mineralogische Art: nach Eigennamen der Entdecker, etc.:
    ABC_2 Heuslersche Legierung (ferromagnetisch)
    ABO_3 Perovskit (ferroelektrisches Oxid)
    oder traditionelle Namen:
    Ferrit α-Eisen-Mischkristall oder ferromagnetischer, oxydischer Spinell, Quarz, Diamant

3.3 Auswertung der Beugungsbilder

Die Voraussetzung für das Auftreten eines Beugungsmaximums ist, dass der Phasenunterschied im gestreuten Strahl gleich $n\lambda$. ist. Diese Voraussetzung führt zu Gl. 3.4, in die auch der Betrag des reziproken Gittervektors $\bar{g}$ eingesetzt werden kann:

$$\sin \vartheta = \frac{\bar{g}}{2 / \lambda} \tag{3.8}$$

Wenn wir in Analogie zum reziproken Gitter einen Wellenvektor $\bar{k}$ mit dem Betrag der reziproken Wellenlänge λ einführen, $|\bar{k}| = 1/\lambda$, kann die Bragg-Gleichung als

$$\sin \vartheta = \frac{\bar{g}}{2\bar{\bar{k}}} \tag{3.9}$$

geschrieben werden. Dem entspricht schließlich die Beziehung

$$\bar{g} = \bar{k}_l - \bar{k}_0 \tag{3.10}$$

wobei $\bar{k}_0$ der Wellenvektor des einfallenden und $\bar{k}_1$ der des gebeugten Strahles ist.
$|\bar{k}_0| = |\bar{k}_1|$, d. h. die Richtung des Strahles ändert sich, der Betrag jedoch nicht.
Die geometrische Darstellung der Beugungsbedingungen ist die Ewaldsche Ku-
gelkonstruktion (benannt nach Paul Peter Ewald). Nur solche Netzebenen $\bar{g}$ führen zu Beugungsreflexen, die die Gleichung (3.10) erfüllen, d. h. für die der Vek-
tor $\bar{g}$ eine Kugel mit dem Radius $|\bar{k}|$ berührt (Abb. 3.5). Als wichtiger
Unterschied zur Beugung von Röntgenstrahlen haben $|\bar{g}|$ und $|\bar{k}|$ nicht die glei-
che Größenordnung. Infolge der kleinen Wellenlängen der Elektronenstrahlen ist
der Radius der Ewaldkugel viel größer als der Netzebenenabstand ($|\bar{g}| \approx 10$ nm^{-1};
$|\bar{k}| \approx 300$ nm^{-1}). Für kleine $\bar{g}$-Werte entartet der Kreis zur Geraden (siehe Abb.
3.15), und $\bar{g}$ steht auf k_0 fast senkrecht. Daraus folgt, dass die Orte, an denen im
Kristall abgebeugte Intensität austritt, annähernd dem aus dem wirklichen Gitter
konstruierbaren reziproken Gitter entsprechen (Abb. 3.3b). Für die im Elektronenmikroskop aufgenommenen Beugungsbilder ist eine Abweichung davon nur
in den äußeren Bereichen des Films (hohe g-Werte) nachweisbar.

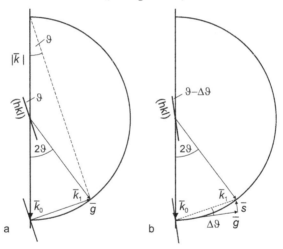

Abb. 3.5: Graphische Darstellung der Braggschen Beugungsbedingung (Gl. 3.3) und (3.7))
durch die Ewaldsche Kugel a) Die Netzebene (hkl) mit reziprokem Gittervektor $\bar{g}$ erfüllt die
Bedingung genau, d. h. sie liegt auf der Kugel von Radius $|k| = 1/\lambda$ b) Die Abweichung von der
idealen Bragg-Bedingung in Richtung des einfallenden Strahles $\bar{k}_0$ wird durch einen weiteren
Vektor im reziproken Raum $\bar{s}$ gekennzeichnet

Das Beugungsbild eines Einkristalls entspricht dem Ausschnitt des reziproken
Gitters, der alle Netzebenen mit einer Zonenachse parallel zum einfallenden Strahl
enthält. Es entsteht ein Punktdiagramm, Abb. 3.6a und 3.7a. Demgegenüber entstehen in einem Vielkristall mit statistischer Verteilung der Orientierung (Pulver)

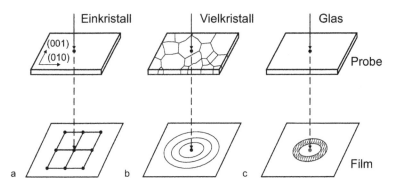

Abb. 3.6: Schematische Darstellung der Beugungsbilder a) Einkristall → Punktdiagramm b) Vielkristall → Ringdiagramm mit scharfen Ringen c) Amorpher Festkörper → wenige diffuse ringe

konzentrische Ringe (Abb. 3.6b und 3.7b). Da die Beugungswinkel ϑ festliegen, können die Einkristallreflexe nur auf diesen Ringen liegen. (Ist dies nicht der Fall, muss es sich um eine zweite Phase mit neuen $\overline{g}$ -Vektoren oder in besonderen Fällen um Doppelbeugung handeln.)

Ist die Orientierungsverteilung nicht statistisch (Abb. 3.7c) (Vorhandensein einer Textur), oder ist das Material nicht sehr feinkristallin, entstehen Beugungsbilder, bei denen die Intensität auf den Ringen ungleichmäßig verteilt ist. Schließlich ist noch zu erwähnen, dass die Linienschärfe der Ringe sich für Kristallgrößen unterhalb von 5 nm verringert, bis bei amorphen Stoffen nur noch wenige, sehr diffuse Ringe anzeigen, dass keine Kristallstruktur mehr vorhanden ist (Abb. 3.6 c). Bei Beugung von Röntgenstrahlen beginnt die Linienverbreiterung schon unterhalb 100 nm. Die Elektronenbeugung ist deshalb ein empfindlicheres Verfahren um festzustellen, ob ein Stoff feinkristallin oder amorph ist (Abb. 3.7). Bei der Auswertung des auf einem Film erhaltenen Beugungsdiagramms zur Bestimmung von d erlaubt der geringe Wert des Bragg-Winkels ϑ wiederum geometrische Vereinfachungen. Wir gehen aus von Gl. 3.4 und setzen für $d_{h, k, l} = 1/ g_{h, k, l}$ die Komponenten für das kubische System mit der Gitterkonstanten a ein:

$$d_{h,k,l} = \frac{a}{\sqrt{h^2 + k^2 + l^2}} \qquad (3.11)$$

$$\sin \vartheta = \frac{n\lambda}{2d} = \frac{\lambda}{2a}\sqrt{h^2 + k^2 + l^2} \qquad (3.12)$$

Im Anhang A 2 sind die Beziehungen für weitere Kristallsysteme dargestellt.

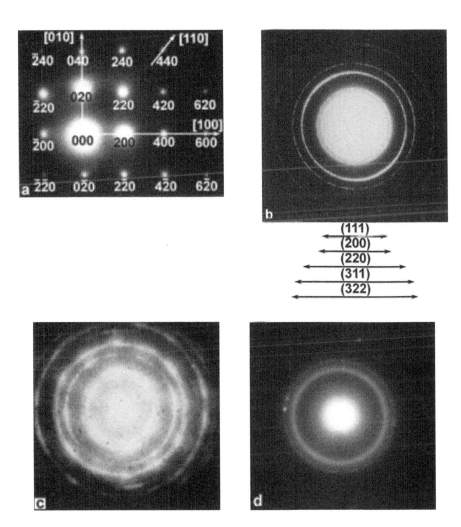

Abb. 3.7: Elektronenbeugungsbilder von Festkörpern a) Einkristall des Aluminiums. Alle gebeugten Ebenen enthalten [001]. Falls der Elektronenstrahl senkrecht zur Folienoberfläche einfällt, ist deren Orientierung (001) b) Indiziertes Beugungsbild eines Al-Vielkristalls c) Diagramm mit ungleichmäßiger Verteilung der Intensität auf den Ringen. Durch 90 % Kaltwalzen von Nickel ist eine Textur entstanden d) Durch Erwärmen teilweise kristallisierte amorphe Al-Ni-Y-Legierung

Der Beugungswinkel ϑ wird bestimmt aus dem gemessenen Radius der Ringe r (oder Abstand zwischen Primärstrahl (000) und Beugungsreflex) und der Entfernung Probe - Film, D (Abb. 3.8a):

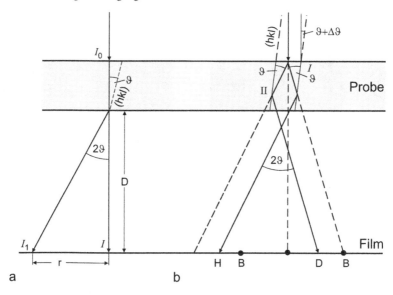

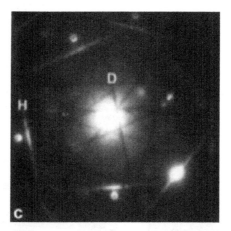

Abb. 3.8: a) Strahlengeometrie bei linsenloser Beugung im Mikroskop. D = Abstand Probe – Film, r = Abstand eines Reflexes vom (000)-Primärstrahl b) Geometrie des Entstehens von Kikuchi-Linien. B = Lage der Beugungspunkte, H = Helle Linie, D = Dunkle Linie. c) Je eine zusammengehörige helle und dunkle Linie sind in einem Kikuchi-Bild bezeichnet worden; Aluminium, Foliendicke ≈ 500 nm, 100 kV

$$\tan \vartheta = \frac{r}{2\,D} \qquad (3.13)$$

Für $\vartheta < 1°$ gilt $\tan \vartheta \approx \sin \vartheta \approx \vartheta$, und die Auswertung nach der Braggschen Gleichung vereinfacht sich zu

$$r \approx \frac{nD\lambda}{d} = \frac{nC}{d} \tag{3.14}$$

Für kubische Kristallstruktur

$$r \approx \frac{C}{a}\sqrt{h^2 + k^2 + l^2} \tag{3.15}$$

$C = D \cdot \lambda$ ist die Mikroskopkonstante. Sie hängt ab von der Beschleunigungsspannung, mit der das Mikroskop betrieben wird (Gl. 3.3) und den Abmessungen des Mikroskopes (sog. Kameralänge; kann durch Ändern des Projektivlinsenstroms variiert werden). Diese Konstante kann berechnet werden. Besser ist, sie empirisch zu bestimmen. Das ist besonders für genauere Messung der Gitterkonstanten unbedingt notwendig, da die Lage der Probe im Probenhalter und damit D nicht völlig reproduzierbar ist. Abb. 3.7b zeigt ein Pulverdiagramm von kleinen Aluminiumkriställchen. Die Indizierung ergibt sich mit dem Strukturfaktor des kubisch flächenzentrierten Gitters (siehe Kap. 7), der fordert, dass h, k und l alle entweder gerade oder ungerade sein müssen.

Als ersten Schritt der Auswertung von Punktbeugungsdiagrammen von einkristallinen Bereichen verwendet man ebenfalls Gleichung (3.15) und stellt die Werte der Netzebenenabstände und damit die allgemeinen Indizes $\{h_1 k_1 l_1\}$ fest (Tabelle 3.2).

Daraus lässt sich zunächst eine Richtung in der Folienebene festlegen (da senkrecht zur Folienebene liegende Ebenen die Reflexe produzieren). Dann sucht man nach einer zweiten möglichst niedrig indizierten Richtung und stellt erst deren allgemeine Indizes $\{h_2 k_2 l_2\}$ und schließlich aus dem gemessenen Winkel zwischen beiden Richtungen die speziellen Indizes $(h_1 k_1 l_1)$, $(h_2 k_2 l_2)$ fest.

1. Die Orientierung der Folie: Normale auf der Folienebene $[u, v, w]$ oder Index der Folienoberfläche (h, k, l) ergibt sich aus der Beziehung:

$$\bar{g}_1 \times \bar{g}_2 = \bar{r} = \begin{vmatrix} a & b & c \\ h_1 & k_1 & l_1 \\ h_2 & k_2 & l_2 \end{vmatrix} = \bar{a}\begin{vmatrix} k_1 & l_1 \\ k_2 & l_2 \end{vmatrix} - \bar{b}\begin{vmatrix} h_1 & l_1 \\ h_2 & l_2 \end{vmatrix} + \bar{c}\begin{vmatrix} h_1 & k_1 \\ h_2 & k_2 \end{vmatrix} \tag{3.16}$$

Weitere geometrische Beziehungen, die nützlich für die Auswertung von Einkristallbeugungsbildern sind:

2. Die Ebene (h, k, l) enthält die Richtung $[u, v, w]$, wenn

$$\bar{g} \cdot \bar{r} = hu + kv + lw = 0 \tag{3.17}$$

Tabelle 3.2. Auslöschungsregeln für Beugungsreflexe durch den Strukturfaktor (kp = kubisch primitiv, kfz = kubisch flächenzentriert, krz = kubisch raumzentriert, kd = kubische Diamant-struktur, n = Mannigfaltigkeitsfaktor, o = Ordnung)

$h^2 + k^2 + l^2$	hkl	kp	kfz	krz	kd	n	o
1	(100)	+	-	-	-	3	1
2	(110)	+	-	+	-	6	1
3	(111)	+	+	-	+	4	1
4	(200)	+	+	+	-	3	2
5	(210)	+	-	-	-	12	1
6	(211)	+	-	+	-	12	1
7	-	-	-	-	-	-	-
8	(220)	+	+	+	+	6	2
9	(221)	+	-	-	-	6	1
9	(300)	+	-	-	-	3	3
10	(310)	+	-	+	-	12	1
11	(311)	+	+	-	+	6	1
12	(222)	+	+	+	-	4	2

3. Der Winkel α zwischen zwei Ebenen ($h_1k_1l_1$) und ($h_2k_2l_2$) eines kubischen Kristalls ist

$$\cos\alpha = \frac{h_1 h_2 + k_1 k_2 + l_1 l_2}{(h_1^2 + k_1^2 + l_1^2)^{1/2} (h_2^2 + k_2^2 + l_2^2)^{1/2}} \qquad (3.18)$$

4. Zwei Flächen oder Richtungen stehen senkrecht aufeinander:

$$\overline{g}_1 \cdot \overline{g}_2 = 0 = h_1 h_2 + k_1 k_2 + l_1 l_2 \qquad (3.19)$$

Für praktische Arbeiten konstruiert man sich am besten die wichtigsten zu erwartenden Beugungsbilder aus reziprokem Gitter plus Auslöschungsregel nach dem Strukturfaktor (Abb. 3.9). Es ist zweckmäßig, diese Muster auch beim Arbeiten direkt am Mikroskop zu verwenden, wenn mit Hilfe der Beugung definierte Abbildungsbedingungen eingestellt werden sollen. Weitere Ausschnitte der reziproken Gitter für einige kubische Gitter und für die hexagonal dichte Kugelpackung sind im Anhang A 3 zusammengestellt worden. Darüber hinaus gibt es verschiedene Computerprogramme, die zur Berechnung von Beugungsbildern verwendet werden können (siehe Kap. 3.9).

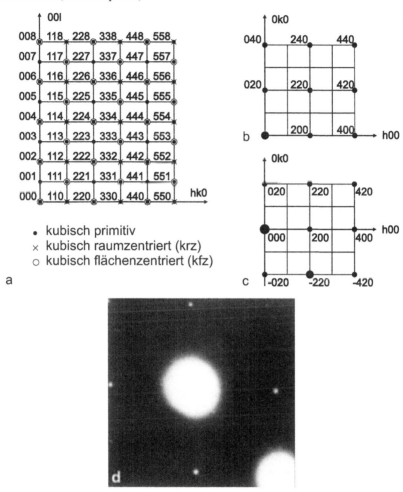

Abb. 3.9: a) Kennzeichnung der durch die Auslöschungsregeln des kfz- und krz-Gitters nicht betroffenen Reflexe in dem in Abb. 3.3b konstruierten Ausschnitte des reziproken Gitters b) – d) Reziproker Gitterausschnitt der [001]-Zone = (001)-Orientierung der Folie → Anwendung der Auslöschungsregeln für das kfz-Gitter → Beispiel für Zweistrahlfall im Beugungsbild eines Aluminiumskristalls b) Vielstrahlfall c) Zweistrahlfall d) Beugungsaufnahme eines Zweistrahlfalls der gleichen Orientierung

Amorphe Stoffe enthalten keine Atomebenen, sondern eine unregelmäßige Netzstruktur. Folglich können keine Ebenenabstände bestimmt werden. Aus den diffusen Ring-Beugungsbildern (Abb. 3.19c) erhält man vielmehr durch Fourier-Analyse die mittleren Atomabstände in der Form von radialen Verteilungskurven (Abb. 3.19a). Diese Kurven geben an, mit welcher Wahrscheinlichkeit in der Umgebung eines Atoms weitere Atome zu finden sind.

3.4 Intensität der Reflexe

Abb. 3.5b zeigt, dass nicht alle reziproken Gitterpunkte eines feststehenden Kristalls von einem parallel einfallenden Strahl gleich gut getroffen werden können. Es treten vielmehr Abweichungen von idealen Bragg-Bedingungen (Gl. 3.8) auf, die durch einen zusätzlichen Vektor $\bar{s}$ mit der Dimension einer reziproken Länge gekennzeichnet werden $(s \sim \Delta\vartheta)$. Die geometrische Situation solcher etwas außerhalb der Ewald-Kugel liegenden Punkte kann im reziproken Raum folgendermaßen beschrieben werden:

$$\bar{g} + \bar{s} = \bar{k}_1 - \bar{k}_0 \qquad (3.20)$$

mit einer Intensität:

$$I \propto \frac{1}{s^2}. \qquad (3.21)$$

Für unseren speziellen Fall der Durchstrahlung von Folien sind nicht alle Komponenten von $\bar{s}$ gleich interessant. Eine Rolle spielt nur die Komponente parallel zum einfallenden Strahl (und damit etwa parallel zu den reflektierenden Kristallebenen) $\bar{s}_z = \bar{s}$. Wichtig ist nun, dass die Intensität eines Beugungsreflexes in direktem Zusammenhang mit $\bar{s}$ steht. Wie zu erwarten, nimmt die Intensität ab, wenn $\bar{s}$ zunimmt. Die Verhältnisse sind aber nicht einfach. Abb. 3.10 zeigt die Abhängigkeit der Intensität I von $\bar{s}$, auf die in Kap. 4 (Gl. 4.16) näher eingegangen wird.

Es sei hier außerdem erwähnt, dass man von dynamischen Beugungsreflexen spricht, wenn deren Intensität etwa gleich der des einfallenden Strahles ist (Abb. 3.9c). Diese entstehen dann, wenn für eine Ebenenschar $\bar{g}_{hkl}$ die Beugungsbedingungen sehr genau erfüllt sind, d. h. wenn $\bar{s}$ für alle anderen Reflexe stärker von null abweicht. Kinematische Beugungsreflexe haben eine Intensität, die sehr viel kleiner als die des einfallenden Strahles ist (Abb. 3.9b). Wird eine Folie in willkürlicher Lage durchstrahlt, so haben die annähernd parallel zu diesem Strahl liegenden Netzebenenscharen verschiedene, aber kleine $\bar{s}$-Werte und damit verschiedene Intensitäten. Die Wahrscheinlichkeit ist gering, dass ein dynamischer Reflex dabei ist. Man spricht dann von einem *Vielstrahlfall*. Der primäre Elektronenstrahl wird in eine große Zahl von Strahlen aufgespalten, die aus der unteren Oberfläche austreten. Falls die Möglichkeit zur Verkippung des Kristalls gegen den Elektronenstrahl besteht (Kap. 11), kann man erreichen, dass eine Netzebenenschar die Bragg-Bedingung genau erfüllt. Das Beugungsbild enthält dann nur zwei starke Reflexe, den durchgehenden $\overline{g}_{000}$ und den abgebeugten $\overline{g}_{hkl}$ während alle anderen vernachlässigt werden können (vgl. Kap. 4, Abb. 3.9c). Dieser *Zwei-strahlfall* ist zwar nicht gut geeignet für die Bestimmung von Kristallstruktur oder Gitterparameter, er ist aber die Voraussetzung für das Herstellen von elektronenmikroskopischen Abbildungen unter definierten Bedingungen.

3.5 Kikuchi-Linien

Zusätzlich zu den Beugungspunkten findet man im diffusen Streuhintergrund der Einkristallbeugungsbilder von dickeren Folien häufig ein System von hellen und dunklen Linien, die Kikuchi-Linien. Ihr Ursprung ist auf die unelastische Streuung von Elektronen zurückzuführen, die danach elastisch gestreut werden. Für eine quantitative Deutung muss die dynamische Theorie herangezogen werden (siehe Kap. 4). Die Geometrie der Kikuchi-Linien ist jedoch verhältnismäßig einfach zu deuten (Abb. 3.8). Angewendet werden diese Linien für genaue Bestimmung der Orientierung von Folien und zur Bestimmung des Vektors $\overline{s}$.

Ein Teil der Elektronen, die in eine Folie eintreten (Abb. 3.8b), werden unelastisch gestreut. Die Winkelverteilung dieser Streuung ist so (Gl. 3.1), dass der größte Teil der Elektronen zu sehr kleinen Winkeln zur Einfallsrichtung gestreut werden, während die Intensität nach größeren Winkeln sehr stark abnimmt. Diese gestreuten Elektronen können jetzt an einer Ebenenschar $\overline{g}$ gebeugt werden. Es gibt dafür zwei Fälle, unter denen der Winkel ϑ auftritt, nämlich die Ebenen I und II. Da die Intensität der auf I fallenden Elektronen größer ist als die auf II, wird auch mehr Intensität in Richtung II herausgebeugt, d. h. es entsteht eine dunkle Linie bei D und eine helle bei H. Die von einer Ebene ausgehenden Kikuchi-Elektronen befinden sich auf zwei Kegelmänteln. Infolge der kleinen Wellenlänge erscheint als Schnittlinie auf dem Film wieder annähernd eine Gerade (Abb. 3.8c). Strahl D und H bilden einen Winkel von 2 ϑ miteinander. Zum Indizieren eines Kikuchi-Diagramms sucht man die zusammengehörigen Paare heller und dunkler Linien und misst ihren Abstand A. Aus dem Abstand Probe - Film (vgl. Gl. 3.13) folgt:

$$\frac{A}{D} = 2\,\vartheta \tag{3.22}$$

und mit Gl. (3.12) ergibt sich:

$$A = 2\,\vartheta D = \frac{n\lambda D}{d_{hkl}} \tag{3.23}$$

λD ist wieder die Mikroskopkonstante. Beim Indizieren gelangt man über die

Messung der Ebenenabstände d_{hkl} zu den allgemeinen Indizes $\{hkl\}$ und dann über die Winkel zwischen verschiedenen Kikuchi-Linienpaaren α (Gl. 3.18) zu den speziellen Indizes (hkl). Die wichtigste Anwendung der Kikuchi-Linien ist die Bestimmung der Größe von $\bar{s}$ und damit der genauen Beugungsbedingungen (Abb. 3.8). Für den Fall von $\bar{s} = 0$ liegt der Beugungspunkt B genau auf der Kikuchi-Linie. Die Entfernung zwischen Beugungspunkt und Kikuchi-Linien Δx einer bestimmten Ebenenschar ist proportional zu $\bar{s}$, das wiederum proportional $\Delta\vartheta$ der Abweichung von der Bragg-Bedingung ist. Für die Beziehung zwischen Δx (auf dem Film gemessen) und $\Delta\vartheta$ gilt:

$$\Delta x = D\Delta\vartheta \ kristallfest \quad Kikuchi$$
$$s = g\Delta\vartheta \ folienfest \quad Beugung \qquad (3.24)$$
$$s = g\frac{\Delta x}{D}$$

Mit Hilfe einer bekannten Kikuchi-Linie ist es also möglich, definierte Beugungsbedingungen im Zweistrahlfall einzustellen. Diese Möglichkeit spielt auch eine Rolle, wenn für Stereoaufnahmen, trotz Veränderung der Winkellage der Probe, konstante Abbildungsbedingungen eingehalten werden müssen.

Kikuchi-Linien und Kikuchi-Karten sind sehr wichtige Hilfsmittel zur Orientierung und Orientierungsbestimmung von Kristallen. Kikuchi-Karten enthalten Zonen und Pole (also Richtungen und Ebenennormale) und stellen eine Art "Straßenkarte" der Standardprojektion des Kristalls dar. Sie erleichtern das Verkippen der Probe in die richtige Richtung, und zeitaufwendiges Ausprobieren wird so vermieden. Zum praktischen Arbeiten am Mikroskop nimmt man sich eine Kikuchi-Karte hinzu. Diese findet man entweder in der Literatur (siehe z. B. Loretto (1993), Kap. 3.10) oder man berechnet sie sich für die zu untersuchende Kristallstruktur selbst (siehe Kap. 3.9).

An dieser Stelle sei ergänzt, dass auch im REM mit rückgestreuten Elektronen Kikuchi-Linien erzeugt werden (EBSD = Electron Back Scatter Diffraction). Diese werden durch Bilderkennungs- und Auswertesoftware sofort indiziert und erlauben die Orientierungsabbildung im REM (OIM = Orientation Imaging). EBSD-Systeme sind heute standardmäßig verfügbar.

3.6 Weitere Information aus Beugungsbildern

Die Voraussetzung, dass durch Beugung punktförmige Reflexe entstehen, gilt eigentlich nur für unendlich ausgedehnte Kristalle. In Wirklichkeit arbeiten wir mit Folien, die nur in zwei Dimensionen diese Voraussetzung annähernd erfüllen. Die Folien können wiederum sehr kleine Kriställchen in vielerlei Formen enthalten. Die Grundlage für die Betrachtung der Form der Beugungsreflexe liefern die Ergebnisse der kinematischen Intensitätsberechnung (Kap. 4). Nicht nur bei zunehmendem $\bar{s}$, sondern auch bei abnehmender Ausdehnung des Kristalls nimmt die Intensität ab. Aus Abb. 3.10 folgt auch, dass die Verbreiterung eines Reflexes etwa umgekehrt proportional dem Durchmesser des Kristalls (senkrecht zur Reflexverbreiterung) ist. Wir finden deshalb in Einkristallen bei kugelförmigen Teilchen eine Vergrößerung des Durchmessers der Reflexe, für plattenförmige Teilchen stäbchenförmige Reflexe und für stäbchenförmige Teilchen plattenförmige Reflexe (Abb. 3.11).

Die konzentrischen Ringe von Pulverdiagrammen werden verbreitert. Für Teilchengrößenbestimmung kann die Beziehung

$$\Delta \vartheta \approx \frac{\lambda}{2S} \tag{3.25}$$

angewandt werden. ($\Delta \vartheta$ – Linienverbreiterung, S = Teilchengröße, λ – Wellenlänge der Elektronen.)

Diese Beziehung zeigt, dass die Linienverbreiterung erst bei sehr kleinen Teilchengrößen messbar wird. Gerade sehr kleine Teilchen können also mit Elektronenbeugung festgestellt werden. Erreichen die Teilchen atomare Dimensionen wie zum Beispiel bei den plattenförmigen GP-I-Zonen in Aluminium-Kupfer-Legierungen, die aus einer einzigen Atomlage bestehen, so reicht die stabförmige Streuung von einem Hauptreflex zum anderen (Abb. 3.12b). Derartige Stäbe können zu scheinbaren Reflexen führen, wenn sie den zweidimensionalen Schnitt durch den reziproken Raum senkrecht durchschneiden (Abb. 3.12c und Abb. 3.13b). Die Ausdehnung der reziproken Gitterpunkte zu Stäbchen in Folien ist überhaupt der Grund, warum man mit feststehenden Proben häufig Beugungsbilder mit einer großen Zahl von Reflexen erhält. Diese Proben haben gar nicht ge-

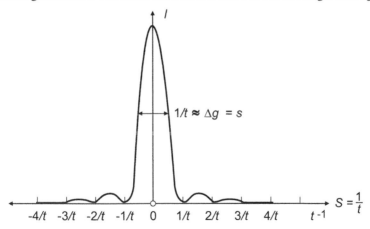

Abb. 3.10: Intensität, abhängig von der Abweichung von der Bragg-Bedingung $\bar{s}$ oder von der reziproken Probendicke $1/t$, vgl. Gl. (4.16)

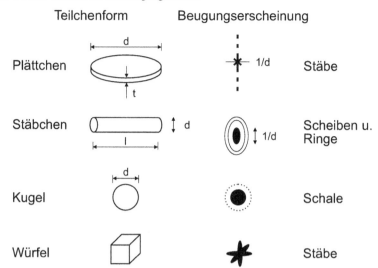

Abb. 3.11: Beugungserscheinungen im Elektronenbeugungsbild aufgrund von Ausscheidungen verschiedener Form

nau die gemessene niedrig indizierte Orientierung, sondern können mehrere Grad davon abweichen (Abb. 3.15). Die Orientierungsbestimmung ist entsprechend ungenau. Die Genauigkeit kann erhöht werden durch Auswertung von Kikuchi- Diagrammen.

In geordnete Kristallstrukturen (z. B. Ni_3Al, TiAl, β-Messing) können zusätzliche Reflexe beobachtet werden. Diese Reflexe von schwächerer Intensität finden sich an Positionen, die „verboten" sind und werden als Überstrukturreflexe bezeichnet. Ein Beispiel für ein derartiges Beugungsbild zeigt Abb. 3.12a.

Eine weitere Möglichkeit für das Entstehen von "verbotenen" Reflexen ist die Doppelbeugung. Falls die Elektronen stark (stärker als in der kinematischen Theorie vorausgesetzt wird) gestreut werden, kann der abgebeugte Strahl erneut als Quelle für Beugung dienen. Für die Indizes der primären Ebene (h_1, k_1, l_1) und der sekundären Ebene (h_2, k_2, l_2) findet man den Reflex, der auf Doppelbeugung zurückzuführen ist, bei ($h_1 + h_2$; $k_1 + k_2$; $l_1 + l_2$) (Abb. 3.14). Es können so neue Reflexe entstehen, die mit dem Strukturfaktor nicht übereinstimmen. Sie dürfen nicht mit Überstrukturreflexen verwechselt werden. Eine große Rolle spielen diese Erscheinungen bei sehr dünnen Kristallen. In dünnen Zwillingen des kubisch flächenzentrierten und raumzentrierten Gitters können zusätzlich zu den Zwillingsreflexen eine große Zahl von Doppelbeugungsreflexen auftreten (Kap. 9).

Aus den Beugungsbildern von Phasengemischen kann auf die Orientierungsbeziehungen und Orientierungsmannigfaltigkeit geschlossen werden. Liegen beide Gitter mit nur einer Orientierungsmöglichkeit parallel, so können sich die Reflexe beider Phasen völlig überlappen (Abb. 3.13a). Im anderen Extrem ist keinerlei Orientierungsbeziehung vorhanden. Dann liegen die Reflexe der zweiten Phase auf Ringen wie beim Pulverdiagramm. Die Form kleiner Kristalle der zweiten Phase ergibt sich aus der Form der Reflexe. Treten in einem Gefüge periodische

Anordnungen von Phasen, z. B. Reihen von Teilchen oder regelmäßig angeordnete Lamellen auf, dann kann diese Periodizität ebenfalls zu Beugungserscheinungen, sogenannten Seitenbändern, führen. In Pulverdiagrammen entstehen an beiden Seiten eines Ringes je ein weiterer mit geringerer Intensität. Bei Punktbeugungsbildern findet man Satellitenreflexe an beiden Seiten des Hauptreflexes. Diese Erscheinung kann geometrisch wiederum mit dem reziproken Raum gedeutet werden. Die Abstände der Seitenbänder sind umgekehrt proportional zu den Abständen in den periodischen Strukturen (Kap. 8).

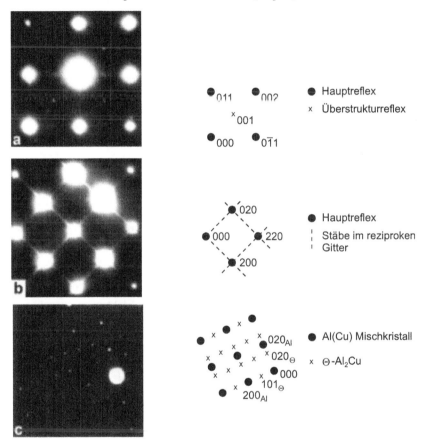

Abb. 3.12: Besondere Erscheinungen in Elektronenbeugungsbildern. Die in der Umgebung des Primärstrahls (000) liegenden Reflexe sind herausgezeichnet und teilweise indiziert worden. a) Überstrukturreflexe (CsCI-Struktur) in β-Messing b) Stäbe im reziproken Gitter, hervorgerufen durch dünne plattenförmige kohärente Teilchen (GP-Zonen) in Al-5 wt. % Cu-Legierung, Platten liegen auf {100}$_{Al}$-Flächen c) Analyse des Orientierungszusammenhangs von kfz-Aluminium mit der tetragonalen Phase Θ-Al$_2$Cu

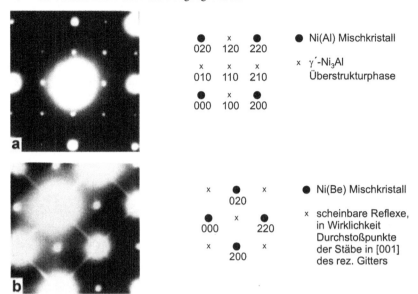

Abb. 3.13: a) Analyse des Orientierungszusammenhangs von kfz-Nickel und kfz-geordnetem Ni_3Al (Cu$_3$Au-Struktur). Beide Gitter liegen parallel, die Lage der Hauptreflexe beider Phasen stimmt überein b) Sehr hohe Intensität in den reziproken Gitterstäben in einer Ni-Be-Legierung aus plattenförmigen kohärenten Be-Ausscheidungen. Die Durchstoßunkte der Senkrechten reziproken Gitterstäbe täuschen Überstrukturreflexe vor (vgl. Abb. 3.12a). Die Durchstoßpunkte sind auch in Abb. 3.12b schwach zu erkennen. Orientierung wie 3.12 b, scheinbarer Reflex {110}

Schließlich sei noch auf andere Arten der Ablenkung des primären Strahles hingewiesen. In Proben, die in bestimmten Bereichen magnetische oder elektrische Felder enthalten, wird eine Kraft auf die durchgehenden Elektronen ausgeübt, die zur Ablenkung führt. Ihr Betrag ist sehr viel kleiner als die kleinsten Beugungswinkel. Bei der Sichtbarmachung ferromagnetischer Strukturen kann diese Ablenkung aber ausgenutzt werden (Kap. 10).

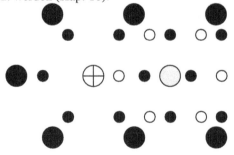

Abb. 3.14: Auftreten von Dopppelbeugungsreflexen. Der Primärstrahl wird zunächst an dem Kristall der Phase 1 gebeugt (●). Ein abgebeugter Strahl (○) wirkt selbst wieder als Primärstrahl und wird am Kristall der Phase 2 gebeugt (o). (• Beugungsbild, verursacht durch den ursprünglichen Primästrahl)

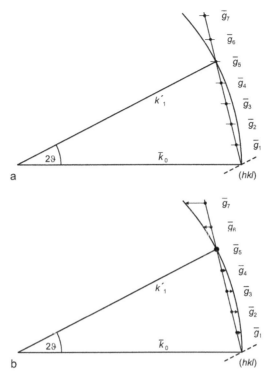

Abb. 3.15: a) Infolge der geringen Dicke der Folie sind die $\overline{g}$-Vektoren nicht streng Punkte. Die Beugungsbedingungen sind deshalb für eine größere Zahl von Ebenen (1 bis 6) annähernd erfüllt b) Die Verschiedenen Ordnungen der Netzebenen (*hkl*) zeigen verschiedene Abweichungen von $\overline{s}$ von der Ewaldkugel und damit verschiedene Intensität (vgl. Abb. 3.10). $\overline{g}_5$ ist ein dynamischer Reflex, alle anderen kinematische Reflexe

3.7 Konvergente Beugung

Im Gegensatz zur Feinbereichsbeugung (SAD = Selected Area Diffraction), die mit paralleler Beleuchtung arbeitet, wird bei der konvergenten Beugung (CBED = convergent beam electron diffraction) mit einem fokussierten konvergenten Elektronenstrahl gearbeitet. Die Feinbereichsbeugung ist durch die Selektorblende auf Bereiche $\geq$ 0,5 μm beschränkt. Die Verwendung eines sehr feinen Strahls erlaubt die Untersuchung deutlich kleinerer Bereiche, da das Auflösungsvermögen der konvergenten Beugung primär vom Durchmesser des Elektronenstrahls abhängt.

Neben dem verbesserten Auflösungsvermögen erhält man zusätzliche kristallographische Informationen. Während die Feinbereichsbeugung nur zweidimensionale Aussagen über die Struktur zulässt, werden mit der konvergenten Beugung

Informationen über die Richtung des Elektronenstrahls, also dreidimensionale Informationen, gewonnen. Der konvergente Strahl regt zusätzlich zu den Reflexen der Laue-Zone 0. Ordnung (ZOLZ = zero-order laue zone) Ebenen höherer Ordnung (HOLZ = high order laue zones) an. In Abb. 3.16 sind Zonen erster (FOLZ = first-order laue zone) und zweiter (SOLZ = second-order laue zone) Ordnung eingezeichnet.

Höhere Laue-Zonen gestatten die Bestimmung der Punktsymmetriegruppe und der Raumgruppensymmetrie. Unter Zweistrahlbedingungen kann die lokale Foliendicke sehr genau bestimmt werden. Dazu werden die dickenabhängigen parallelen Streifen ausgewertet, die in den Beugungsscheibchen sichtbar sind (siehe z.B. Allen 1981). Je dicker die Probe ist, umso mehr Streifen erscheinen. Die Probe wird so gekippt, dass sich der hellste und breiteste Streifen genau in der Mitte des Beugungsscheibchens hkl befindet, d.h. $\bar{s} = 0$. Unter Verwendung einer Messlupe werden die Abstände zwischen den Streifen bestimmt. Diese Abstände entsprechen den Winkeln $\Delta\theta_i$, die in Abb. 3.17 schematisch dargestellt sind.

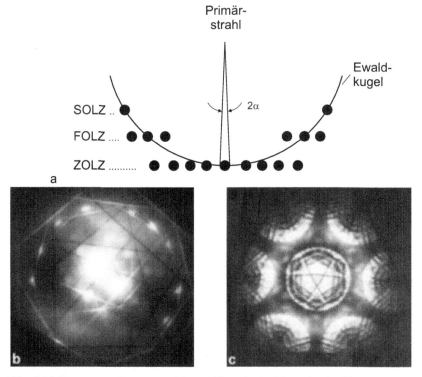

Abb. 3.16: Konvergente Beugung a) Die Ewaldkugel schneidet reziproke Gitterpunkte der Laue Zonen nullter Ordnung (ZOLZ) und bei größeren Streuwinkeln 2α Zonen erster (FOLZ), zweiter Ordnung (SOLZ) etc. b) Konvergentes Beugungsbild von Reinaluminium mit Laue Zonen nullter und erster Ordnung c) Konvergentes Beugungsbild der γ'-Phase einer Nickelbasissuperlegierung nach Kriechverformung (U = 100 kV, <111> Zonenachse, H. Renner)

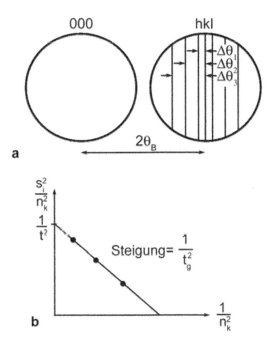

Abb. 3.17. a) Messungen zur Bestimmung der Foliendicke t aus Kossel-Möllenstedt-Streifen im Beugungsscheibchen hkl. Aus n_i Messungen von $\Delta\theta_i$ werden die zugehörigen Abweichungsparameter s_i berechnet. b) Dann wird $(s/n_k)^2$ über $(1/n_k)^2$ aufgetragen und die Foliendicke t kann ermittelt werden

Aus diesen Abständen wird die Abweichung s_i für den i-ten Streifen berechnet:

$$s_i = \lambda\,\frac{\Delta\theta_i}{2\theta_B d^2} \tag{3.26}$$

θ_B ist der Bragg-Winkel und d ist der Netzebenenabstand der beugenden Ebene hkl. Ist die Extinktionslänge t_g bekannt, so kann die Foliendicke t aus der folgenden Beziehung berechnet werden:

$$\frac{s_i^2}{n_k^2} + \frac{1}{t_g^2 n_k^2} = \frac{1}{t^2} \tag{3.27}$$

n_k ist eine ganze Zahl.

Ist die Extinktionslänge t_g unbekannt, so wird eine graphische Methode verwendet. Dem ersten Streifen wird willkürlich die Zahl $n = 1$ zugeschrieben und der zugehörige Wert der Abweichung ist s_1. Der zweite Streifen erhält $n = 2$ und s_2, usw. Dann wird $(s/n_k)^2$ über $(1/n_k)^2$ aufgetragen. Ist das Ergebnis eine Gerade, so war die Zuordnung gut. Ist das Ergebnis eine Kurve, so wird die Prozedur wiederholt und dem ersten Streifen die Zahl $n = 2$ zugewiesen. Dies wird fortgesetzt, bis man eine Gerade erhält. Die Geradenregression liefert aus der Steigung $1/t_g^2$ und aus dem Schnittpunkt mit der y-Achse die Foliendicke $1/t^2$ (siehe Abb. 3.17).

Die Art des entstehenden Beugungsbildes hängt vom Konvergenzwinkel 2α des Elektronenstrahls ab und wird demnach von dem Durchmesser der zweiten Kondensorapertur bestimmt. Bei sehr kleinem Konvergenzwinkel $2\alpha \ll 2\vartheta$ (ϑ = Beugungswinkel) - also parallelem Strahl - erhält man ein Punktbeugungsbild (Abb. 3.18). Für Winkel $2\alpha \leq 2\vartheta$ treten Beugungsscheibchen auf, die voneinander getrennt sind (Kossel-Möllenstedt-Diagramm). Bei Verwendung einer großen Kondensorapertur und damit $2\alpha > 2\vartheta$ überlagern sich die Beugungsscheibchen (Kosseldiagramm).

Für die Erzeugung kleiner Strahldurchmesser muss nicht unbedingt im STEM-Betrieb gearbeitet werden. In den heutigen Mikroskopen können auch im TEM-Betrieb ("Nanoprobe") vergleichbare Strahldurchmesser erzeugt werden. Das Arbeiten im TEM-Betrieb bietet den Vorteil einer höheren Flexibilität hinsichtlich der Konvergenzwinkel, da die zweite Kondensorlinse nicht abgeschaltet ist. Darüber hinaus können die Beugungsbilder aufgenommen werden.

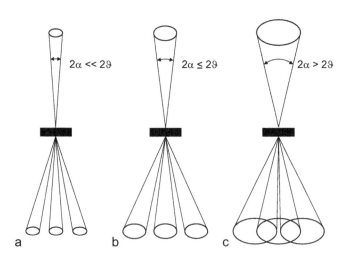

Abb. 3.18: Die Art des Beugungsbildes hängt vom Konvergenzwinkel 2α des Elektronenstrahls ab. a) parallele Beleuchtung: $2\alpha \ll 2\vartheta$ (Feinbereichsbeugung) b) konvergente Elektronenbeugung (CBED): $2\alpha \leq 2\vartheta$ (Kossel-Möllenstedt-Diagramm) c) große Kondensorapertur führt zu Überlagerung der Beugungsscheiben: $2\alpha > 2\vartheta$ (Kossel-Diagramm)

3.8 Beugung an Gläsern und Quasikristallen

Die in der Materialmikroskopie untersuchten Stoffe streuen die Elektronen je nach Ordnung der Atomposition kohärent oder mehr oder weniger inkohärent. Die größte Ordnung zeigt ein perfekter Kristall bei 0 K, die größte Unordnung im festen Zustand ein Glas. Dessen Ordnung ist aber viel größer als die in einem idealen Gas. Deshalb können für Gläser auch radiale Verteilungsfunktionen für erst- und zweitnächste Nachbarn ermittelt werden (Abb. 3.19), die mit den Atomabständen in Kristallen gut in Einklang zu bringen sind (regellose dichteste Kugelpackung, regelloses Netzwerk in metallischen, bzw. kovalent gebundenen Gläsern).

In den 1980er Jahren ist eine weitere feste Phasenart gefunden worden, die zwischen Kristall und Glas liegt (Tabelle 3.3). Ihre Elementarzelle wiederholt sich nicht periodisch im Raum. Die *Quasikristalle* zeigen kein Translationsgitter. Die scharfen Reflexe der Elektronenbeugung (Abb. 3.19e) weisen aber weitreichende Orientierungsordnung auf. Wie sich auf diese Weise eine dichte Raumfüllung auch mit Anordnungen von fünfzähliger Symmetrie erhalten lässt, zeigt ein zweidimensionales "Kachelmodell" (Abb. 3.19d). Elektronenbeugung gibt in der Tat Hinweise auf fünfzählige Symmetrie (Abb. 3.19e), wie sie räumlich in der geometrischen Form des Ikosaeders (Zwanzigflächner) auftritt. Über die genauen Positionen der Atome in dieser Struktur und die Eigenschaften dieser neuen Phasen ist noch wenig bekannt. Sie sind zwischen denen metallischer Gläser und intermetallischer Verbindungen zu erwarten.

Quasikristalle entsprechen metastabilen Gleichgewichtszuständen. Ähnlich wie metallische Gläser wandeln sie beim Erwärmen in kristalline Phasen um.

Tabelle 3.3 Feste Phasen in Metallen. + = vorhanden, - = nicht vorhanden

		Translations-gitter	weitreichende Ordnung	örtliche Unordnung	Erste Untersuchung mittels Beugungsme-thoden
1A	perfekter Kristall	+	+	-	1920
1B	defekter Kristall	+	+	+	1958
2	Quasikristall	-	+	-	1984
3	metallisches Glas	-	-	-	1962

3.9 Simulation von Beugungsbildern und hochauflösenden TEM-Bildern

Einige Standard-Elektronenbeugungsdiagramme häufig auftretender Kristallstrukturen finden sich in vielen Büchern zur Transmissionselektronenmikroskopie (siehe z.B. Anhang A3). Für die Berechnung weiterer Orientierungen einfacher Strukturen oder die Berechnung komplizierter Kristallstrukturen oder für die Simulation

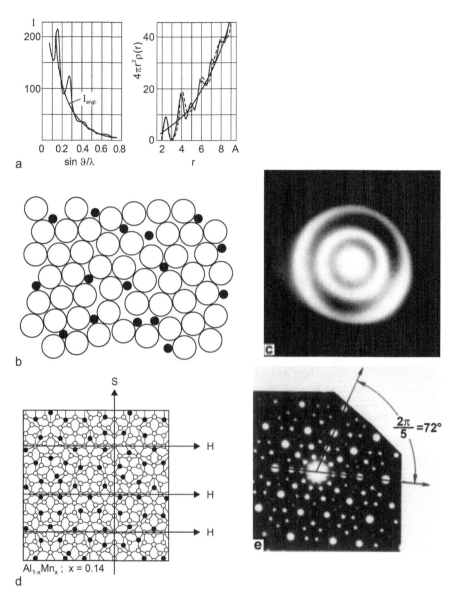

Abb. 3.19: a) An einem Beugungsbild von amorphen Germanium gemessene Winkelabhängikeit der gestreuten Intensität und die durch Fouriertransformation ermittelte radiale Verteilung (Vergleich von Elektronen- und Röntgenstreuung gestrichelt), nach H. Richter b) Metallisches Glas, regellose dichteste Kugelpackung c) Elektronenbeugungsbild eines metallischen Glases, Fe-20 % B (at. %) d) Ebenes Strukturmodell einer quasikristallinen Phase $Al_{1-x}Mn_x$, x ≈ 0,14; H: harte Richtung, S: weiche Richtung e) Elektronenbeugungsbild mit fünfzähliger Symmetrie der ikosaedrischen quasikristallinen Phase

von Überlagerungen zweiphasiger Strukturen wie z.B. einer orientierten Ausscheidung in einem Kristall sind Softwareprogramme sehr nützlich und können viel Zeit ersparen. Es sind verschiedene Programme kommerziell verfügbar, einige sind in Kap. 3.10 genannt. Diese Programme sind in ihrem Leistungsumfang sehr unterschiedlich. Häufig sind sie in der Lage, Kristallgitter und Elementarzellen darzustellen, reziproke Gitter zu visualisieren, Beugungsbilder, Kikuchi-Karten, Röntgenspektren und stereographische Projektionen zu berechnen. Nützlich ist auch die Simulation von zweiten oder dritten Phasen in verschiedenen Orientierungen oder auch die Simulation von Doppelbeugung (s. Kap. 3.6).

Für die Simulation von Beugungsbildern sind in der Regel umfassende kristallographische Informationen erforderlich, die sich z.B. in den *International Tables for Crystallography* (s. Kap. 3.10) finden lassen. Nützlich ist auch der Zugang zu Kristalldatenbanken, z.B. die des *International Centre for Diffraction Data* (ICDD, http://www.icdd.com/).

Einige Programme umfassen auch die Möglichkeit, hochauflösende transmissionselektronenmikroskopische (HRTEM) Bilder (Abb. 4.16 ff) zu simulieren. Diese Bilder sind nicht einfach zu interpretieren. Aufgrund der starken Streuung der Elektronen mit dem zu untersuchenden Material hängen Amplitude und Phase der Reflexionen stark von der Dicke des Kristalls ab. HRTEM-Abbildungen werden daher von Probendicke und von der Transferfunktion des Mikroskops bestimmt, also von der Defokussierung (siehe Kap. 4.8). Es wird daher die Abbildung eines Kristalls für verschiedene Dicken und Defokussierungen berechnet. Die Simulationen können dazu beitragen, den Kontrast von Aufnahmen zu verstehen, zu prüfen, ob die Auflösung eines bestimmten Mikroskops ausreicht, um eine bestimmte Fragestellung zu klären oder um Abbildungen zum Vergleich mit experimentellen Aufnahmen zu berechnen, um die experimentellen Bedingungen zu ermitteln, unter denen diese aufgenommen wurden.

3.10 Literatur

Allen SM (1981) Foil Thickness Measurements from Convergent-Beam Diffraction Patterns. Phil Mag A43: 325

Andrews KW et al (1967) Interpretation of Electron Diffraction Patterns. Hilger & Watts Ltd, London

Barret CS, Massalski T (1966) Structure of Metals. Wiley, New York

Braue W (1990) Konvergente Elektronenbeugung in der analytischen Elektronenmikroskopie keramischer Werkstoffe - eine Anleitung für die Praxis. Mat-wiss u Werkstofftech 21; 72 - 84

Cowley JM (1968) Crystal Structure Determination by Electron Diffraction, Progress in Materials Science Vol 13: 267 - 321

Daams, JLC, Villars, P, van Vucht, JHN (1991) Atlas of Structure Types for Intermetallic Phases. Vol. 1 – 4, Metals, Park, OH, ASM International

Haeßner F et al (1964) Anwendung der Feinbereichsbeugung zur Ermittlung der Walztextur von Kupfer. Phys Stat Sol 7: 701

Hahn, T [Ed.] (2005) International Tables for Crystallography - Volume A: Space Group Symmetry, 5. Auflage, Springer, Berlin

Heimendahl M v et al (1964) Applications of Kikuchiline Analyses. J Appl Phys 35: 3641

Heydenreich J (1989) Analytische Elektronenmikroskopie in der Werkstoffforschung, Sitzungsberichte der Akademie der Wissenschaften der DDR. Nr. 1/N, Akademic-Verlag Berlin

Ibers JA,(1958) Atomic Scattering Amplitudes for Electrons. Acta Cryst 11: 178

International Centre for Diffraction Data (ICDD): http://www.icdd.com/)

Kleber W, Bautsch H-J, Bohm J (1998) Einführung in die Kristallographie. 18. Auflage, Berlin, Verlag Technik GmbH

Loretto MH (1993) Electron Beam Analysis of Materials. Springer, Netherland

Pearson WB (1967) Handbook of Lattice Spacings and Structures of Metals and Alloys. 2nd Ed, Pergamon Press, Oxford

Pinsker ZG (1953) Electron Diffraction. Butterworths, London

Richter H et al (1961) Elektronenbeugungsuntersuchungen zur Struktur dünner nichtkristalliner Schichten. Z Physik 165: 121

Schwarz AJ (2009) Electron Backscatter Diffraction in Materials Science. In Kumar M, Field DP, Adams BL (ed), 2nd edn. Springer, US

Shechtman D, Blech I, Cahn JW (1984) Metallic Phases with Long Range Orientational Order and no Translational Symmetry. Phys Rev Lit 53:1951-1953

Stadelmann PA (1987): EMS – A Software Package for Electron Diffraction Analysis and HREM Image Simulation in Materials Science. Ultramicroscopy 21: 131

Steinhardt PJ, Ostlund S (1987) (ed) The Physics of Quasicrystals. World Scientific, Singapore

Structure Report (1940 bis 1993) International Union of Crystallography. Oosthoek, Utrecht

Strukturbericht (1928 bis 1939) Adademische Verlags-Gesellschaft, Leipzig

Strukturtypen-Datenbank: http://132.230.13.25/Vorlesung/Strukturtypen/alle.html

Villars P, Calvert, LD (1991) Pearson's Handbook of Crystallographic Data for Intermetallic Phases. Vol. 1 – 4, 2nd. Ed., ASM International, Metals Park, OH

Wilkinson AJ (2000) A Guide to Electron Back Scatter Diffraction. Springer, New York

Beispiele für Software zur Berechnung von Beugungsbildern

CaRIne: Software CaRIne Crystallography, http://pagespro-orange.fr/carine.crystallography/index.html

CrystalKitX: Total Resolution LLC, http://www.totalresolution.com/CrystalKitX.htm
    CrystalMaker, CrystalDiffract und SingleCrystal: CrystalMaker Software Limited, http://www.crystalmaker.com/products.html

Desktop Microscopist: http://easystreet01.easystreet.com/~lacuna/
    Electron Microscopy Image Simulation (EMS): entwickelt von Prof. P. Stadelmann, http://cime.epfl.ch/

MacTempasX: Total Resolution LLC, http://www.totalresolution.com/MacTempasX.htm

4 Durchstrahlung von amorphen Stoffen und perfekten Kristallen

4.1 Amorphe Stoffe

Es wurde bereits erörtert, dass die Anordnung der Atome eines Stoffes zwischen zwei Extremfällen liegen kann: dem perfekten Raumgitter und dem regellosen Netzwerk eines Glases. Falls der Stoff aus mehr als einer Atomart besteht, folgt daraus zusätzlich die Möglichkeit zu vollständiger Ordnung oder Unordnung dieser benachbarten Atomarten. In Abb. 4.1 sind die beiden erstgenannten Fälle schematisch dargestellt.

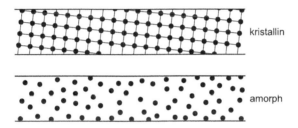

Abb. 4.1: Schematische Darstellung der Atomanordnung in einem Kristall und in einem amorphen Festkörper

In der Natur finden sich diese Idealfälle in Festkörpern selten. Kristalle enthalten zumindest eine geringe Anzahl von Baufehlern im thermodynamischen Gleichgewicht. Dazu kommen häufig noch weitere, die durch äußere Einflüsse wie durch plastische Verformung, Bestrahlung oder beim Erstarren entstehen (siehe Kap. 5 ff.).

Amorphe Festkörper (z. B. Gläser) sind Stoffe mit einer Atomanordnung ähnlich der von Flüssigkeiten, aber mit einem sehr großen Viskositätsbeiwert $\eta > 10^{12}$ Pa · s (flüssige Metalle am Schmelzpunkt: $\eta \approx 10^{-3}$ Pa · s). Die Atomabstände amorpher Stoffe sind jedoch nicht statistisch regellos verteilt. Mit großer Häufigkeit findet man vielmehr bei einatomaren Stoffen einen Abstand a_F der etwas größer ist als der nächste Atomabstand dichtest gepackter Kristallstrukturen. Darüber hinaus gibt es weitere, größere Abstände mit relativ hoher Häufigkeit. Im Elektronenbeugungsbild führt dies zu einigen diffusen Ringen (Abb. 3.19c). Amorphe Festkörper erhält man durch schnelles Abkühlen aus dem flüssigen oder gasförmigen Zustand. Stoffe mit gerichteter Bindung oder asymmetrische Moleküle (Silikate, Hochpolymere) lassen sich leicht in diesen Zustand bringen. Bei Metallen müssen mit zunehmender Neigung zur Kristallisation in dichtesten Kugelpackungen extrem hohe Abkühlungsgeschwindigkeiten ($\dot{T} = dT/dt > 10^6$ Ks^{-1}) angewandt werden, um diesen Zustand bei tiefen Temperaturen zu erhalten.

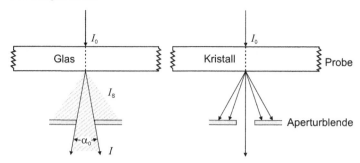

Abb. 4.2: Bei der Durchstrahlung eines Glases (links) wird die mit einem Öffnungswinkel $\alpha >$ α_0 gestreute Strahlung durch die Objektiv-Aperturblende aufgefangen, bei der Hellfeldabbildung von Kristallen (rechts) gilt das gleiche für alle Beugungsreflexe außerhalb dem Primärstrahl

Man kann leicht verstehen, wie eine Abbildung im amorphen Stoff entsteht, wenn ungeordnete Atomlagen zu einer fast gleichmäßigen Winkelverteilung der gestreuten Elektronen führen (Abb. 4.2). Der Strahl hat eine Intensität I_0 beim Auftreffen auf die Folie. Die ins Innere eindringenden Elektronen werden von den Atomen des amorphen Stoffes gestreut, d. h. ihre Richtung weicht von der Einfallrichtung in einer Weise ab, die von der Geschwindigkeit der Elektronen und von der Art (Ordnungszahl Z) und von der Anzahl der streuenden Atome pro Volumeneinheit N abhängt (Gl. 4.1). Je dicker die Folie ist, um so größer ist die Wahrscheinlichkeit, dass ein einfallendes Elektron gestreut wird. Die direkt durchlaufenden I_D und die mit $\alpha > \alpha_0$ (Aperturwinkel) gestreuten Elektronen I_S können durch eine unter der Folie angebrachte Blende voneinander getrennt werden. Unter einer Folie der Dicke t läuft durch die Blende noch ein Bruchteil I_D/I_0 Elektronen:

$$I_D = I_0 \exp\left[-\sigma_e\left(\alpha, U\right) \cdot \rho \cdot t\right], \tag{4.1}$$

Dabei ist $\sigma_e\left(\alpha, U\right)$ der Streuquerschnitt der betreffenden Atomart für Elektronen ($\sigma_e \equiv [\text{m}^2]$), und ρ die Dichte.

Der Wert von σ_e hängt vom Aperturwinkel α und von der Geschwindigkeit der Elektronen ab (Tab. 12.1). σ_e ist außerdem proportional Z/A (A = Atomgewicht). Z/A ist fast unabhängig von der Ordnungszahl Z. Deshalb findet man in guter Näherung, dass I_D bei konstanter Apertur und Wellenlänge von Dichte ρ und Dicke t abhängt.

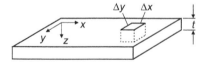

Abb. 4.3: Koordinatensystem und „Säule" $\Delta x \cdot \Delta y \cdot t$ in einer Folie

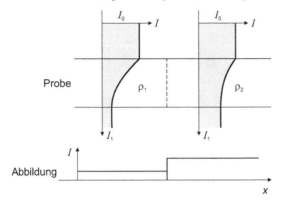

Abb. 4.4: Der Elektronenstrahl wird in einer Glasfolie konstanter Dicke in einem Bereich der Dichte ρ_1 stärker getrennt als im Bereich von ρ_2

Wenn die Folie an verschiedenen Stellen xy (Abb. 4.3) verschiedene Dichte besitzt, oder wenn sie verschieden dick ist, dann treten bei konstanter Apertur α verschiedene Intensitäten I_{xy} aus der unteren Folienfläche aus.

$$I_{xy} = I_0 \exp [-c\rho_{xy} t_{xy}] \tag{4.2}$$

(Die Konstante c ist proportional Z/A und hängt außerdem vom Aperturwinkel α und der Beschleunigungsspannung ab, Kap. 12). Das Bild setzt sich aus allen Intensitäten, die aus der unteren Folienfläche austreten, zusammen. Der örtliche Intensitätsunterschied unterhalb zweier Objektstellen in der Folie oder an einer Stufe in der Oberfläche bewirkt den Kontrast (Abb. 4.4). Der Kontrastunterschied ist als

$$\Delta K = \log I_1/I_0 - \log I_2/I_0 \tag{4.3}$$

definiert. Daraus und aus Gleichung (4.2) folgt

$$\Delta K = (\rho_1 t_1) - (\rho_2 t_2) \quad \text{für: } \alpha = \text{const.}, U = \text{const.} \tag{4.4}$$

Der Kontrast hängt also von Dichte und Dicke der Folie ab. Die Beziehungen (4.1) bis (4.4) gelten z. B. für Gläser, Aufdampfschichten und aus Lösungsmitteln gebildete organische Kunststofffolien, soweit sie keine kristallisierten Bereiche enthalten (Abb. 4.5). Für jeden Stoff gibt es eine bestimmte maximale Dicke t_{max}, bei der die Intensität I_D so klein geworden ist, dass unzweckmäßig lange Belichtungszeiten notwendig werden, oder dass mit dem Auge auf dem Leuchtschirm nichts mehr zu erkennen ist. Für eine Beschleunigungsspannung von 100 kV gelten erfahrungsgemäß folgende Werte der Dicke t_{max}, unterhalb welcher eine Folie gerade noch durchstrahlbar ist (Tabelle 4.1).

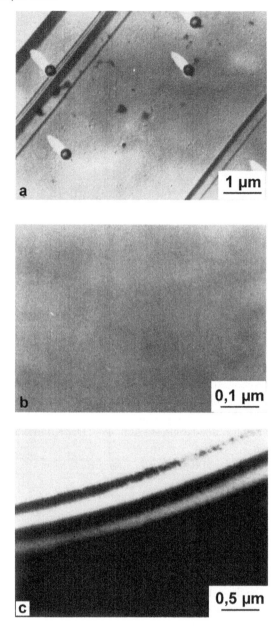

Abb. 4.5: Vergleich von Kontrasten in amorphen und kristallinen Stoffen. a) Oberflächenabdruck, Abbildung von Gleitlinien in Ni-Al-Legierung. Der Kontrast kommt in erster Linie durch
Beschatten der Gleitstufen mit Atomen hoher Ordnungszahl zustande (H.P. Klein). b) Metallisches Glas der Legierung Al-17 Si-13 Ni. c) Keilförmiger Rand einer Ge-Probe mit Dickenkonturen (U. Köster)

Tabelle 4.1 Maximale durchstrahlbare Dicke t_{max} von Folien; Beschleunigungsspannung 100 kV

Atomart	Z	Z/Λ	$\rho\,[\rho/cm^3]$	t_{max} [nm]
C	6	0,50	2,26	>500
Al	13	0,48	2,70	500
Cu	29	0,46	8,96	200
Ag	47	0,44	10,5	150
Au	79	0,40	19,3	100

4.2 Kristalle unter kinematischen Bedingungen

Während bei amorphen Stoffen die Atomverteilung die Annahme einer gleichmä-ßigen Verteilung der gestreuten Elektronen rechtfertigt, sind Kristalle entspre-chend den jeweiligen Beugungsbedingungen in bestimmten Streurichtungen sehr verschieden „durchlässig" (Abb. 4.2, Kap. 3). Die Intensität der abgebeugten Re-flexe I_g muss jetzt bei der Berechnung der am unteren Folienende austretenden In-tensität berücksichtigt werden. Eine Abbildung von durchstrahlten Kristallen wird häufig dadurch erzeugt, dass man die Intensität I ins Mikroskop gelangen lässt, während alle Beugungsreflexe von einer Aperturblende aufgefangen werden (Abb. 4.6). Der Aperturwinkel α für günstigstes Auflösungsvermögen eines 100 kV Elektronenmikroskopes liegt bei $\alpha \approx 0,01$ rad. In Kap. 3 ist festgestellt worden, dass die niedrigst indizierten Reflexe der dichtgepackten Kristallstruktu-ren bei sehr viel größeren Winkeln liegen ($\vartheta \approx 1°$).

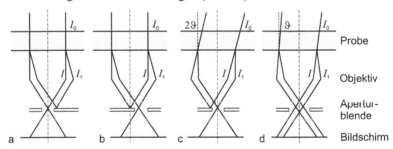

Abb. 4.6: Verschiedene Möglichkeiten der Erzeugung von Abbildungen mit kristallinen Folien. a) Hellfeldabbildung, $I_{HF} = I = I_0 - I_l$ b) Dunkelfeldabbildung durch exzentrisches Verschieben der Blende, $I_{DF} = I_l$ c) Dunkelfeldabbildung durch Verkippen der Strahlenquelle d) Abbildung durch Interferenz zweier Strahlenbündel

Für eine Berechnung der Intensität I an der Unterseite der Folie macht man eine Reihe von vereinfachenden Annahmen:

1. Die Schwächung des Strahles durch diffuse Streuung (z. B. durch unelastische Streuung von Elektronen, Wärmeschwingungen) wird vernachlässigt. Nur die Intensität aller abgebeugten Reflexe $\sum I_g$ wird berücksichtigt. Man spricht deshalb auch von Beugungskontrast (im Gegensatz zu Streukontrast, Abschn. 4.1). Aus dieser Annahme folgt

$$I_0 = I_D + \sum I_{gi} \tag{4.5}$$

2. Wenn eine große Zahl von Beugungsreflexen berücksichtigt wird, spricht man von einem Vielstrahlfall. Nun sind aber Beugungsbedingungen möglich, bei denen die Intensität eines Strahles I_g sehr viel größer ist als die Summe der Intensitäten I_{gi} aller anderen Beugungsreflexe $I_g \gg \sum I_{gi}$. Dieser Fall wird meist für Kontrastrechnungen benutzt. Da nur der durchgehende und ein gebeugter Strahl berücksichtigt werden, bezeichnet man ihn als Zweistrahlfall (Abb. 3.9).
3. In der kinematischen Beugungs- und damit auch in der Kontrasttheorie wird die Wechselwirkung von durchgehendem und gebeugtem Strahl vernachlässigt. Das ist jedoch nur erlaubt, wenn $I \gg I_g$. Im Beugungsbild ist leicht zu erkennen, ob die Bedingungen 2 und 3 erfüllt sind: der Primärstrahl muss sehr viel größere Intensität als ein Beugungsreflex aufweisen, der sich in der gleichen Weise von allen übrigen Reflexen unterscheiden muss (Abb. 3.9).
4. Das Bild kann man sich zusammengesetzt denken aus den Intensitäten I_{yx} an allen Orten x, y der Probenfläche. Dabei wird die Folie in Säulen mit den Abmessungen $\Delta x \cdot \Delta y \cdot t$ aufgeteilt, wobei $\Delta x \cdot \Delta y$ der Größe der Elementarzelle entsprechen (Abb. 4.3). Wir machen nun die vierte Voraussetzung, dass jede Säule unabhängig voneinander betrachtet werden kann. Dies ist wegen des kleinen Beugungswinkels ϑ für 100 kV-Elektronen gerechtfertigt.

Es ist wichtig, alle diese Annahmen im Sinn zu behalten, wenn Ergebnisse der Kontrasttheorie mit praktischen Beobachtungen im Mikroskop verglichen werden. Alle diese Bedingungen sind nämlich nur in den seltensten Fällen bei elektronenmikroskopischen Abbildungen genau einzuhalten.

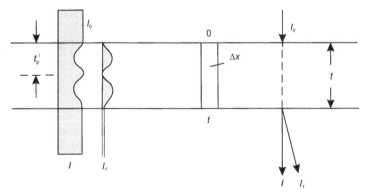

Abb. 4.7: Intensitätsverlauf des durchgehenden (I) und abgebeugten Strahls (I_l) beim Durchlaufen der Folie unter kinematischen Bedingungen

Aus Gl. (4.5) und den weiteren Annahmen folgt, dass ein „theoretisches Bild" erhalten werden kann, wenn es gelingt, die Intensitäten I_g für alle Säulen der Probenoberfläche x, y zu berechnen (Abb. 4.3 und 4.7). In der Praxis schafft man sich
den Zweistrahlfall, indem man die kristalline Probe mit einem Zweikreisgoniometer im Mikroskop in eine Winkellage zum einfallenden Elektronenstrahl bringt,
bei der die Voraussetzungen dazu erfüllt sind (Kap. 3 und 11). Diese Beugungsbedingungen werden zuerst registriert: wichtig für alle quantitativen Kontrastbe-
trachtungen ist, dass der reziproke Gittervektor $\bar{g}$ des abgebeugten Strahles, das
heißt die abbildende Ebenenschar bekannt ist. Erst danach kann die elektronenmikroskopische Abbildung beurteilt werden.

Zur Berechnung der abgebeugten Intensität I_g geht man folgendermaßen vor:
die Amplituden A der von den Atomen in jeder einzelnen Säule gestreuten Elektronenwellen werden von der oberen bis zur unteren Folienoberfläche addiert. Zwischen Amplitude A und Intensität I besteht die Beziehung $A \cdot A^* = I$ (A^* konjugiert
komplexe Amplitude). Da bei dieser Summierung die Phasenwinkel ϕ berücksichtigt werden müssen, ist die Kenntnis der Ortskoordinate (u, v, w) der Atome in der
Elementarzelle notwendig. Für eine Kristallstruktur, die aus gleichartigen Atomen
der Streuamplitude $f_i(\alpha)$ (Kap. 3) besteht, ergibt die Summierung (Abb. 4.8) zwischen 0 und t eine Amplitude:

$$A = f_i(\alpha) \cdot \sum \exp [i\ \phi_i] \qquad (4.6)$$

mit $e^{i\phi_i} = \cos \phi_i + i \sin \phi_i$ ergibt sich

$$A = f_i \sum \cos \phi_i + f_i\ i \sum \sin \phi_i \qquad (4.7)$$

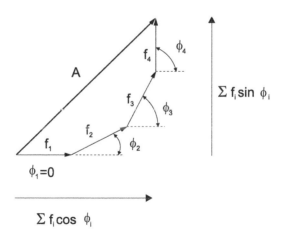

Abb. 4.8: Summierung der Amplituden der von den Atomen der einzelnen Säulen gestreuten
Elektronenwellen unter Berücksichtigung der jeweiligen Phasenwinkel und der Streuamplitude f_i
(vgl. Gl. (4.6) und (4.7))

Diese Beziehung kann vereinfacht werden, wenn der Kristall ein Symmetriezentrum besitzt. Befindet sich dieses Zentrum im Koordinatenursprung, gibt es für jedes Atom mit dem Ortsvektor *uvw* ein entsprechendes Atom mit $\overline{u}\,\overline{v}\,\overline{w}$. Die Gl. (4.7) vereinfacht sich dann zu

$$A = f_i \sum \cos \phi_i \tag{4.8}$$

Der Phasenwinkel ϕ für ein Atom mit Ortsvektor $\overline{r}$ und den Koordinaten im wirklichen Gitter (*u*, *v*, *w*) bei Beugung an einer Ebene $\overline{g}$ mit den Koordinaten des reziproken Gitters (*h*, *k*, *l*) ist $\phi = 2\,\pi\,(hu + kv + lw)$ und folglich

$$A = f_i \sum \exp\,[2\,\pi\mathrm{i}\,(hu + kv + lw)] \tag{4.9}$$

$$= f_i \sum \cos\,[2\,\pi\,(hu + kv + lw)]$$

Als Beispiel diene das kubisch raumzentrierte Gitter (Abb. 3.2). Es besitzt identische Atome mit den Ortsvektoren $\overline{r}$ der Elementarzelle (0,0,0) und (½, ½, ½). Eingesetzt in Gleichung (4.9) ergibt sich:

$$
\begin{aligned}
A &= f_i \left[\cos 2\,\pi \cdot 0 + \cos 2\,\pi \left(\frac{h}{2} + \frac{k}{2} + \frac{l}{2} \right) \right] \\
&= f_i \left[1 + \cos \pi \left(h + k + l \right) \right]
\end{aligned}
\tag{4.10}
$$

Eine Amplitude erhält man also nur, wenn (*h* + *k* + *l*) = 2n ist. Diese Auslöschungsregeln können für die verschiedenen Kristallsysteme hergeleitet werden (siehe auch Anhang A 2).

Die Komponenten des Exponenten von Gleichung (4.9) schreibt man für die weitere Rechnung zweckmäßigerweise als Vektoren:

$$A = f_i \sum \exp\,[2\,\pi i\,\overline{g}\,\overline{r}\,] \tag{4.11}$$

Wir haben jedoch noch nicht berücksichtigt, dass $I_g \ll I$ sein soll. Diese Voraussetzung ist aber nur erfüllt, wenn $\overline{g}$ um einen Vektor $\overline{s}$ von der Bragg-Bedingung abweicht (Kap. 3, Abb. 3.5). Die Orientierung der Ebenen $\overline{g}$ des Kristalls soll also um einen Winkel $\pm\,\Delta\,\vartheta$ vom Bragg-Winkel abweichen. Der reziproke Gitterpunkt befindet sich dann bei $\overline{g} \pm \overline{s}$, und Gleichung (4.11) muss ergänzt werden zu

$$A = f_i \sum \exp\,\left[2\,\pi\,i\,\left(\overline{g} + \overline{s}\right)\overline{r}\right] \tag{4.12}$$

$\bar{g}$ und $\bar{r}$ sind Vektoren des reziproken und des wirklichen Gitters. Multipliziert ergeben sie eine ganze Zahl, die für die Kontrastberechnung uninteressant ist. Von Gleichung (4.12) bleibt für den Fall eines in z-Richtung (= t) dünnen und in x- und y-Richtung ausgedehnten Kristalls deshalb noch übrig:

$$A = f_1 \, \Sigma \, \exp \left[2 \, \pi \cdot i \cdot \bar{s} \cdot \bar{r} \right] \qquad (4.13)$$

Die Amplitude am unteren Ende der Probe erhält man durch Integration dieser Gleichung in z-Richtung von den Punkten 0 bis t.

$$A = f_i \int_0^t \exp \left[2 \, \pi \cdot i \cdot \bar{s} \cdot \bar{r} \right] dz \; \equiv \left[m \right] \qquad (4.14)$$

Die Lösung lautet für die normalisierte Amplitude:

$$A = \frac{\pi}{t_g} \; \frac{\sin \left[\pi \, t \, s \right]}{\pi \, s} \; \equiv \left[1 \right] \qquad (4.15)$$

oder für die praktisch gemessene Intensität I (Abb. 3.10)

$$I = \frac{\pi^2 \, \sin^2 \left[\pi \, t \, s \right]}{t_g^2 \, \left(\pi \, s \right)^2} \qquad (4.16)$$

Dabei ist s nicht mehr als Vektor geschrieben worden, weil von $\bar{s} = \bar{s}_x + \bar{s}_y + \bar{s}_z$ bei der Integration nur $\bar{s}_z \equiv s$ zu berücksichtigen ist. In Gl. (4.15) taucht eine neue Konstante t_g auf, die *Extinktionslänge*. Sie ist ein wichtiger Wert für den Durchgang von Elektronen durch Kristalle, die von der Streuamplitude der Atome f, der Kristallstruktur und der beugenden Ebene g abhängt. In dichtgepackten Metallkristallen mit Atomen mittlerer Ordnungszahl und für niedrig indizierte Reflexe hat t_g eine Länge von einigen zehn Nanometern. Werte für t_g sind in Tabelle 4.2 zusammengestellt worden. Auf die Bedeutung von t_g wird nochmals in Kap. 4.5 und Kap. 8 und 9 eingegangen. Als t_o wird die Extinktionslänge des ungebeugten Strahls bezeichnet, der zum 000-Reflex führt (Kap. 3.2, Abb. 4.7).

Für die Betrachtung von Folien verschiedener Dicke t und einheitlicher Verteilung der Atomarten genügt die vereinfachte Beziehung:

$$A = \frac{\sin \left[\pi \, t \, s \right]}{\pi \, s} \qquad (4.17)$$

Tabelle 4.2 Extinktionslängen als Funktion der Streuamplitude, der Kristallstruktur und der beugenden Ebenen (*hkl*). *Z* Ordnungszahl des Elements, $f(0)$ Streuamplitude für Elektronen, Streuwinkel $\alpha = 0°$

Atomart	Kristallstruktur	Z	$f(0)$			t_g [nm]		
			[nm]	110	111	200	211	220
C	kd	6	(0,245)	-	47,6	-	-	66,5
Al	kfz	13	(0,61)	-	55,6	67,3	-	105,7
Fe	krz	26	0,64	27	-	39,5	50,3	60,6
Cu	kfz	29	0,68	-	24,2	28,1	-	41,6
Ge	kd	32	0,73	-	43	-	-	45,2
Nb	krz	41	0,86	26,1	-	36,7	45,7	53,9
Au	kfz	79	1,29	-	15,9	17,9	-	24,8

4.3 Amplituden-Phasen-Diagramme

In einer Folie mit einheitlicher Atomart und Kristallstruktur (t_g = const.), in der die Kristallstruktur auch keinerlei elastische Verzerrungen aufweist (s = const.), hängt die Amplitude *A* nur von der Dicke der Folie ab, aber in ganz anderer Weise als in amorphen Stoffen. Der Verlauf der Funktion (4.16) ist in Abb. 4.7 eingetragen worden. Die Intensität ändert sich in *z*-Richtung proportional $\sin^2 z$ mit einer Periode $s^{-1} = t'_g$. Die Summierung der Amplituden entsprechend Gl. (4.15) kann auch durch eine einfache graphische Darstellung erhalten werden. Für den oben erwähnten Fall ist das nicht unbedingt notwendig. Für kompliziertere Kontrastfälle ist es aber eine einfache Methode, einen Überblick über zu erwartende Kontrasterscheinungen zu bekommen (Abb. 4.9). Ein Kreis mit dem Radius $R = (2 \pi s)^{-1}$ wird gezeichnet. Eine Strecke auf dem Umfang des Kreises entspricht der jeweiligen Dicke *t* des Kristalls. Die Sekante zwischen dem Ausgangs- und dem Endpunkt entspricht der Amplitude *A*. Aus dieser Darstellung werden einige Erscheinungen beim Durchgang kinematisch gebeugter Elektronen durch einen Kristall anschaulich:

1. Der Umfang des Kreises $2 \pi R = 2 \pi/2 \pi s$ entspricht einer Periode der Oszillation des gebeugten Strahles im Kristall. Großer Radius des Kreises entspricht großen Amplituden, da *s* dann klein ist.
2. Kleines *s* entspricht großem Umfang des Kreises, daher auch einer großen Periode der Oszillation. Mit zunehmender Abweichung von Bragg-Bedingungen werden sowohl Amplitude als auch Periode abnehmen. Damit wird die Intensität eines Reflexes von einer Ebene $\overline{g}$ oberhalb eines bestimmten Wertes von *s* so klein, dass er für eine Abbildung unbrauchbar wird.

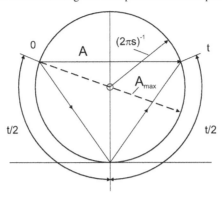

Abb. 4.9: Amplituden-Phasen-Diagramm. Die Amplitude des Strahles A ist die Sekante, die Dicke des Kristalls t (z-Richtung) wird auf dem Umfang des Kreises von Radius $(2\pi s)^{-1}$ abgelesen

3. Für $s \rightarrow 0$ geht $R \rightarrow \infty$, daraus folgt auch für die Amplitude $A_g \rightarrow \infty$. Das bedeutet, dass die Intensität eines gebeugten Strahles I_g größer werden könnte als die des einfallenden Strahles I_0, was physikalisch unsinnig ist. Gleichung (4.15) und das Amplitude-Phasen-Diagramm gelten also nur für nicht zu kleine Werte von s. Diese Grenze wird in den Kap. 4.5 und 4.6 behandelt.

4.4 Dicken- und Biegekonturen im perfekten Kristall

Eine Folie soll aus einem perfekten Kristall bestehen, der in einem bestimmten Winkel zur abbildenden Ebene $\overline{g}$ orientiert ist, ein Loch enthält und keilförmig endet (Abb. 4.10). Die Amplituden am unteren Ende der Probe erhält man durch Anwendung von Gl. (4.15) längs aller Orte auf der Ortskoordinate x, y (Abb. 4.3). Die Amplitude A_g ist beim Eintritt des Strahles immer 0. Ist aber die Foliendicke $t > t'_g$, so ist am unteren Ende sowohl der Maximalwert der Amplitude als auch der Wert 0 möglich. Schräge Schnittebenen zeigen deshalb einen Streifenkontrast, dessen Periode in der Projektion von Winkel β (Abb. 4.10) und von der Periode von A_g, d. h. von s abhängt. Diese Erscheinung wird auch als Dickenkontur bezeichnet, da Orte gleicher Intensität auch Orte gleicher Dicke der Folie sind (Abb. 4.12b).

Nehmen wir jetzt eine Folie mit gleichmäßiger Dicke t und verbiegen sie an einer Stelle elastisch (was häufig beim Einführen der Folie in den Probenhalter geschieht), so wird der Winkel zwischen einfallendem Elektronenstrahl und der abbildenden Gitterebene $\overline{g}$ dadurch örtlich verändert. Folglich werden an diesen Orten die Abweichungen vom Bragg-Winkel entweder größer oder kleiner als in

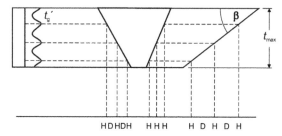

Abb. 4.10: Ermittlung der Lage der Dickenkonturen (D – dunkel, H – hell) an keilförmig endender Folie mit Loch

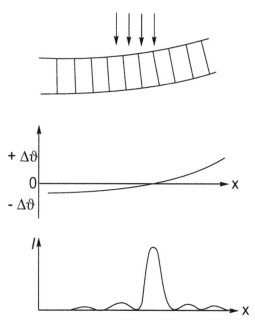

Abb. 4.11: Schematische Darstellung der Intensität in einer elastisch verformten Probe (Biegekontur). Die Folie ist um die x-Richtung gebogen. Die Konturen verlaufen parallel zur y-Richtung

unverzerrten Teilen der Folie und damit auch der Wert von s. Da t = const., erhalten wir für verschiedene Orte Amplituden-Phasen-Diagramme mit verschiedenen Durchmessern des Kreises, woraus eine örtliche Änderung der Amplitude des gebeugten Strahles leicht abzuleiten ist (Abb. 4.11). Die Linien gleicher Intensität im Bild verbinden jetzt Orte mit gleichem s. Da in einer völlig spannungsfreien Probe s = const. ist, und keine Erscheinungen dieser Art auftreten, spricht man von Biege- oder Spannungskonturen. Ihre Form hängt neben den Beugungsbedingungen ganz von der Form der Spannungsfelder ab (Abb. 4.12a).

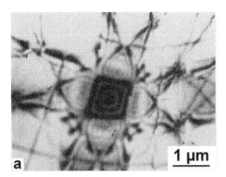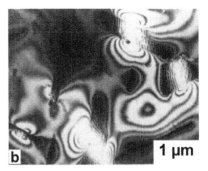

Abb. 4.12: a) Schnittpunkt mehrerer Spannungskonturen in Aluminium b) Dickenkonturen in der Umgebung von Löchern und Vertiefungen in einer Aluminiumfolie mit Ge-Teilchen (U. Köster)

Durch Vergleich von Beugungsbild und Abbildung können die einzelnen Spannungskonturen leicht (auch für den Mehrstrahlfall) einer bestimmten abbildenden Ebene zugeordnet werden.

Die Dicken und Biegekonturen werden neben der konvergenten Beugung (Kap. 3.7) zur Dickenbestimmung von Folien verwendet.

4.5 Die Extinktionslänge

Die kinematische Näherung $I_g \ll I$ hat den Vorteil, dass man mit ihr bei geringem Rechenaufwand einen Überblick über zu erwartende Kontrasterscheinungen erhalten kann. Große Kontrastunterschiede sind bei der Durchstrahlung von kristallinen Folien aber gerade dann zu erwarten, wenn A_g groß, d. h. wenn s klein ist. Wir hatten bereits festgestellt, dass dann die Gl. (4.15) bis (4.17) nicht mehr gelten. Für die Periodizität der Amplitude folgt aus der kinematischen Theorie:

$$t'_g = \frac{1}{s} \qquad (4.18)$$

Für $s \to 0$ würde danach $t'_g \to \infty$. Das ist jedoch nicht der Fall. Nachgewiesen wird das mit Hilfe der dynamischen Theorie der Elektronenbeugung und des Kontrastes. Es wird dabei die vereinfachende Annahme fallengelassen, dass $I_g \ll I$ ist. Vielmehr kann I_g gleich der maximalen Intensität des einfallenden Strahles werden (aber nicht größer, wie bei formaler Anwendung der kinematischen Theorie). Falls der Kristall für eine bestimmte Ebenenschar $\bar{g}$ genau in die Bragg-Orientierung gekippt worden ist, pendelt die gesamte Intensität zwischen durchgehendem Strahl I und gebeugtem Strahl I_g hin und her (Abb. 4.13a).

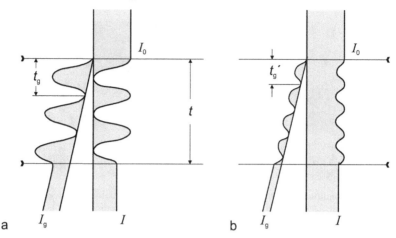

Abb. 4.13 : Vergleich des Intensitätsverlaufs beim Durchgang der Folie (Zweistrahlfall) unter a) dynamischen (Extinktionslänge t_g) und b) kinematischen (Periodizität t_g') Bedingungen

Die Periode ist in diesem Falle die Extinktionslänge t_g (Gl. 4.20). Die Maxima beider Amplituden sind um $t_g/2$ gegeneinander verschoben. Es gibt also einen Grenzwert von t_g' :

$$t_g' \to t_g \qquad \text{für } s \to 0 \tag{4.19}$$

Die Extinktionslänge ist diejenige Entfernung, die der einfallende Strahl in einem Kristall zurücklegen muss, bis (bei genauer Einstellung des Beugungswinkels für die Ebenenschar $\bar{g}$) zum ersten Mal das Intensitätsmaximum des durchgehenden Strahls wieder erreicht wird. Verluste durch Streuung an anderen Ebenen $\bar{g}_i$, durch unelastische Streuung etc. werden vernachlässigt. Man kann sich vorstellen, dass t_g umso kürzer ist, je stärker die Atome Elektronen streuen (je höher ihre Ordnungszahl ist) und je dichter die Atome in der betreffenden Richtung liegen. Die Extinktionslänge ist die wichtigste stoffabhängige Größe in der Durchstrahlungs-Elektronenmikroskopie. Sie kann für alle Atomarten, Kristallstrukturen und abbildenden Ebenen berechnet werden:

$$t_g = \frac{\pi \cdot V \cdot \cos \cdot \vartheta}{\lambda \cdot F_g} \tag{4.20}$$

V ist das Volumen der Elementarzelle, ϑ der Bragg-Winkel der Ebenenschar $\bar{g}$, F_g ist der Strukturfaktor (siehe auch Kap. 7.2 und A in Gl. (4.9) und (4.11)). Er ist ein Maß für das Streuvermögen einer Struktur. λ ist die Wellenlänge der Elektronen.

Einige Beispiele für Extinktionslängen finden sich in den Tabellen 4.2 und 7.2.

4.6 Dynamische Kontrastbedingungen

Es ist bisher noch nicht festgelegt worden, wo die Grenze zwischen Anwendbarkeit der kinematischen und dynamischen Theorie liegt. Dafür können wir die Periodizität t'_g der Oszillationen von A_g verwenden. Aus der dynamischen Theorie folgt die allgemeine Beziehung:

$$t'_g = \frac{t_g}{\left[1 + \left(s \cdot t_g\right)^2\right]^{1/2}} \qquad (4.21)$$

Diese Formel gibt jetzt auch die t_g-Werte für kleine s-Werte an. Wir erkennen drei besondere Fälle:

1. $s \cdot t_g \gg 1$, dann ist $t'_g \approx 1/s$

2. $s \cdot t_g = 0$, dann ist $t_g = t'_g$

3. $0 < s \cdot t_g < 5$, Übergangsbereich, in dem Gl. (4.21) angewandt werden muss ($t'_g < 1/s$).

Der 1. Fall ist die Bedingung für Anwendung der kinematischen Theorie, 2. der rein dynamische Fall. Für praktische Rechnungen ist es unterhalb von $s \cdot t_g < 5$ notwendig, die dynamische Theorie zu benutzen. Leider ist das der Bereich mit den günstigsten Kontrastbedingungen. Häufig beginnt die Erkennbarkeit bestimmter Objekte erst in diesem Bereich (siehe Spannungsfelder um Teilchen, Kap. 8).

Nach Gl. (4.16) können wir die in kristallinen Folien zu erwartenden Kontrasterscheinungen in zwei Gruppen einteilen:

1. Verzerrungskontrast
2. Extinktionslängenkontrast.

Wird die ursprünglich kinematische Formel (4.16) unter Benutzung von Gl. (4.21) in folgender für alle s-Werte geltenden Form geschrieben:

$$I_g = \left| A\,A^* \right| = \frac{\pi^2}{t_g^2} \frac{\sin^2\left\{ \pi t \sqrt{s^2 + \left(1/t_g\right)^2} \right\}}{\pi^2 \left(s^2 + \left(1/t_g\right)^2 \right)} \qquad (4.22)$$

Es ist zu erkennen, dass in Folien konstanter Dicke t nur s und t_g veränderliche Parameter sind.

1. Alle örtlichen Änderungen des Winkels der abbildenden Ebene $\overline{g}$ zum einfallenden Strahl führen zu örtlicher Änderung der Intensität durch Änderung von s: Verzerrungskontrast.

2. Alle örtlichen Änderungen der Streuamplitude (d. h. Ansammlungen von Atomen mit anderer Ordnungszahl als die Atome des Grundgitters) führen

durch Änderung der Extinktionslänge zu örtlicher Änderung der Intensität: Extinktionslängenkontrast.

Die Kontrasterscheinungen können auf diese Grundvorgänge zurückgeführt werden. In manchen Fällen genügt ein Mechanismus, um den Kontrast zu deuten: Abbildung von Versetzungen ist Verzerrungskontrast, Abbildung von kohärenten Teilchen ohne Spannungsfeld ist Extinktionslängenkontrast (Kap. 6 und 8). Sehr häufig müssen aber beide Effekte berücksichtigt werden, z. B. bei der Untersuchung fast aller Phasengemische (Kap. 8).

4.7 Abbildungsmethoden

Wir haben uns bisher mit der Berechnung der Intensität des abgebeugten Strahles I_g beschäftigt. Für den Zweistrahlfall erhalten wir dann zwei Wellenfelder, die aus der unteren Probenoberfläche austreten. Während die Intensität I_0 des eintretenden Strahles an allen Orten *(x, y)* gleich war, ist die austretende Intensität nicht nur in zwei Strahlen verschiedener Richtung aufgespalten, sondern es kann auch die Intensität örtlich verschieden sein. Diese örtlichen Unterschiede der Intensität sind die Kontrasterscheinungen, denen wir uns in einigen folgenden Kapiteln widmen wollen. Es gibt einige Möglichkeiten, wie die aus der Probe austretenden Elektronen zur Herstellung eines Bildes verwandt werden können, die in diesem Kapitel erwähnt werden sollen.

Die verschiedenen Möglichkeiten zur Erzeugung einer Abbildung aus direkt durchgehendem *(I)* und abgebeugtem Strahl *(I_g)* werden in Abb. 4.6 gezeigt. Am häufigsten wird die Intensität des durchgehenden Strahles zur Abbildung verwendet. An Stellen, an denen der einfallende Strahl nicht auf eine Folie trifft (Löcher), erscheint im Bild die Intensität des einfallenden Strahles I_0. Deshalb wird diese Art der Abbildung als Hellfeld (HF) bezeichnet. Die Intensität an irgendeiner Stelle des Bildes beträgt $I_0 - I_g = I_{HF}$ Da unter kinematischen Bedingungen $I_g \ll I_{HF}$ ist, sind die relativen Intensitätsunterschiede in diesem Falle nicht besonders groß, d. h. sie sind besonders zur Abbildung kontraststarker Objekte, z. B. von Korngrenzen, Versetzungen, nichtkohärenten Teilchen, geeignet.

Die Abbildung kann auch mit der Intensität I_g des gebeugten Strahles erhalten werden. Dazu muss nun die Intensität I des durchgehenden Strahles mit der Aperturblende aufgefangen werden. In Abb. 4.6 b ist sie so verschoben worden, dass I_g ins Mikroskop eintreten kann. Der weitere Strahlengang würde aber in diesem Falle etwas außerhalb der Mittelachse des Linsensystems verlaufen. Aus diesem Grunde ist es notwendig, die Elektronenquelle um den Beugungswinkel ϑ (der abbildenden Ebenenschar g) zu kippen (Abb. 4.6 c). Die Intensität I_g tritt dann parallel zur Mikroskopachse in das Linsensystem ein, und eine scharfe, unverzerrte Abbildung ist gewährleistet. Stellen, an denen sich kein Folienmaterial befindet, erscheinen in diesem Fall dunkel, daher die Bezeichnung Dunkelfeldabbildung (DF). Die Intensität einer bestimmten Stelle auf der Folie ist gleich der des abgebeugten Strahles: $I_{DF} = I_g$. Beim Arbeiten mit der Dunkelfeldmethode geht man folgendermaßen vor: im Beugungsbild wird der Reflex g aufgesucht, der für die Abbildung verwendet werden soll. Dieser Reflex wird in die Mittelachse des Mikroskopes gekippt (siehe oben). Um eine hinreichende Intensität bei der Abbildung zu erhalten, muss die Probe dann häufig in die Nähe einer dynamischen Lage gekippt werden. Das geschieht mit dem Zweikreisgoniometer des Probenhalters. Nachdem die Aperturblende in Beugungsstellung genau über dem ausgewählten Reflex zentriert wurde, kann das Mikroskop zur Abbildung mit der gewünschten Vergrößerung umgeschaltet werden. Bei der DF-Abbildung sind die absoluten Intensitäten meist geringer, die relativen Intensitätsunterschiede aber größer als bei der HF-Abbildung. Diese Methode muss deshalb angewandt werden, wenn nur kleine örtliche Intensitätsunterschiede zur Verfügung stehen, z. B. beim Nachweis der Nahordnung oder schwacher Verzerrungen des Gitters. Für die DF-Methode gibt es in Festkörpern eine sehr große Zahl von Anwendungsmöglichkeiten, z. B. die kristallographische Analyse von Phasengemischen, Antiphasengrenzen in geordneten Legierungen, Weiss'schen Bezirken in Ferromagnetika, Größenbestimmung sehr kleiner Teilchen etc. HF- und DF-Kontraste dieser Art werden als Beugungskontraste bezeichnet.

Wir beschränken uns im Folgenden auf Anwendung der HF- und DF-Abbildung. Sowohl nach den Annahmen der kinematischen als auch der dynamischen Theorie sind die Kontraste bei Hell- und Dunkelfeldabbildung komplementär. Das folgt aus der Beziehung $I_g + I = I_0$ oder $I_{DF} + I_{HF} = I_0$ In Wirklichkeit ist dies nicht genau erfüllt, da die Absorptionswirkung z. B. durch unelastische Streuung von Elektronen vernachlässigt wurde. Da nun beide Strahlen I_g und I im Innern der Folie immer eine verschiedene Intensität besitzen, werden sie auch verschieden stark (für $I \gg I_g$, I sehr viel stärker als I_g) geschwächt. DF- und HF-Abbildung sind aus diesem Grunde nicht genau komplementär. Eine vollständige Kontrasttheorie müsste auch diese Absorptionseffekte erfassen. Das ist bisher nur in unbefriedigendem Maße gelungen.

Befindet sich eine Probe in einer willkürlichen Orientierungslage zum einfallenden Strahl im Mikroskop, so entsteht das Bild mit hoher Wahrscheinlichkeit durch einen komplizierten Vielstrahlfall. Das heißt, eine große Zahl i von Ebenenscharen $\overline{g}_i$ beugt den einfallenden Strahl unter jeweils verschiedenen Beugungsbedingungen, gekennzeichnet durch s_i. Eine quantitative Behandlung der Intensitäten eines Drei- oder Mehrstrahlfalls ist äußerst schwierig. Es sei erwähnt, dass die Werte von t_g nur für den Zweistrahlfall gelten, und dass sich t_g ändert, falls andere Ebenenscharen an der Beugung beteiligt sind. Das ist zum Beispiel dann wichtig, wenn die Foliendicke t mit Hilfe eines t_g-Wertes bestimmt werden soll. In perfekten Kristallen ist das meist der einzige Weg, Aufschluss über die Dicke an einer bestimmten Stelle zu gewinnen. Man braucht dazu nur die Zahl der Dickenkonturen (Abb. 4.5 c) zu zählen und mit t_g zu multiplizieren. Dies ist aber nur sinnvoll, wenn man vorher festgestellt hat, dass $s = 0$, und ein reiner Zweistrahlfall vorliegt.

4.8 Direkte Abbildung von Gitterebenen und Atomen

Für die hochauflösende Elektronenmikroskopie wird der ungebeugte und gebeugte Strahl zur Abbildung verwendet (Abb. 4.14).

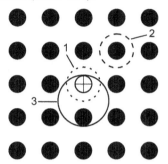

Abb. 4.14 Beugungsbild mit eingebrachter Aperturblende in verschiedenen Positionen. Dies führt zu folgenden Abbildungsmethoden: 1) Hellfeldabbildung mit dem Primärstrahl 2) Dunkelfeldabbildung mit einem abgebeugten Strahl 3) Abbildung mit dem ungebeugten und einem abgebeugten Strahl für die Hochauflösung (Phasenkontrast)

Die Strahlen interferieren miteinander und es entsteht analog der durchstrahlenden Lichtmikroskopie ein Phasenkontrast. Diese Technik erlaubt mit modernen Mikroskopen Untersuchungen auf atomarer Ebene und liefert Informationen bis zu etwa 0,12 nm. Es müssen allerdings einige Voraussetzungen erfüllt sein. Das Abbildungssystem muss möglichst geringe Fehlerquellen besitzen, d. h. das Mikroskop muss optimal justiert sein. Die Probe muss sehr dünn sein < 50 nm), da ansonsten unelastisch gestreute Elektronen die Bildqualität verschlechtern. Es muss ein Zweistrahlfall vorliegen.

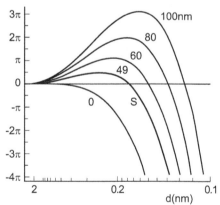

Abb. 4.15 Phasenverschiebung des abgebeugten Strahls als Funktion der Raumwellenlänge d. Die Brennweite wird durch Defokussieren verändert. Die Kurve S zeigt den „Scherzer-Fokus" mit der Phasenverschiebung $\pi/2$ (K. Urban)

Hochauflösungsmikroskopie führt nicht immer zu Bildern, die man intuitiv verstehen kann. Die Linsen eines Elektronenmikroskops sind im Gegensatz zu denen des Lichtmikroskops so unvollkommen, dass in der Abbildung von Strukturen vielfältige Artefakte auftreten können. Zur Sichtbarmachung der Phaseninformationen einer Elektronenwelle muss analog zum Phasenkontrast der Lichtmikroskopie eine Phasenverschiebung erzeugt werden. Abb. 4.15 zeigt die Phasenverschiebung eines abgebeugten Strahls als Funktion der Raumwellenlänge d. Durch Defokussieren wird die Brennweite verändert. Die Kurve S zeigt in der Umgebung ihres Maximums in einem breiten Bereich eine Phasenverschiebung (analog zur Lichtmikroskopie) von $\pi/2$. Dieser Fokus wird Scherzer-Fokus genannt. Dieser optimale Fokus ergibt sich aus der Wellenlänge λ und der Öffnungsfehlerkonstante c_s des Mikroskops:

$$\Delta f = \sqrt{\frac{4}{3} \cdot c_s \cdot \lambda} \qquad (4.16)$$

Der Schnittpunkt der Kurve S mit der x-Achse gibt das nominelle Auflösungsvermögen des Mikroskops an.

Zur Interpretation dieser Bilder muss eine quantenmechanische Bildsimulation durchgeführt werden, welche die Intensitätsverteilung unter Berücksichtigung eines Atomstrukturmodells und der durch Linsenfehler verursachten Phasen- und Amplitudenverschiebungen berücksichtigt (Kap. 3.9). Das experimentelle Bild wird mit dem berechneten Bild verglichen. Stimmen sie nicht überein, werden die Parameter so lange modifiziert, bis eine Übereinstimmung eintritt.

Da die Probe aber in der Regel für die Durchstrahlung mit Elektronen nicht als dünn betrachtet werden kann, ist die Phasenverschiebung meistens größer und hängt dann auch noch vom Beugungswinkel und der Probendicke ab. Als Folge davon tritt an der Probenunterseite ein komplexes Wellenfeld aus, welches aufgrund der vorhandenen Linsenfehler zusätzlich verändert wird, so dass als Bild ein kompliziertes Interferenzmuster entsteht. Die Bedeutung der Hochauflösung liegt vor allem in der Möglichkeit, örtliche Abweichungen von einer idealen Struktur, wie z. B. Grenzflächen und Ausscheidungen untersuchen zu können, aber auch in der Abbildung einzelner Moleküle und Atome bzw. Atom-Cluster. In-situ-Untersuchungen von dynamischen Prozessen sind ebenfalls möglich. Für neue Werkstoffentwicklungen wie Halbleiter, Heterostrukturen oder Hochtemperatur-Supraleiter (Abb. 4.16a) ist die hoch auflösende Elektronenmikroskopie ein entscheidendes Hilfsmittel gewesen. Die Abb. 4.16 – 4.18 zeigen einige Beispiele.

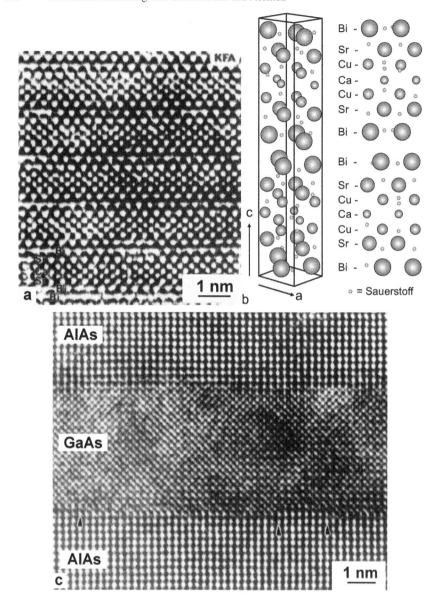

Abb. 4.16: a) keramischer Supraleiter Bi$_2$Sr$_2$CaCu$_2$O$_8$ (Perovskit-Struktur) entlang [110] (T_c = 95 K). Die Probendicke: 4,5 nm, Defokus: -70 nm, U = 400 kV (B. Kabius) und b) Modell der Einheitszelle und [110]-Projektion (rechts). c = 3,06 nm, a = 0,38 nm (B. Kabius). c) AlAs/GaAs/AlAs Quantentopfstruktur, die mittels Molekularstrahlepitaxie auf ein GaAs (100) Substrat aufgewachsen wurde. Die weißen Punkte in AlAs stellen Aluminium-Atomsäulen dar, die weißen Punkte in GaAs hingegen Ga- und As-Atomsäulen. Es ergeben sich daher Stufen von der Höhe einer halben Gitterkonstante (0,28 nm, siehe Markierungen an der unteren Grenzfläche). Probendicke : 8 – 18 nm, Defokus: -20 nm, U = 400 kV (T. Walther, D. Gerthsen)

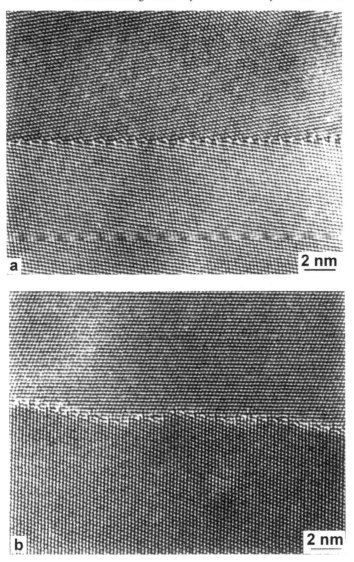

Abb. 4.17: a) Gerade Korngrenze in Aluminium parallel zu {557} und einer Missorientierung von 89,4°. $U = 800$ kV (U. Dahmen) b) gekrümmte Korngrenze in Aluminium, welche aus geraden Segmenten entlang hochindizierter Ebenen besteht. $U = 800$ kV (U. Dahmen)

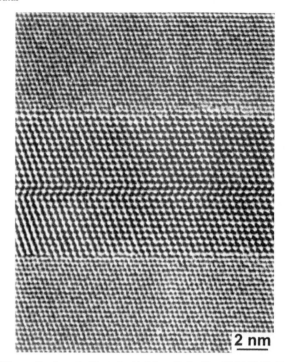

Abb. 4.18: Verzwillingte Ge-Ausscheidung in Al-1,1 at % Ge. $U = 800$ kV (U. Dahmen)

4.9 Literatur

Dahmen U, Westmacott KH (1991) TEM Characterization of Grain Boundaries in Mazed Bicrystal Films of Aluminium. Mat Res Soc Symp Proc 229: 167-178

Hashimoto H et al (1960) Anomalous Electron Absorption Effects in Metal Foils. Phil Mag 5: 967

Heidenreich RD, Hess WM, Ban LL (1968) A Test Object and Criteria for High Resolution Electron Microscopy. J Appl Cryst 1: 1 (Anwendung von Phasenkontrast)

Hirsch PB et al (1965) Electronmicroscopy of Thin Crystals. Butterworth, London

Makin MJ (1968) The Theorie of Image Contrast in Electron-Microscopes. Metallography 1: 109

Neumann W, Hillebrand R, Werner P (1982) Hochauflösungs-Elektronenmikroskopie. In: Bethge H, Heydenreich J (Hrsg) Elektronenmikroskopie in der Festkörperphysik. Springer, Berlin

Reimer L (1984) Transmission Electron Microscopy. Springer, Berlin

Urban K (1990) Hochauflösende Elektronenmikroskopie. Phys Bl 46: 77-84

Wilkens M (1964) Zur Theorie des Kontrastes von elektronenmikroskopisch abgebildeten Gitterbaufehlern. Phys Stat Sol 5: 175

5 Abbildung von Stapelfehlern und Korngrenzen

5.1 Herkunft der Gitterstörungen

Der Kontrast eines Stapelfehlers kann von allen Gitterbaufehlern am einfachsten beschrieben werden. Es handelt sich um örtliche Änderungen der Stapelfolge bestimmter Gitterebenen. Am besten bekannt sind Stapelfehler im kubisch flächenzentrierten (kfz) Gitter. Die Oktaederebenen {111} sind im perfekten Gitter in der Reihenfolge ABC ABC ABC ABC gestapelt (Abb. 5.1a). Ein einfacher Stapelfehler entsteht durch Herausnehmen oder Hinzufügen einer beliebigen Ebene, z. B.

ABC AB ABC ABC ...

Durch Herausnehmen der Ebene C ist ein Bereich mit der Stapelfolge ABAB, d. h. hexagonaler Kristallstruktur entstanden. Eine weitere Möglichkeit ist die Umkehrung der Stapelfolge von einer bestimmten Ebene an. Es ergibt sich wieder für {111} des kfz-Gitters:

ABC ABC | BA CBA ...

Es handelt sich dann um eine Zwillingsorientierung zweier Kristalle und um eine Zwillingsgrenze. Man sieht, dass Zwillingsgrenzen und Stapelfehler ähnlich aufgebaut sind. Die Energie, die notwendig ist, einen Stapelfehler zu bilden, ist eine wichtige Kristalleigenschaft, die im Elektronenmikroskop gemessen werden kann (Kap. 6). Im kfz-Gitter steht die Stapelfehlerenergie (SFE) im Zusammenhang mit dem Energieunterschied zwischen kubisch flächenzentriertem und hexagonalem Gitter. Für reine Metalle nimmt sie ab, in der Reihenfolge Al → Ni → Cu → Au. Kubisch raumzentrierte Metalle haben eine relativ hohe SFE. Durch Zusatz von Legierungselementen mit höherer Valenz-Elektronenkonzentration zu Cu, Ag, Au und kfz-Übergangsmetallen kann die SFE gesenkt werden (Abb. 5.1b). Stapelfehler sind in allen Metallen und Legierungen mit niedriger SFE ($\gamma < 20$ mJm^{-2}) zu erwarten. Sie können bei plastischer Verformung (z. B. durch Aufspalten von vollständigen Versetzungen, Abb. 5.2) oder bei der Kondensation von Leerstellen entstehen oder bei der Herstellung von Aufdampfschichten einwachsen. Einige wichtige technische Legierungen, die austenitischen rostfreien Stähle und α-Messing, haben eine sehr niedrige SFE. Wegen der ähnlichen Struktur von Stapelfehler und Zwillingsgrenze besteht auch ein Zusammenhang zwischen Häufigkeit des Auftretens von Rekristallisations-Zwillingen und der SFE. Die Häufigkeit der Zwillinge nimmt zu, wenn die SFE abnimmt.

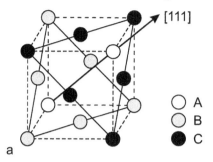

a

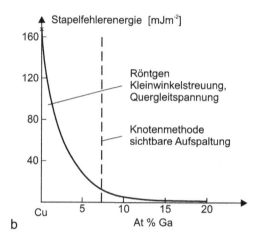

b

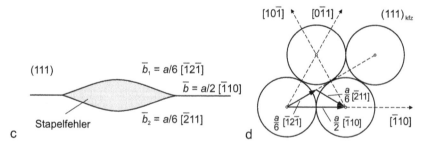

c   d

Abb. 5.1: a) Die (111)-Ebenen des kfz-Gitters besitzen die Stapelfolge ABCABC ..., d. h. nach drei übereinanderliegenden Ebenen tritt wieder eine solche mit den Atomen in den gleichen Positionen wie die erste auf. b) Die Stapelfehlerenergie von Cu-Ga-Mischkristallen und Anwendungsbereiche verschiedener Bestimmungsmethoden. c) Aufspaltung einer Versetzungslinie in der (111)-Ebene des kfz-Gitters (schematisch) d) Ortsvektoren in der (111)-Ebene des kfz-Gitters. a/2 [$\overline{1}$10] und a/2 [$\overline{1}2\overline{1}$] bestimmen Punkte des Kristallgitters, a/6 [$\overline{1}2\overline{1}$] und a/6 [$\overline{2}$11] sind keine Ortsvektoren, sie bestimmen aber die Stapelfolge der (111)-Ebenen

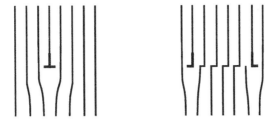

Abb. 5.2: Vollständige Versetzung (links) und aufgespaltene Versetzungen (rechts)

Korngrenzen entstehen beim Zusammenwachsen von Kristallen aus dem flüssigen oder von rekristallisierenden Körnern aus dem festen Zustand. Im Gegensatz zu Stapelfehler und Zwillingsgrenze, die in kristallographisch bestimmten Ebenen liegen, kann die Korngrenze als beliebig gekrümmte Fläche alle möglichen Lagen einnehmen. Diese Beziehungen sind in Abb. 5.3 schematisch dargestellt.

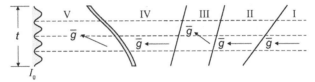

Abb. 5.3: Verschiedene zweidimensionale Defekte in einer Folie. I/II Stapelfehler, II/III und III/IV Zwillingsgrenzen, IV/V Korngrenze

Bei einem Stapelfehler ist die Orientierung von Kristallblock I und II unverändert, bei einer Zwillingsgrenze besteht eine ganz bestimmte, bei einer Korngrenze eine beliebige Orientierungsbeziehung zwischen den Blöcken II und III bzw. IV und V (Abb. 5.3). Diese Kennzeichen erlauben es, diese drei Arten zweidimensionaler Störungen im Mikroskop zu unterscheiden. Bevor wir die besonderen Fälle behandeln, ist jedoch noch ein Abschnitt über Kontrast von gestörten Kristallen notwendig, wobei wir uns auf die kinematische Theorie beschränken.

5.1 Kontrast von gestörten Kristallen

Bei der Berechnung der Amplitude und damit der Intensität der aus der Probe austretenden gestreuten Strahlen wurde bisher angenommen, dass die Folie aus einem perfekten Kristall besteht, der höchstens kleine, weitreichende, elastische Spannungen aufweisen darf. Falls der Kristall Störungen enthält (Gitterverzerrungen, aber keine Fremdatome), werden die Elektronen beim Durchgang durch den Kristall an bestimmten Orten auf Atome treffen, die um einen Vektor $\Delta \bar{r}$ vom Ortsvektor $\bar{r}$ des Atoms im perfekten Gitter entfernt liegen. Wir ergänzen Gl. (4.12) und erhalten als Summe der einzelnen Streuamplituden die Amplitude des Kristalls, dessen Atome um Δr verschoben sind:

$$A_g = f_g \sum \exp \left[2 \pi i \left(\bar{g} + \bar{s} \right) \left(\bar{r} + \Delta \bar{r} \right) \right]$$ (5.1)

Durch Ausmultiplizieren des Exponenten und Vernachlässigen des Produktes zweier sehr kleiner Größen $\bar{s} \cdot \Delta r$ erhält man:

$$A_g = f_g \sum \exp \left[2 \pi i \left(\bar{r} \, \bar{s} + \bar{g} \, \Delta \bar{r} \right) \right]$$ (5.2)

Gleichung (5.2) unterscheidet sich also von Gl. (4.12) um den Faktor

$$\phi = 2 \pi \, \bar{g} \, \Delta \bar{r} = 2 \pi \left| \Delta \bar{r} \right| \cos \gamma$$ (5.3)

γ ist der Winkel zwischen der Richtung der Verzerrung $\Delta \bar{r}$ und dem reziproken Gittervektor $\bar{g}$. Dies ist der zusätzliche Phasenfaktor, der durch die örtliche Verschiebung $\Delta \bar{r}$ entsteht und der zur Änderung der Amplitude des gestörten Kristalls gegenüber dem ungestörten Kristall führt. Ein Kontrast von einer Verzerrung $\Delta \bar{r}$ ist also nur dann zu erwarten, wenn $\phi \neq 0$ ist. Kein Kontrast bei $\phi = 0$ tritt nicht nur für $\Delta \bar{r} = 0$ auf (störungsfreier Kristall), sondern auch für $\Delta \bar{r} \cdot \bar{g} = 0$. Aus diesem Ansatz lassen sich bereits einige wichtige Folgerungen für die Abbildung von Gitterverzerrung ziehen:

1. Verzerrungen, deren Richtung senkrecht zu dem abbildenden Netzebenenvektor $\bar{g}$ liegen, werden nicht abgebildet, d. h. $\Delta \bar{r} \cdot \bar{g} = 0$.
2. Da wegen des kleinen Beugungswinkels ($\vartheta < 1°$) nur solche Ebenen $\bar{g}$ zur Beugung beitragen, die etwa parallel zum einfallenden Strahl liegen, werden Verzerrungen, die parallel zur Foliennormalen liegen, nicht abgebildet.
3. Der größte Wert des Produktes $\Delta \bar{r} \cdot \bar{g}$ und daher maximaler Kontrast ist zu erwarten von Verzerrungen, die parallel zur Folienebene liegen.
4. Durch die Wahl verschiedener abbildender Ebenenscharen $\bar{g}_i$ zur Abbildung kann durch Ausnützen der Bedingungen $\Delta \bar{r} \cdot \bar{g}_1 = 0$ und $\Delta \bar{r} \cdot \bar{g}_2 \neq 0$, d. h. Sichtbarkeit und Unsichtbarkeit der Gitterstörung, die Richtung von $\Delta \bar{r}$ bestimmt werden.

5.3 Stapelfehler

Im kfz-Gitter mit niedriger SFE kann ein Stapelfehler in einer (111)-Ebene durch Aufspalten einer vollständigen Versetzung (Abb. 5.2) z.B. mit dem Burgers-Vektor $\bar{b} = a/2 \left[\bar{1} 1 0 \right]$ entstehen.

$$\bar{b} \rightarrow \bar{b}_1 + \bar{b}_2$$

$$\frac{a}{2}\left[\bar{1}10\right] \rightarrow \frac{a}{6}\left[\bar{1}2\bar{1}\right] + \frac{a}{6}\left[\bar{2}11\right]$$

Durch diese Reaktion entstehen zwei Teilversetzungen, die einen Stapelfehler umspannen (Abb. 5.1c und d und Abb. 5.4). Wir interessieren uns jetzt nur für die Störung, die die Fläche des Stapelfehlers darstellt (wegen der berandenden Teilversetzungen siehe Kap. 6). Zunächst soll der zusätzliche Phasenwinkel ϕ für einige spezielle Beispiele berechnet werden. Wir bilden den Stapelfehler mit Verzerrungs-(= Burgers-)Vektor $\bar{b}_1 = \Delta\bar{r}$ mit den Ebenen $\bar{g}$ des kfz-Gitters ab. Die Reflexe $\bar{g}$ müssen erlaubte Reflexe des kfz-Gitters sein, also z. B. (111) und (200). Die Burgers-Vektoren von Stapelfehlern dürfen keine Gittervektoren sein, wir wählen a) $a/6\left[\bar{2}11\right]$ und b) $a/3\left[\overline{111}\right]$

Gleichung (5.3) wird in Komponentenform geschrieben

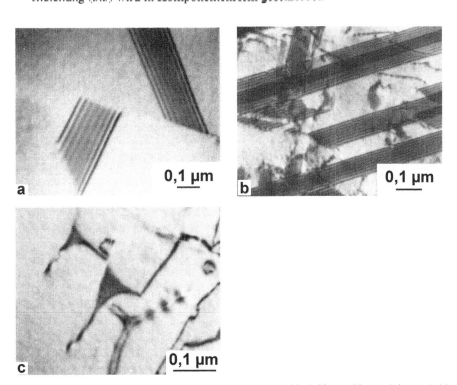

Abb. 5.4: a) Stapelfehler in Si-Kristallen der Legierung Al-20 % Si (sprühkompaktiert und thixotrop verformt; L. Kahlen) b) Räumliche Überlagerung mehrerer Stapelfehler im Austenit eines rostfreien ferritisch-austenitischen Stahls mit Duplexgefüge (X 2Cr Ni Mo N 22 5), 3 % verformt (W. Reick) c) Aufgespaltene Knoten, wie sie zur Bestimmung der Stapelfehlerernergie verwendet werden (X 2Cr Ni Mo 17 13 2) (W. Reick)

$$\phi = 2\,\pi\,(hu + kv + lw) \tag{5.3a}$$

und die beiden $\Delta \bar{r}$ -Werte werden eingesetzt.

a) $\phi_{\frac{a}{6}[\bar{2}11]} = \dfrac{1}{3}\,\pi\left(-2h + k + l\right)$

$\quad \phi = 0$ \qquad\qquad bei Abbildung mit $(hkl) = (111)$

$\quad \phi = -\dfrac{4}{3}\,\pi$ \qquad bei Abbildung mit $(hkl) = (200)$

b) $\phi_{\frac{a}{3}[\overline{111}]} = \dfrac{2}{3}\,\pi\,(-h - k - l)$

$\quad \phi = -2\,\pi$ \qquad\quad bei Abbildung mit $(hkl) = (111)$

$\quad \phi = -\dfrac{4}{3}\,\pi$ \qquad bei Abbildung mit $(hkl) = (200)$

$\phi = 0$, aber auch $\phi = 2\,\pi$ (wegen Phasenverschiebung um eine ganze Periode) bedeutet, dass der Stapelfehler unsichtbar ist. Der Wert $-4/3\,\pi$ entspricht einer Phasenverschiebung von $120°$. Mit diesem Phasensprung muss gerechnet werden, wenn die Intensität unterhalb der Säule $0 \to z_1 \to t$ (Abb. 5.5) berechnet werden soll.

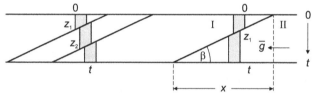

Abb. 5.5: Säulen für die Berechnung des Kontrastprofils; rechts ein Stapelfehler, links zwei parallel liegende Stapelfehler

Zur Berechnung der Amplitude unterhalb des Stapelfehlers wird das Integral in drei Terme aufgeteilt: den perfekten Kristall I, den Phasensprung bei z_1 und den perfekten Kristall II.

$$
\begin{aligned}
A = &\int_0^{z_1} \exp\left[-2\,\pi \cdot i \cdot s \cdot r\right] dz + \\
&\int_{z_1}^{t} \exp\left[-i \cdot \phi_{SF}\right] + \exp\left[-2\,\pi \cdot i \cdot s \cdot r\right] dz
\end{aligned}
\tag{5.4}
$$

Bemerkenswert ist, dass die s-Werte der beiden Integrale gleich sind. Gleichung (5.4) lässt sich wiederum leicht mit Hilfe des Amplituden-Phasendiagramms übersehen (Abb. 5.6).

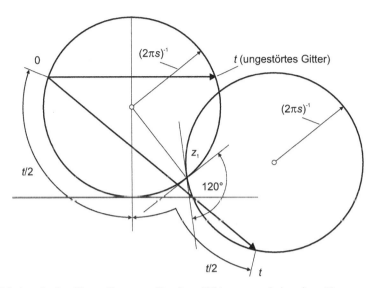

Abb. 5.6: Amplituden-Phasendiagramm. Der Stapelfehler erzeugt bei z_1 einen Phasensprung von $4/3 \, \pi = 120°$

Die grafische Integration beginnt beim Punkt 0 (obere Probenoberfläche), unterhalb von der Probenmitte $t/2$ liegt bei z_1 der Stapelfehler. Dort wird der Phasenwinkel $\phi = 120°$ angetragen. Die Integration endet auf dem zweiten Kreis bei t. Diese Diagramme müssen für alle Säulen im Bereich der Projektion des Stapelfehlers bezeichnet werden. Dabei ändern sich je nach Winkellage des Stapelfehlers in der Folie die Strecken 0-z_1 und z_1-t. Das Ergebnis ist, dass wiederum Orte gleicher Tiefe des Stapelfehlers in der Folie durch gleiche Intensität verbunden sind. Der Stapelfehler zeigt Streifen, die parallel zur Oberfläche liegen, und die eine Periodizität von t'_g besitzen (Abb. 5.4). Der Abstand der Streifen in der Projektion, d. h. auf dem Bild, hängt außerdem noch von der Winkellage β ab (Abb. 5.5).

Kennt man die Habitusebene eines solchen Stapelfehlers und bestimmt dazu die Orientierung der Folie zum einfallenden Strahl, so kann man den Winkel β (Abb. 5.5) ermitteln. Die Dicke einer Folie kann mit solchen bekannten Ebenen sehr genau bestimmt werden. Man misst den Abstand der Schnittlinien mit der unteren und oberen Fläche der Folie X. Die Dicke t ist dann

$$t = X \tan \beta \tag{5.5}$$

und lässt sich mit diesem Verfahren auf bis zu ≈ 3 nm genau bestimmen. Die größere Ungenauigkeit verglichen zum Auflösungsvermögen des Mikroskopes stammt von der Bestimmung der Orientierung der Folienoberfläche zum Elektronenstrahl.

Die Berechnung des Kontrastes oder die Konstruktion mit dem Amplituden-Phasen-Diagramm kann in analoger Weise für andere Stapelfehlerarten oder für kompliziertere Anordnungen durchgeführt werden. Abb. 5.4b zeigt Stapelfehler gleicher Art, die sich im Raum überlagern. Das Amplituden-Phasen-Diagramm einer Säule, die durch zwei Fehler läuft, besteht aus drei Kreisen mit gleichem Radius, die bei z_1 und z_2 um den Phasenwinkel ϕ versetzt sind (Abb. 5.5 links). Weiterhin ist leicht einzusehen, dass Stapelfehler, die genau parallel zur Folienoberfläche liegen, keine Streifen enthalten, sondern gleichmäßig "getönt" sind. Stapelfehler in Folien geringer Dicke $t < t_g$ zeigen keine volle Periode, aber in verschiedener Tiefe eine verschiedene Helligkeit.

5.4 Zwillingsgrenzen

Zwillingsgrenzen sind wie Stapelfehler ebene Flächen, die einen Phasensprung ϕ bewirken. Im Gegensatz zu den Stapelfehlern ändert sich aber unterhalb der Grenzfläche die Orientierung des Kristalls und damit der Wert von $\bar{s}$ im zweiten Term der Gleichung (5.4). Im Amplituden-Phasen-Diagramm bedeutet das eine Änderung des Radius $R = (2\,\pi\,s)^{-1}$ unterhalb von t_1. Das Kontrastprofil einer einzelnen Zwillingsgrenze zeigt Streifen wie ein Stapelfehler. Der Überlappungskontrast zweier Zwillingsgrenzen unterscheidet sich quantitativ von dem zweier Stapelfehler wegen der Änderung von $\bar{s}$ im Kristall II. Einzelne Zwillingsgrenzen sind von Stapelfehlern leicht dadurch zu unterscheiden, dass die Kristalle zu beiden Seiten infolge verschiedener Werte von $\bar{s}$ verschieden hell erscheinen (Abb. 5.8b). Diese Betrachtungen gelten nur für kohärente Zwillingsgrenzen, d. h. solche, die keinerlei Grenzflächenversetzungen enthalten (siehe Kap. 9.6).

5.5 Korngrenzen

Aus Beobachtungen mit dem Feldionenmikroskop ist bekannt, dass die gestörte Zone, die eine Korngrenze bildet, nicht viel dicker als zwei Gitterabstände (< 1 nm) ist. Die Einzelheiten der Struktur einer Korngrenze ändern sich mit ihren geometrischen Parametern: dem Orientierungsunterschied der beiden Kristallite und der Lage der Fläche dazwischen. Häufig ist diese Fläche gekrümmt, damit muss sich die Struktur der Korngrenze örtlich ändern. Abb. 5.7 und 5.8 zeigen Abbildungen von Korngrenzen. Sie enthalten die Linien gleicher Tiefe im Kristall wie die Projektionen der anderen zweidimensionalen Störungen. Infolge der Krümmung der Fläche sind die Konturen gebogen. Auch beim Durchlaufen der Korngrenze erfolgt eine diskontinuierliche Phasenänderung ϕ_{KG}. Die Einzelheiten der Struktur der Korngrenzen sind aber zu kompliziert, um einen Wert für ϕ_{KG} angeben zu können. In gut ausgeglühten Proben sind die Korngrenzen fast atomar

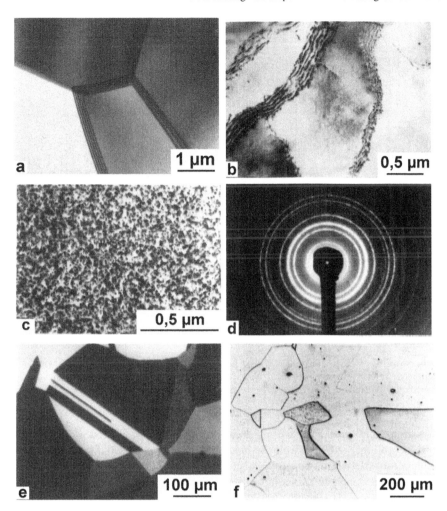

Abb. 5.7: a) Großwinkelkorngrenzen in Aluminium, teilweise mit Streifenkontrast (TEM) b) Versetzungen in Kleinwinkelkorngrenze, beim Erholen einer verformten Legierung entstanden (TEM) c) Nanokristallines Gefüge einer angelassenen Fe-50 % Cu-Aufdampfschicht. Kristallitgröße 5 nm (TEM). d) Elektronenbeugungsbild zu c). e) Großwinkel- und Zwillingskorngrenzen eines γ-FeNiAl-Mischkristalls (LM, Kornflächenätzung) f) Korngefüge in Al99,9 (LM, Korngrenzenätzung)

eben. Der Kontrast zeigt (innerhalb des Auflösungsvermögens des Mikroskopes) keinerlei Rauhigkeit (vgl. auch Abb. 4.17 und 4.18). Die Abwesenheit von Spannungskonturen schließt auch einen stark verspannten Bereich in der Umgebung von diesen Korngrenzen aus. Wie bei Zwillingsgrenzen ändert sich auch bei Korngrenzen die Kristallorientierung unterhalb und oberhalb der Grenzfläche.

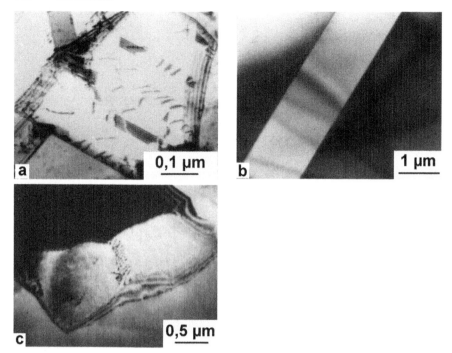

Abb. 5.8: a) Cu-Ga-Mischkristall, schwach plastisch verformt, der folgende Typen von Gitter-baufehlern zeigt: Korngrenzen, die wiederum eine Defektstruktur aufweisen, Zwillingsgrenzen, Stapelfehler, Versetzungen. b) Zwilling im Austenit (Fe-29,4 at.% Ni-2,1 at.% Ge) c) Groß- und Kleinwinkelkorngrenze in Al-0,5 Cu (U. Herold-Schmidt)

Korngrenzen können von Zwillingsgrenzen unterschieden werden, weil sie häufig stark gekrümmt sind, und weil die beiden benachbarten Kristallite eine beliebige Orientierungsbeziehung haben können. Für einen Zwilling liegt der Orientierung-sunter-schied genau fest, der mit Hilfe von Elektronenbeugung leicht bestimmt werden kann.

Durch Segregation von Fremdatomen im Stapelfehler kann durch die Unter-schiede der Streuamplitude der Stapelfehlerkontrast verändert werden. Korngren-zen und Zwillingsgrenzen enthalten häufig Störungen, z. B. Stufen- oder Korn-grenzenversetzungen. Derartige zusammengesetzte Kontraste werden in den Kap. 8 und 9 behandelt.

5.6 Literatur

Amelincks S (1964) The Direct Observation of Dislocations. Academic Press, New York

Goringe M J (1971) Computing Methods. In: Electron Microscopy in Materials Science, Hrsg: Valdá U, Academic Press, New York

Head A K et al (1973) Computed electron micrographs and defect identification. North-Holland Publ Comp, Amsterdam

Hirsch P B et al (1960) A Kinematical Theory of Diffraction Contrast of Images of Dislocations and Other Defects. Phil Trans Roy Soc, London A 252: 499

Hirth JP, Lothe J (1992) Theory of Dislocations. 2. Aufl, Krieger, Malabar, FL, USA

Howie A (1961) Quantitative Experimental Study of Dislocations and Stacking Faults by Transmission Electron Microscopy. Met Rev 6: 467

Howie A, Swann P R (1961) Direct Measurement of Stacking Fault Energies from Observation of Dislocation Nodes, Phil Mag 6: 1215

Scheerschmidt K (1977) Computersimulation des elektronenmikroskopischen Bildkontrasts von Versetzungen. In: Strukturen kristalliner Phasengrenzen, Elektronenmikroskopischer Bildkontrast, Hrsg: Schneider H G, Woltersdorf J, VEB Deutscher Verlag für Grundstoffindustrie, Leipzig, S 222

6 Abbildung von Versetzungen

6.1 Einige Eigenschaften von Versetzungen

Versetzungen stehen niemals im thermodynamischen Gleichgewicht mit dem Kristall. Sie sind trotzdem in Kristallen in Dichten bis zu 10^{13} cm^{-2} vorhanden, da sie durch äußere Energien, z. B. bei plastischer Verformung, schnellem Abkühlen von hoher Temperatur durch Kondensation von Leerstellen, oder bei der Kondensation von Bestrahlungsdefekten entstehen können.

Wir zählen jetzt einige Eigenschaften auf, die im Zusammenhang mit den Kontrasterscheinungen wichtig sind. Als Beispiel dient eine Versetzung im kubisch raumzentrierten Gitter (Abb. 6.1). Der Burgers-Vektor beträgt $\overline{b} = a/2\left[\overline{1}11\right]$. Da es sich um eine Stufenversetzung handeln soll, muss man sich den Kern des gestörten Bereiches (A) senkrecht zur Blattebene fortgesetzt denken. Es ist zu erkennen, dass die Netzebenen in der Umgebung des gestörten Bereiches in zwei verschiedene Richtungen gekippt sind. Diese Verzerrung in der Umgebung einer Versetzungslinie ist komplizierter als beim Stapelfehler. Abb. 6.2 zeigt eine Versetzungslinie, die parallel zur Folienebene liegen soll. Versetzungslinien können aber in allen möglichen Richtungen in der Folie liegen (Abb. 6.3). Ein Vergleich mit Abb. 6.1 macht deutlich, dass jetzt ein zweidimensionales Verzerrungsfeld berücksichtigt werden muss, das nur in der dritten Dimension, nämlich in der y-Richtung parallel zur Versetzungslinie, konstant ist (Abb. 6.2). Es ist bekannt, dass das Verzerrungsfeld von Stufen- (Burgers-Vektor $\perp$ Versetzungslinie) und Schraubenversetzung (Burgers-Vektor $\|$ Versetzungslinie) verschieden ist.

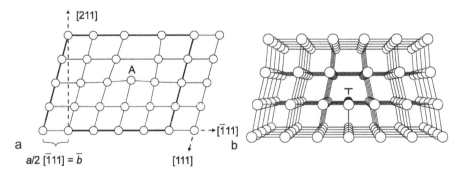

Abb. 6.1: a) Stufenversetzung mit $\overline{b} = a/2\left[\overline{1}11\right]$ in der (211)-Ebene des krz-Gitters b) dreidimensionale Darstellung, kp-Gitter

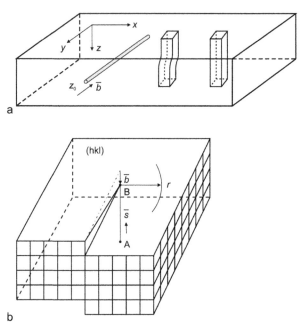

Abb. 6.2: a) Schraubenversetzung, die in einer Folie bei z_0 und parallel der y-Achse liegt. Die Säulen werden durch das Spannungsfeld in zunehmender Nähe zur Versetzungslinie zunehmend verzerrt. b) schematische Darstellung einer Schraubenversetzung mit der Versetzungslinie AB. Die Ebene (*hkl*) wird eine Schraubenfläche

Diese idealen Orientierungen und alle Zwischenstadien, die gemischten Verset-zungen, sind in Versetzungsschleifen zu finden, wie sie z. B. beim Beginn der plastischen Verformung aus Versetzungsquellen zu erwarten sind. Entstehen dabei mehrere *(n)* gleichartige Versetzungen auf einer Gleitebene, so bildet sich auf der Probenoberfläche eine Stufe der Höhe $n \cdot \overline{b}$, falls sie aus der Probe herauslaufen können. Liegt in der Gleitebene ein Hindernis (z. B. Korngrenze oder Teilchen), so stauen sie sich daran auf. In der Aufstauung haben Versetzungen das gleiche Vorzeichen von $\overline{b}$. Läuft eine Versetzung in eine Gruppe von Leerstellen oder schneidet sie eine Versetzung mit anderem $\overline{b}$, so erhält sie einen Sprung, der häu-

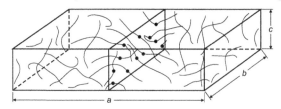

Abb. 6.3: Versetzungslinien in einer Folie, schematisch. Die Versetzungsdichte N ist definifiert als: Summer der Längen pro Volumen $a \cdot b \cdot c$ oder Zahl der Durchstoßpunkte pro Fläche $b \cdot c$

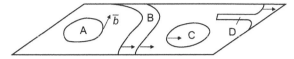

Abb. 6.4: Schematische Darstellung der Linien von prismatischen (A) und Ebenen (C) Versetzungsringen, Versetzungsdipol (D), Versetzungspaar (B). $\bar{b}$ Richtung der Burgers-Vektoren

fig nicht gleitfähig ist. Wirkt eine Kraft auf eine solche Versetzung, so entstehen zwei parallele Linien in einem Abstand, der von der Größe des Sprungs abhängt. Die beiden Linienteile haben einen Burgers-Vektor mit gleichem Betrag, aber umgekehrten Vorzeichen und können sich deshalb annihilieren (Versetzungsdipol) (Abb. 6.4).

Bei Bestrahlung im Reaktor und bei plastischer Verformung mit höherem Verformungsgrad entstehen Zwischengitteratome und Leerstellen. Diese Punktfehler können zu Versetzungsringen kondensieren, wobei im einfachsten Falle durch Zwischengitteratome eine Gitterebene innerhalb des Ringes eingefügt wird, während Leerstellen das Umgekehrte bewirken (Leerstellen- bzw. Zwischengitteratomringe). Durch Erhitzen von Kristallen auf hohe Temperaturen entstehen nur Leerstellen. Folglich entstehen bei schnellem Abkühlen durch Kondensation auch nur Leerstellenringe. Der Burgers-Vektor dieser Ringe liegt senkrecht zur Ringebene. Versetzungsringe, bei denen der Burgers-Vektor in der Ebene des Ringes liegt, können durch Kontraktion von Dipolen direkt entstehen. Wichtig ist auch, dass sie beim Umgehen von Teilchen in ausscheidungsgehärteten Legierungen entstehen. Versetzungen, deren Burgers-Vektor ein Gittervektor ist, heißen vollständige Versetzungen, z. B. $\bar{b} = a/2$ [110] im kfz-Gitter. Bei unvollständigen Versetzungen ist $\bar{b}$ kein Gittervektor, z. B. $\bar{b} = a/3$ [111], $\bar{b} = a/6$ [112].

Wir haben bereits festgestellt, dass letztere den Rand von Stapelfehlern bilden (Abb. 5.1c). Alle Stapelfehlerflächen (Kap. 5) sind durch Linien dieser unvollständigen Versetzungen begrenzt (Abb. 5.1c-d, Abb. 5.4c).

6.2 Qualitative Betrachtung des Kontrastes einer Stufenversetzung

Die Versetzung wird mit Hilfe ihre Gitterverzerrung abgebildet. In guter Näherung gilt, dass die Verzerrungsrichtung $\bar{b} \parallel \Delta\bar{r}$ ist. Daraus folgt als Kriterium für

$$\text{Sichtbarkeit } \phi = 2\,\pi\,\bar{g}\,\bar{b}_1 \neq 0 \qquad (6.1)$$

$$\text{Unsichtbarkeit } \phi = 2\,\pi\,\bar{g}\,\bar{b}_2 = 0$$

(Vergleiche hierzu auch Gl. (5.3))

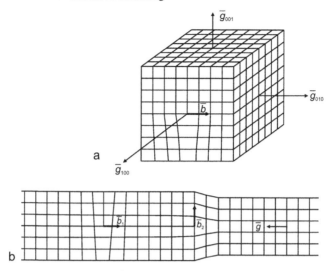

Abb. 6.5: a) Die Stufenversetzung mit $\bar{b}$ = a[010] des kubisch primitiven Gitters kann mit den Ebenen $\bar{g}_{010}$, nicht aber mit $\bar{g}_{100}$, und $\bar{g}_{001}$ abgebildet werden. b) Die Versetzung $\bar{b}_1$ kann, die Versetzung $\bar{b}_2$ kann nicht mit der Reflexion von $\bar{g}$ abgebildet werden

Das bedeutet, dass Versetzungen, deren Burgers-Vektor $\bar{b}$ senkrecht auf der abbildenden Ebene $\bar{g}$ steht, unsichtbar sind; maximaler Wert des Produktes $\bar{g} \cdot \bar{b}$ und damit des Kontrastes ist für $\bar{g} \parallel \bar{b}$ zu erwarten. Der Grund dafür ist aus Abb. 6.5b zu erkennen. Es sind zwei Stufenversetzungen eingezeichnet, die mit der Ebenenschar $\bar{g}$ abgebildet werden (die praktisch etwa parallel zur Richtung des einfallenden Strahles liegt). Die Gitterebenen, die senkrecht zum Burgers-Vektor liegen, sind sehr viel stärker verzerrt als die, die parallel dazu liegen (Abb. 6.5a und 6.5b). Eine örtliche Intensitätsänderung ist nur dann zu erwarten, wenn die abbildende Ebene auch eine verzerrte Ebene ist. Für die Versetzung 1 ist diese Voraussetzung erfüllt, während durch die Versetzung 2 Ebenen, die parallel zur Folienebene liegen, nicht stark verzerrt werden. Mit diesen Ebenen ist eine Abbildung unmöglich, daher bleibt Versetzung 2 fast unsichtbar. Wir ziehen daraus die wichtige Folgerung: nicht alle Versetzungen sind sichtbar. In Proben, die eine große Zahl von Versetzungen mit verschiedenen Burgers-Vektoren enthalten, wird immer nur ein Teil abgebildet.

6.3 Kontrast einer Schraubenversetzung

Es soll ausgegangen werden von einer Schraubenversetzung, Abb. 6.2a, deren Linie und damit Burgers-Vektor parallel zur Folienebene liegt. Wir verwenden das übliche Koordinatensystem (Abb. 6.2a). Die Linie liegt dann parallel der y-Achse.

Es gilt nun, für $\Delta \bar{r}$ in Gl. (5.3) die Werte für das Verzerrungsfeld einzusetzen. Durch diese Verzerrung wird eine Säule, die in großem Abstand von der Versetzung gerade verläuft, mit zunehmender Annäherung an die Versetzungslinie gekrümmt. Das wird für einen bestimmten Abstand x in Abb. 6.2 gezeigt.

Das Verzerrungsfeld $\Delta \bar{r} = f(x, y, z)$ für diese Schraubenversetzung parallel zur y-Achse: $\bar{b} = \pm [0, \Delta r, 0]$ ist gegeben durch

$$\frac{\bar{b} \, \phi}{2 \, \pi} = \Delta \, \bar{r} \, (x, z) = \frac{\bar{b}}{2 \, \pi} \arctan \frac{z - z_0}{x} \qquad (6.2)$$

Die Bezeichnung der Koordinaten geht aus Abb. 6.2 hervor. Daraus erhalten wir den Phasewinkel ϕ für eine Versetzung, die sich in einer Tiefe z_0 in der Folie befindet und für eine Säule im Abstand x.

$$\phi = 2 \, \pi \, \bar{g} \, \Delta \, \vec{r} = \bar{g} \, \bar{b} \arctan \frac{z - z_0}{x} = n \arctan \frac{z - z_0}{x} \qquad (6.3)$$

Aus dieser Beziehung folgt wieder $\phi = 0$ für $\bar{g} \perp \bar{b}$, dazu aber der veränderliche Phasenwinkel $\phi \, (x)$ für Säulen im Abstand x von der Versetzung. Man kann daraus nun ein Kontrastprofil der Versetzung berechnen, wenn für eine große Zahl von Säulen auf beiden Seiten des Versetzungskerns (in $\pm$ x-Richtung) integriert wird (siehe auch Gl. (4.12) und (5.4). Die Amplitude für eine solche Säule bei x hat den Wert:

$$A_g = \frac{i \, \pi}{t_g} \int_0^t \exp \left[i \, n \arctan \frac{z - z_0}{x} \right] \cdot \exp \left[2 \, \pi \, i \, s \, z \right] dz \qquad (6.4)$$

Dieses Integral kann berechnet werden. Einen anschaulichen Überblick über die aus einer Säule austretenden Amplitude erhalten wir wieder durch ein Amplituden-Phasen-Diagramm. Da wir es jetzt mit einer kontinuierlichen Änderung der Verzerrung zu tun haben, ändern sich auch der Radius kontinuierlich (Abb. 6.6). Die Säule beginnt am Punkt 0, läuft bei z_0 an der Versetzungslinie vorbei und erreicht das untere Ende der Folie bei t.

Es gibt grundsätzlich die beiden Fälle, dass a) die Ebene $\bar{g}$ nach dem Bragg-Winkel hin verbogen wird, d. h. kleineres $\bar{s}$, größerer Radius R, entrollte Spirale, große Amplitude (Abb. 6.6a), und b) für den umgekehrten Fall eine aufgerollte Spirale und kleine Amplituden (Abb. 6.6 b). Es ist deshalb zu erwarten, dass der Kontrast der einen Seite der Versetzung, auf der Fall a) erfüllt ist, sehr viel stärker ist als auf der anderen. Abb. 6.7 zeigt das berechnete Kontrastprofil für mehrere Werte von $n = \bar{g} \cdot \bar{b}$, d. h. für Abbildung der Versetzung mit verschiedenen Ebenen $\bar{g}$. Dabei ist es zweckmäßig, die Amplitude oder Intensität gegen $s \cdot x$ aufzutragen.

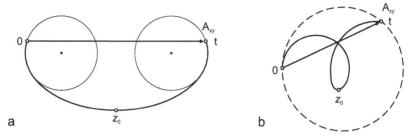

Abb. 6.6: a) Amplituden-Phasen-Diagramm einer Säule in der Nähe einer Versetzungslinie, bei der die Gitterebenen zur exakten Bragg-Bedingung hin gebogen werden, ausgerollte Spirale, hohe Amplitude. b) Gitterebenen werden von der exakten Bragg-Bedingung weg gebogen, aufgerollte Spirale, kleine Amplitude

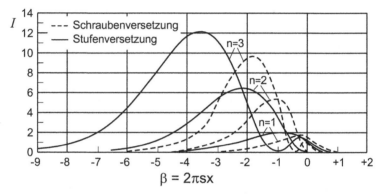

Abb. 6.7: Kontrastprofil von Stufen- und Schraubenversetzung unter verschiedenen Abbildungsbedingungen, kinematisch (nach P. B. Hirsch und A. Howie)

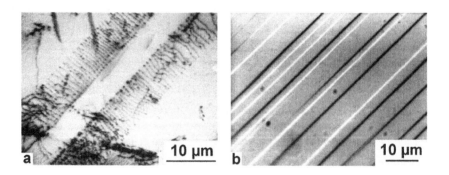

Abb. 6.8: a) Lokalisation von Versetzungen auf Gleitebenen in einem aushärtbaren austenitischen Stahl (X 5NiCrTi 26 15) und b) Analyse der in der Oberfläche auftretenden Gleitstufen mit der Replikamethode

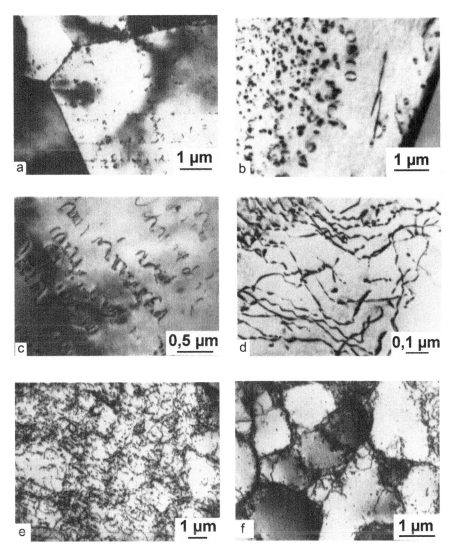

Abb. 6.9: a) Versetzungsbildung am Fließbeginn. Versetzungen werden in den Korngrenzen ge-bildet und wandern auf den Gleitebenen durch den Kristall. b) Bildung von Ringen durch Kon-densation von Leerstellen und ringfreie Zonen in der Umgebung von Korngrenzen in Al-2 wt.% Cu, abgeschreckt von 580 °C. c) Bildung von schraubenlinienförmigen Versetzungen (helices) durch Wechselwirkung von Leerstellen mit Schraubenversetzungen. d) – f) Versetzungen in plastisch verformten Legierungen (B. Grzemba): d) geringe Versetzungsdichte in gleichmäßiger Verteilung; Reinaluminium, 2 % verformt. e) hohe Versetzungsdichte in gleichmäßiger Vertei-lung; AlCuMgLi, 30 % verformt. f) Zellstruktur; Reinaluminium, 10 % verformt

Liegt eine Versetzung in einem Kristall, in dem sich $\bar{s}$ (außer örtlich durch die Versetzung) nicht ändert, dann gibt Abb. 6.7 das Kontrastprofil an, das man im Mikroskop längs der x-Achse der Folie sieht (Abb. 6.8a). Läuft aber eine Versetzungslinie durch eine Biegekontur (Kap. 5), in der sich das Vorzeichen von $\bar{s}$ ändert, so rückt an dieser Stelle die Kontrasterscheinung auf die andere Seite der wirklichen Lage der Versetzungslinie.

Das Bild der Versetzung erscheint nicht genau an der Stelle, an der der Versetzungskern wirklich liegt, folgt aber parallel der Versetzungslinie. Die Kontrastbreite hängt von $\bar{b} \cdot \bar{g}$ und von $|s|$ ab. Sie liegt zwischen 5 - 20 nm (Abb. 6.8). Eine entsprechende quantitative Behandlung der Stufenversetzung ergibt, dass diese einen etwas stärkeren Kontrast bewirkt als die Schraubenversetzung (Abb.6.9c)

6.4 Bestimmung der Richtung des Burgers-Vektors

Zur Bestimmung der Richtung des Burgers-Vektors einer Versetzung wird die Bedingung für ihre Unsichtbarkeit $\bar{b} \cdot \bar{g} = 0$ verwendet. Das Grundsätzliche zu diesem Verfahren soll anhand von Abb. 6.5a erläutert werden. Wir sehen eine Stufenversetzung mit dem Burgers-Vektor $\bar{b}$. Außerdem sind die drei Ebenenscharen $\bar{g}_1, \bar{g}_2, \bar{g}_3$ gekennzeichnet worden, die zur Abbildung verwendet werden sollen. Die Komponenten der Vektoren aus diesem Beispiel lauten:

$$\bar{b} = (010)$$
$$\bar{g}_1 = (100)$$
$$\bar{g}_2 = (010)$$
$$\bar{g}_3 = (001),$$

für Produkte $\bar{b} \cdot \bar{g}_i$ erhalten wir:

$$\bar{b} \cdot \bar{g}_2 = n \neq 0$$
$$\bar{b} \cdot \bar{g}_1 = 0$$
$$\bar{b} \cdot \bar{g}_3 = 0$$

In der Praxis geht man so vor, dass eine Versetzung mit Hilfe des Reflexes der Ebene $\bar{g}_2$ abgebildet wird. Darauf sucht man durch geeignetes Verkippen der Probe Abbildungen (im Zweistrahlfall) mit den Reflexen der zwei Beugungsebenen $\bar{g}_1$ und $\bar{g}_3$, bei denen der Kontrast der Versetzung verschwindet. Diese reflektierenden Ebenen werden mit Hilfe des Beugungsbildes indiziert. Da der Burgers-

Vektor auf beiden Ebenen senkrecht stehen muss (Gl. 5.3), ergibt sich die Richtung (aber nicht der Betrag) des gesuchten Burgers-Vektors dann aus

$$\overline{g}_1 \, x \, \overline{g}_3 = \pm \, \overline{b} \qquad (6.5)$$

6.5 Ringe, Dipole, Paare, Netze

Ebene Versetzungsringe enthalten immer je zwei Punkte mit reinem Stufen- und reinem Schraubencharakter. Es folgt aus Gl. (5.3), ob ein Ring sichtbar oder unsichtbar ist, wenn mit einer Ebene $\overline{g}$ abgebildet wird. Die Änderung des Versetzungscharakters bewirkt, dass der Kontrast längs der Versetzungslinie nicht gleichmäßig stark ist. Die Linie erscheint in der Nähe der Stufenorientierung etwas dunkler. Auch unter Auslöschungsbedingungen verschwindet an dieser Stelle der Kontrast nicht vollständig. Diese Bedingung gilt nämlich nur streng für die Schraubenversetzung in isotropen Kristallen; für Stufenversetzungen bleibt noch ein sehr schwacher Kontrast erhalten. Ringe, die direkt durch Kondensation von Leerstellen oder Zwischengitteratomen entstehen, haben längs der gesamten Versetzungslinie Stufencharakter. Ihr Kontrast ist längs der Linie gleichmäßig und verschwindet nie vollständig. Ringe, die durch Herausnehmen und Hinzufügen von einer Ebene entstanden sind, können durch Kontrastexperimente (Umkehrung des Vorzeichens von $\overline{s}$) unterschieden werden. Schräg in der Folie liegende Ringe zeigen häufig einen Kontrast ähnlich zwei gegenüberliegenden Halbmonden. Das kann näherungsweise dadurch erklärt werden, dass der Kontrast der zur Probenoberfläche parallel liegenden Linienteile aus geometrischen Gründen stärker ist (Abb. 6.9b).

Wir hatten festgestellt, dass der Kontrast im Zweistrahlfall immer auf einer Seite der wirklichen Position der Versetzungslinie zu finden ist, und dass diese Lage sich durch Änderung des Vorzeichens von $\overline{s}$ ändert. Dies kann zur Unterscheidung zwischen Versetzungsdipolen und Paaren gleichnamiger Versetzungen benutzt werden: bei verschiedenen Vorzeichen von $\overline{b}$ liegt das Kontrastmaximum jeweils auf der entgegengesetzten Seite der Versetzungslinie. Beim Dipol liegt der Kontrast daher immer entweder außerhalb oder innerhalb beider Linien, während er für gleichnamige Paare jeweils auf der gleichen Seite liegt. Die praktische Beobachtung zu dieser Unterscheidung macht man durch Verkippen der Probe zur Änderung von $\overline{s}$ oder in Spannungskonturen. Die Kontrastprofile für beide Fälle werden schematisch in Abb. 6.10 gezeigt.

Versetzungen, die z. B. nach Verformung im Kristall zurückgeblieben sind, können miteinander reagieren, unbewegliche Knoten bilden, die sich aber beim Erwärmen auf Temperaturen, bei denen sie klettern können, zu mehr oder weniger regelmäßigen Netzen umordnen können (Abb. 6.9f). Diese Netze gehören zur Familie der Korngrenzen. Ein Netz aus Schraubenversetzungen bewirkt eine Verdre-

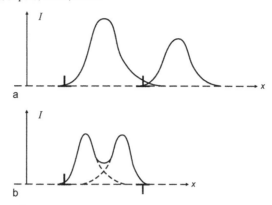

Abb. 6.10: Kontrastprofil von Versetzungspaar (a) und Versetzungsdipol (b), schematisch

hung, eine Reihe von Stufenversetzungen eine Verkippung zweier Kristallblöcke. Man erhält allerdings nur kleine Winkel bis etwa $\vartheta < 5°$. Es gilt für die Beziehung zwischen Maschenweite des Netzes m und ϑ: $\vartheta = b/m$. Wir interessieren uns hier außerdem für diese Netze, weil sie uns eine Möglichkeit zur Messung der Stapelfehlerenergie γ (siehe Kap. 5) bieten. Abb. 6.11 zeigt einen Teil dieses Netzes, wie es z. B. im kfz-Gitter auftritt.

Je niedriger die Stapelfehlerenergie eines Kristalls ist, um so mehr sind vollständige Versetzungen aufgespalten in zwei Teilversetzungen, die einen Stapelfehler zwischen sich aufspannen. Es gilt die Beziehung $\gamma \sim 1/A$, wobei A der Abstand der Teilversetzungen ist (vgl. Abb. 5.1b). Da diese Versetzungen aber beweglich sind, ist es günstiger, die Aufspaltung von Knoten in Versetzungsnetzen zur Messung von γ zu verwenden, weil die Versetzungen dort in einem Spannungsgleichgewicht stehen.

Deren Geometrie wird in Abb. 6.11 gezeigt. Der Krümmungsradius ρ ist um so größer, je kleiner die Stapelfehlerenergie ist. ρ wird im Elektronenmikroskop gemessen. Zur Berechnung kann die Beziehung

$$\gamma \approx \frac{G\,b^2}{2\,\rho} \tag{6.6}$$

oder genauer

$$\gamma \approx \frac{G\,b^2}{4\,\pi\,\rho} \ln \frac{\rho}{b_0} \tag{6.7}$$

verwendet werden. G ist der Schubmodul des betreffenden Kristalls, b der Burgers-Vektor der Teilversetzung, $b_0 \approx 1$ nm. Diese Methode ist geeignet für Stapelfehlerenergien zwischen 2 und 30 mJm^{-2}. Bei hoher Energie wird die Aufspaltungsweite kleiner als die Kontrastbreite, bei sehr niedrigen Werten größer als die Foliendicke. Die Methode ist nicht sehr genau, aber trotzdem die zuverlässigste

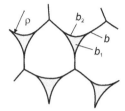

Abb. 6.11: Versetzungsnetz im kfz-Gitter mit niedriger Stapelfehlerenergie, schematisch

für diese Größenordnung der Stapelfehlerenergien.

Bei dieser Gelegenheit haben wir einen zusammengesetzten Kontrast kennen gelernt: der aufgespaltene Knoten zeigt in der Fläche den Stapelfehlerkontrast (Kap. 5) und ist begrenzt vom Kontrast zweier Versetzungslinien mit verschiedenem Burgers-Vektor (Abb. 5.1c) und daher verschiedenen Sichtbarkeitskriterien (vgl. Abb. 5.4c).

Die Versetzungsdichte wird in Länge der Linien pro Volumen- oder Zahl der Versetzungen pro Flächeneinheit angegeben (Abb. 6.3). Die elektronenmikroskopische Messmethode folgt diesen Festlegungen. Entweder werden die Länge sämtlicher Linien und das Volumen der Folie gemessen, oder es wird die Zahl der Durchstoßpunkte durch eine Fläche senkrecht zur Folienebene gezählt. Quellen der Ungenauigkeit dieses Verfahrens sind, dass meist nicht alle Versetzungslinien sichtbar sind (mehrere Abbildungen mit verschiedenen $\bar{g}_i$ sind notwendig), und dass die Dicke der Folie t häufig nicht sehr genau gemessen werden kann (Kap. 3.7 und 5). Oft muss sie geschätzt werden. Außerdem ist zu beachten, dass Versetzungen beim Dünnen aus der Folie herauslaufen können.

Wird eine Versetzungslinie im Dreistrahlfall (zwei starke Reflexe $\bar{g}_i$) abgebildet, so kann es vorkommen, dass der Kontrast auf beiden Seiten der Linie erscheint (Doppelkontrast, Abb. 6.9c). Im dynamischen Zweistrahlfall ist der Kontrast einer schräg in der Folie liegenden Versetzung nicht mehr gleichmäßig. Sie zeigt Knötchen, die dem Streifenkontrast von Stapelfehlern entsprechen, und die nicht mit Ausscheidung an Versetzungen (Kap. 9) verwechselt werden dürfen (Abb. 6.9d).

6.6 Weak-Beam-Abbildung

Werden Versetzungen mit Gitterebenen $\bar{g}$ abgebildet, die kleine Werte (h, k, l) und eine geringe Abweichung $\bar{s}$ aus der Bragg-Lage besitzen, so erhält man 5 - 20 nm breite Kontrastlinien. Darüber hinaus tritt der Kontrast nicht am Ort der Versetzung selbst auf, sondern wird durch die in der Nähe der Versetzung bewirkte Verzerrung der Gitterebenen erzeugt. Dadurch können dichte Versetzungsnetzwerke

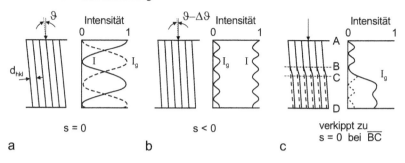

Abb. 6.12: Schematische Darstellung des Weak-Beam-Kontrastes: a) Oszillation der Intensität des durchgehenden Strahls I und des abgebeugten Strahl I_g bei exakter Erfüllung der Braggbedingung ($s = 0$). b) Die Amplitude und die Extinktionslänge wird für den durchgehenden und abgebeugten Strahl bei nicht exakter Bragg-Lage reduziert ($s < 0$). c) zwischen B und C wird die Gitterebene zu s ≈ 0 gekippt (nach L. Reimer)

oder Aufspaltung von Versetzungen in Metallen geringer Stapelfehlerenergie nur unzureichend untersucht werden.

Da die Kontrastbreite von $\beta = 2\,\pi\,\bar{s}\,\bar{r}$ (Abb. 6.7) abhängt, wird sie bis auf 1,5 - 2 nm verringert, wenn Dunkelfeldabbildungen mit einem Reflex erzeugt werden, der einen Abweichungsparameter $|\bar{s}| \geq 0{,}2\ nm^{-1}$ besitzt. Dies lässt sich mit Abb. 6.12 erklären: Im Zweistrahlfall ($s = 0$) pendelt die gesamte Intensität zwischen durchgehendem Strahl I und abgebeugtem Strahl I_g (Abb. 4.13). Bei $s \neq 0$ ist $I_g \ll I$, man erhält einen geringen Kontrast im abgebeugten Stahl. An der Stelle der Versetzung werden die Gitterebenen jedoch in die Bragg-Lage gekippt ($s = 0$), so dass an dieser Stelle der Kontrast verstärkt wird. $s = 0$ tritt aber nur in unmittelbarer Nähe des Versetzungskerns auf, so dass die Lage und die Kontrastbreite sehr genau abgebildet werden können.

Der Versetzungskern kann mit einer Genauigkeit von ≈ 0,1 nm bestimmt werden, wenn $|\bar{s}| \geq 0{,}2$ nm^{-1} ist und die Bedingung $\left|\bar{s}\cdot t_g\right| \geq 5$ eingehalten wird. Dazu verwendet man die Bedingung

$$s + \bar{g}\cdot\frac{d\,\bar{r}}{d\,z} = 0 \qquad (6.8)$$

am Wendepunkt von

$$g\cdot\frac{d\,\bar{r}}{d\,z}$$

Das Intensitätsmaximum liegt demnach an der Stelle, an der der effektive Abweichungsparameter s' Null wird:

$$s' = s + \bar{g} \cdot \frac{d\,\bar{r}}{d\,z} = 0 \qquad\qquad (6.9)$$

Der Kontrast von Weak-Beam-Abbildungen ist zwar sehr groß, die Gesamthelligkeit ist jedoch gering, so dass lange Belichtungszeiten nötig sind, die hohe Bildstabilität erfordern.

Die Anwendung der Weak-Beam Methode liegt überwiegend in der Untersuchung von Versetzungen (Aufspaltung, Dipole, Zellwände), es sind jedoch auch Untersuchungen über Frühstadien von heterogenen Ausscheidungen bekannt.

Abbildung 6.13 zeigt beispielhaft eine Weak-Beam-Abbildung von Versetzungen. Im Vergleich zur Hellfeldabbildung sind die Kontrastbreiten deutlich schmaler.

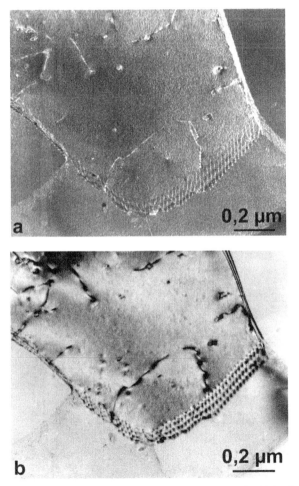

Abb. 6.13: a) Weak-Beam-Abbildung von Versetzungen in einer Al-Mg-Li-Legierung mit Subkornstruktur $\bar{g} = (002)$ b) Zugehörige Hellfeldabbildung

6.7 Literatur

Alexander H (1960) Zur Interpretation elektronenmikroskopischer Kontraste bei der Durchstrahlung dünner Kristalle. Z Metallkde 51: 202

Alexander H, Haasen P (1968) Solid State Phys 22: 28

Amelinckx S, Delavignette P (1963) Dislocations in Layer Structures. In: Electronmicroscopy and Strength of Crystals. Interscience 441

Cockhayne DJH (1973) The Principles and Practice of the Weak-Beam Method of Electron Microscopy. J Microscopy 98: 116-134

Demny J (1963) Versetzungen in Glimmer und ihre Kontraste. Z f Naturforschung 18 a: 1088

Edmondson B, Williamson GK (1964) Determination of the Nature of Dislocation Loops. Phil Mag 9: 277

Growes GW, Whelan MJ (1962) Determination of the Sense of the Burgers-Vector of a Dislocation from its Electron-Microscope Images. Phil Mag 7: 1603

Ham RK (1961) The Determination of Dislocation Densities in Foils. Phil Mag 6: 1183

Hirsch PB (1959) Direct Experimental Evidence of Dislocations. Mat Rev 4: 101

Hirth JP, Lothe J (1992) Theory of Dislocations, 2. Auflage, Krieger, Malabar, FL, USA

Klaar HJ, Schwaab P, Österle, W (1992) Ringversuch zur quantitativen Ermittlung der Versetzungsdichte im Elektronenmikroskop. Prakt Metallogr 29: 3-25

Österle W (1992) Zur Problematik der elektronenmikroskopischen Ermittlung der Versetzungsdichte in kaltverformten kolenstoffarmen Stählen. Prakt Metallogr 29: 400-413

Reimer L (1984) Transmission Electron Microscopy. Springer, Berlin

van der Sande JB (1979) In: Introduction to Analytical Electron Microscopy. (ed) Hren vJJ, Goldstein JI, Plenum Press, New York , 535-550

7 Geordnete metallische und nichtmetallische Kristalle

7.1 Geometrie der Antiphasengrenzen

Metallische Legierungen bestehen zwar häufig aus Mischkristallen, diese zeigen allerdings bei tieferen Temperaturen eine Neigung zur kurz- oder langreichweitigen Ordnung der Atompositionen. Daraus ergeben sich eine Reihe von Strukturen, die mittels der Elektronenmikroskopie gut analysiert werden können. Darüber hinaus gibt es intermetallische Verbindungen, also Phasen, die bis zur Schmelztemperatur stark geordnet sind (Tabelle 7.1). Diese haben z.B. als Hochtemperaturwerkstoffe große Beachtung gefunden (Ni_3Al, Al_3Ti). Dann gibt es Phasen, die aus Metall- und Nichtmetallatomen bestehen, aber als Verbindung metallisch sind. Die bekanntesten Beispiele in der Werkstofftechnik sind die Karbide und Nitride des Eisens: Fe_3C, Fe_4N. Diese Stoffe sind natürlich auch geordnet und bilden einen Übergangszustand zu den halb- und nichtleitenden keramischen Phasen (z.B. MgO, Al_2O_3, SiO_2, ZnS, $GaAs$, Si_3N_4).

In keramischen Phasen sind bei tiefer Temperatur keine freien Elektronen mehr vorhanden. Sie bereiten wegen örtlicher Aufladungen in der Elektronenmikroskopie manchmal Probleme. Grundsätzlich sind aber keramische Stoffe hinsichtlich ihrer Phasen, Defekte und Gefüge wie Metalle zu behandeln. Falls sie aus mehreren Atomarten bestehen, sind diese meist geordnet. Wir zählen aber auch einatomare Phasen, wie die Diamantstrukturen von C, Si und Ge, zu den Keramiken. Si und Ge liefern wiederum den Übergang zu den Metallen, wenn sie durch gezieltes Legieren mit anderswertigen Atomen (Dotieren) begrenzt leitfähig werden.

Schließlich sind in Molekülkristallen die Atome in den dann als Grundbausteine dienenden Molekülen geordnet. Hier interessieren die kettenförmigen Moleküle der Hochpolymere, die Faser- oder Lamellenkristalle bilden können.

Tabelle 7.1: Typen kristalliner Phasen, die aus mehr als einer Atomart bestehen

		Bindung
Mischkristall	Al(Mg)	metallisch
Nahordnung	α-CuZn	
Fernordnung	β-CuZn	
intermetallische Verbindung	Al_3Ti	
met./nichtmet. Verbindung (Metalle)	Fe_3C	
met./nichtmet. Verbindung (Halbleiter)	GaAs	
met./nichtmet. Verbindung (Nichtmetalle)	Al_2O_3	
nichtmet./nichtmet. Verbindung	SiC	kovalent

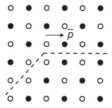

Abb. 7.1: Antiphasengrenze im Steinsalzgitter (NaCl)

In allen kristallin geordneten Stoffen finden wir eine neue Defektart, die Antiphasengrenze. In mancher Hinsicht sind Antiphasengrenzen den Stapelfehlern ähnlich. Es handelt sich um Fehler in der Reihenfolge der Atome in Kristallstrukturen, in denen zwei oder mehrere Atomarten geordnet vorhanden sind. Abb. 7.1 zeigt den Verlauf einer Antiphasengrenze (APG) in der NaCl-Struktur. Durch Verschiebung des oberen Kristallbereichs gegenüber dem unteren um einen Vektor $\bar{p}$ könnte die Ordnung entlang der Grenze wieder hergestellt werden. Dieser Vektor kann in der Ebene der APG liegen oder nicht (APG 1. oder 2. Art). Wie beim Stapelfehler können wir die Komponenten des Vektors $\bar{p}$ = [u, v, w] schreiben. Im Gegensatz zu den bisher behandelten Fällen haben wir es hier nicht mit einer Verschiebung $\Delta \bar{r}$ des Ortes, an dem sich ein Atom befindet, zu tun. Es befindet sich lediglich ein falsches Atom auf dem sonst unverändert gebliebenen Gitterplatz.

Es gibt zwei wichtige Möglichkeiten für die Entstehung von Antiphasengrenzen. Beim Übergang zur Ordnung in einem ungeordneten Mischkristall bilden sich an verschiedenen Stellen Keime, von denen aus perfekt geordnete Bezirke wachsen. Diese Bezirke berühren sich schließlich (ähnlich Kristalliten bei der Erstarrung oder Rekristallisation). Dabei besteht eine bestimmte Wahrscheinlichkeit, dass sich in der Grenzfläche nicht die richtigen (ungleichen) Nachbaratome treffen. Es entsteht ein Antiphasengrenzgefüge, und die Dichte der APG ist umso größer, je größer die Zahl der Ordnungskeime war. Die zweite Möglichkeit, Antiphasengrenzen zu erzeugen, ist, dass Versetzungen durch das Gitter laufen, d. h. durch plastische Verformung. In dem in Abb. 7.1 gezeigten Kristallgitter würde eine Versetzung mit dem Burgers-Vektor $\bar{b} = \bar{p} = a/2$ [100] eine APG erzeugen. Versetzungen mit $\bar{b} = a$ [100] oder $\bar{b} = a/2$ [110] zerstören dagegen die Nachbarschaftsverhältnisse nicht. Welche Arten von Antiphasengrenzen in bestimmten Strukturen möglich sind, lässt sich leicht geometrisch ableiten, wenn die Kristallstruktur bekannt ist. Wir erwähnen einige $\bar{p}$-Vektoren für wichtige geordnete Kristallstrukturen (Abb. 7.2):

I.   B2-Struktur; Beispiele: CsCl, FeAl, β-CuZn NiTi (Abb. 7.2a)
$\bar{p}_1 = a/2$ [111]; $\bar{p}_2 = a/2$ [$\bar{1}$11]; $\bar{p}_3 = a/2$ [1$\bar{1}$1]; $\bar{p}_4 = a/2$ [11$\bar{1}$];
$\bar{p} = a/2$ <111>

II.   L2$_1$-Struktur; Beispiele: Fe$_3$Al, Fe$_3$Si (Abb. 7.2b)

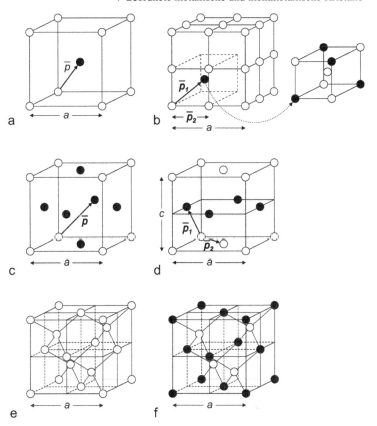

Abb. 7.2: Antiphasengrenzvektoren in einigen Kristallstrukturen a) CsCI-Struktur (B2), $\overline{p} = a/2$ [111] b) Fe$_3$Al-Struktur (L2$_1$), $\overline{p}_1 = a/4$ [$\overline{1}$11], $\overline{p}_2 = a/2$ [010]. Die Position der in der Raummitte befindlichen neun Atome ist gesondert herausgezeichnet worden. c) Cu$_3$Au-Struktur (L1$_2$), $\overline{p} = a/2$ [011] d) CuAu-Struktur (L1$_0$), $\overline{p}_1 = a/2$ [100] + c/2 [001], $\overline{p}_2 = a/2$ [100] + a/2 [010] e) kubische Diamantstruktur (A4), z. B. Si f) geordnete kubische Diamantstruktur (2/6 oder 3/5 Zinkblendestruktur, B3), z. B. ZnS, GaAs

In diesem Fall gibt es zwei Typen von Antiphasengrenzen, je nachdem, ob nächste oder zweitnächste Nachbarn falsch sind:
1) $a/4 <111> = \overline{p}_1$ 2) $a/2 <100> = \overline{p}_2$

III.   L1$_2$-Struktur; Beispiele: Cu$_3$Au, Ni$_3$Al (Abb. 7.2c)
1) $\overline{p} = a/2 < 110 >$

IV.   L1$_0$-Struktur; Beispiel: CuAu (Abb. 7.2d)
Diese Kristallstruktur ist ein tetragonal verzerrtes flächenzentriertes Gitter.
$\overline{p}_1 = 1/2 (a [100] + c [001])$ und $\overline{p}_2 = 1/2 (a [100] + a [010])$

$\overline{p}_1$ und $\overline{p}_2$ sind verschieden, und eine Antiphasengrenze wird nur durch $\overline{p}_2$ erzeugt, d. h. nur durch die Vektoren, die keine Komponente parallel zur tetragonalen c-Achse haben.

7.2 Abbildung von Antiphasengrenzen

Um die Antiphasengrenzen abzubilden, müssen wir Bedingungen finden, unter denen $\phi = 2\,\pi\,\overline{g}\cdot\overline{p} \neq 0$ wird, ohne dass dazu eine Verzerrung notwendig ist. Es bleibt dafür nur die örtliche Änderung der Streuamplitude und damit der Extinktionslänge t_g (Gl. 4.20).

Zunächst sollen die Extinktionslängen für einige geordnete Strukturen berechnet werden. Die B2 und L2$_1$-Struktur dienen als Beispiel: Bei der Berechnung des Strukturfaktors F_g von Gl. (4.20) müssen jetzt Hauptreflexe H des ungeordneten Grundgitters und die Überstrukturreflexe Ü unterschieden werden, die entstehen, wenn infolge verschiedener Streuamplituden der Atomarten A und B in bestimmten Richtungen keine vollständige Auslöschung mehr eintritt. Der Strukturfaktor F_g hat dann folgende Werte:

B2: $F_H = (f_A + f_B)$ für $(h + k + l) = $ gerade,

$F_Ü = (f_A - f_B)$ für $(h + k + l) = $ ungerade,

$$S = \frac{p - x_A}{1 - x_A}$$

S ist der Ordnungsparameter, p die Wahrscheinlichkeit, dass ein A-Atom auf dem richtigen Platz im geordneten Gitter sitzt, x_A ist die Konzentration von A in der Legierung.

Wir schreiben Gleichung (6.3) wieder in Komponentenform $\phi = 2\,\pi\,(hu + kv + lw)$ und setzen den Wert $\overline{p} = a/2\,[111]$ ein:

$$\phi_{B2} = \pi\,(h + k + l) \tag{7.1}$$

Jetzt vergleichen wir diese Beziehung mit den Werten des Strukturfaktors und erkennen, dass für die Hauptreflexe mit $(h + k + l) = $ gerade, $\phi = 0, 2\pi, 4\pi$ ... ist. Falls die abbildende Ebene $\overline{g}$ einem Hauptreflex zugeordnet ist, folgt daraus: $\phi = 0$, tritt aber bei $\phi = 2\pi, 4\pi$ ... etc. kein Kontrast auf. Die APG bleiben unsichtbar. Anders, wenn $\overline{g}$ ein Überstrukturreflex ist, d. h. $(h + k + l) = $ ungerade. Dann

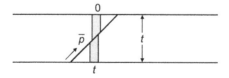

Abb. 7.3: Säule zur Berechnung des Kontrastprofils einer ebenen Antiphasengrenze

ist $\overline{g} \cdot \overline{p} = n$ eine ungerade Zahl, und wir erhalten einen Phasensprung $\phi = \pm \pi$, wenn einer dieser Reflexe zur Abbildung verwendet wird (Abb. 7.3). Tabelle 7.2 gibt einige Werte von ϕ und t_g für die ersten vier Reflexe von FeAl und β-Messing bei $S = 1$ und 100 kV. Die große Extinktionslänge der Überstrukturreflexe des β-Messings kommt durch den geringen Unterschied der Streuamplituden f_{Cu} und f_{Zn} zustande.

Tabelle 7.2: Extinktionslängen von B2-Strukturen bei 100 kV

(hkl)	Art des Reflexes	ϕ	$t_{g\,FeAl}$ [nm]	$t_{g\,CuZn}$ [nm]
100	Ü	$\pm \pi$	247,6	2270
110	H	0	30,2	25,6
111	Ü	$\pm \pi$	302	3030
200	H	0	15,0	37,6

Zur Abbildung der Antiphasengrenzen gehen wir wie folgt vor:

1. Im Beugungsbild wird ein Überstrukturreflex aufgesucht, der in die Mikroskopachse gekippt wird (Abb. 3.12a).
2. Zur Abbildung kommen nur Ebenen in Frage, die in den Bragg-Bedingungen auf jeden Fall bei $s \cdot t_g < \pm 5$ liegen, da die Intensität der Reflexe geringer ist als die der Hauptreflexe.
3. Die Abbildung wird dann nach dem Dunkelfeldverfahren, aber, als Besonderheit, mit diesem Überstrukturreflex vorgenommen.
4. Tabelle 7.2 zeigt an, dass t_g in diesem Falle größer ist als die üblichen Foliendicken. Auch außerhalb der idealen Bragg-Bedingungen ist deshalb eine Periode der Intensitätsschwankungen zu erwarten, die größer ist als die Foliendicke, d. h. es treten in der Projektion der Fläche der Antiphasengrenzen selten die Streifen wie bei Stapelfehlern (Abb. 5.4a) auf.

Damit sind die grundsätzlichen Kontrasterscheinungen der Abb. 7.4a bis 7.4c erklärt. Für alle anderen Kristallstrukturen geht man entsprechend vor und kann die Kontrastbedingungen berechnen, wenn Kristallstruktur und Streuamplituden f (siehe Gl. 3.1) der beteiligten Atomarten bekannt sind. Im Falle der L2$_1$-Struktur können durch geeignete Auswahl der zur Abbildung verwandten Überstrukturreflexe die beiden Typen von Antiphasengrenzen unterschieden werden; es gibt folgende zwei Werte für den Phasenwinkel ϕ:

$$I. \quad \phi_{\frac{a}{4}<111>} = \pi \frac{h + k + l}{2}$$

$$II. \quad \phi_{\frac{a}{2}<100>} = \pi \cdot h$$

Tabelle 7.3 gibt einige Werte von ϕ.

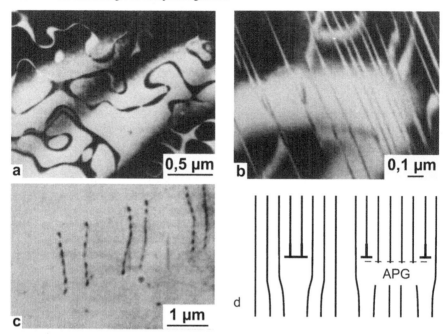

Abb. 7.4: a) Antiphasengrenzen in FeAl (CsCl-Struktur. Dunkelfeldabbildung mit Überstruktur-reflex b) Eingewachsene Antiphasengrenzen (gebogen) und solche, die von durchlaufenden Einzelversetzungen mit dem Burgersvektor $\overline{b} = a/2 <111>$ erzeugt wurden (eben). Fe + 24 at. % Al. Dunkelfeldabbildung mit Überstrukturreflex c) Versetzungspaare in teilweise geordneter Ni + 13 at. % Al-Legierung. Hellfeldabbildung; deshalb sind die Antiphasengrenzen zwischen den Versetzungen nicht im Kontrast d) links: zwei vollständige Versetzungen des geordneten Gitters; rechts: des ungeordneten Gitters

Tabelle 7.3: Art der Reflexe und Phasenwinkel der $L2_1$-Struktur

(hkl)	Art des Reflexes	$\phi_{L2/1}$
111	$Ü_I$	$\pm \pi/2$
200	$Ü_{II}$	$\pm \pi$
220	H	0
311	$Ü_I$	$\pm \pi/2$
222	$Ü_{II}$	$\pm \pi$
400	H	0

Durch Abbildung mit Reflexen von Typ $Ü_I$ und $Ü_H$ ist es möglich, beide Arten von Antiphasengrenzen zu trennen und damit eine vollständige Beschreibung des Gefüges der Antiphasengrenzen zu geben. Die Anwendung dieser Prinzipien auf kubisch flächenzentrierte oder hexagonal geordnete Struktur bietet nichts grundsätzlich Neues. In Kristallstrukturen mit großen Elementarzellen können häufig eine große Zahl von Antiphasengrenztypen auftreten, wodurch eine vollständige Analyse schwieriger wird.

7.3 Überstrukturversetzungen

Antiphasengrenzen können im Innern eines Kristalls nur an Versetzungen enden. Diese Versetzungen dürfen keine vollständigen Versetzungen der geordneten Struktur sein. Wird bei plastischer Verformung eine derartige Versetzung bewegt, so erzeugt sie eine APG (Abb. 7.4b). Folgt nun in der gleichen Gleitebene eine zweite Versetzung, so kann diese die APG, die die erste Versetzung erzeugt hat, wieder rückgängig machen (Abb. 7.4c). Die Voraussetzung ist, dass die Summe beider Versetzungen eine vollständige Versetzung des geordneten Gitters ergibt. Der Abstand zwischen den beiden Versetzungen folgt aus dem Gleichgewicht (wie beim Stapelfehler, Kap. 5) der Abstoßungskraft der Spannungsfelder und der anziehenden Kraft der APG, die sich zwischen den beiden Versetzungen spannt. Dieser Abstand A ist um so größer, je kleiner die Antiphasengrenzenergie γ_{APG} ist. Es gilt analog den Stapelfehlern $\gamma_{APG} \approx A^{-1}$. Aus diesem Grunde können Paarversetzungen als Sonde zur Messung von γ_{APG} verwendet werden, woraus wieder Ordnungsparameter S oder die Ordnungsenergie des Kristalls ermittelt werden können. Bei der Messung des Abstandes A im Elektronenmikroskop muss natürlich noch die Winkellage der Gleitebene in der Folie berücksichtigt werden. Die Versetzungspaare oder größere Versetzungsgruppen spielen bei der Deutung der mechanischen Eigenschaften geordneter Legierungen eine große Rolle.

7.4 Keramik und Halbleiter

Diese Stoffe zeichnen sich durch das Vorherrschen kovalenter Bindung aus. Die einatomaren Stoffe $C_{Diamant}$, Si, Ge, ebenso wie die 3/5er- (GaAs) und 2/6er-Ver-

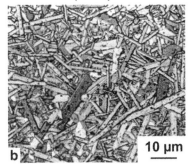

Abb. 7.5: a) Zwillingskristalle in Si (Al-20 Si, sprühkompaktiert und thixotrop verformt (L. Kahlen); REM b) Polykristallines SiC (M. Schaus); LM

bindungen (ZnS) zeigen eine Koordinationszahl 4 in kubischen Kristallsystemen (Abb. 7.2e-f). Versetzungen im Silizium spielen in der Halbleitertechnik eine wichtige Rolle. Es genügt oft eine Versetzung, um einen Kristall, aus dem viele integrierte Schaltkreise hergestellt werden sollen, unbrauchbar zu machen. Allerdings eignet sich zur Analyse derart niedriger Versetzungsdichten (Abb. 6.3) besser eine Methode, die wie die Transmissionselektronenmikroskopie Beugungskontraste benutzt, aber mit Röntgenstrahlen arbeitet (Lang-Methode, siehe LAXS in Tabelle 1.3). Aber auch mit unseren Methoden können Versetzungen, Stapelfehler, Zwillings- und Korngrenzen analysiert werden (Abb. 7.5-7.7).

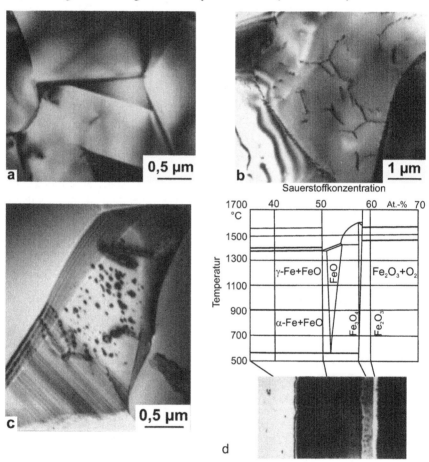

Abb. 7.6: a) Al$_2$O$_3$/CaO + SiO$_2$: auf den Korngrenzen wird durch Zugabe der Sinterhilfsstoffe teilweise eine amorphe Phase gebildet; TEM b)-c) Defekte in Hochdruck-SiO$_2$ (Coesit): b) Versetzungen und Kleinwinkelkorngrenzen (R. Wirth); TEM. c) Korngrenzen, feine Zwillinge und Strahlenschäden (durch Elektronenstrahl induziert) (R. Wirth); TEM d) Oxidschicht auf der Oberfläche von Eisen (A. Rahmel; LM) und FeO-Zustandsdiagramm

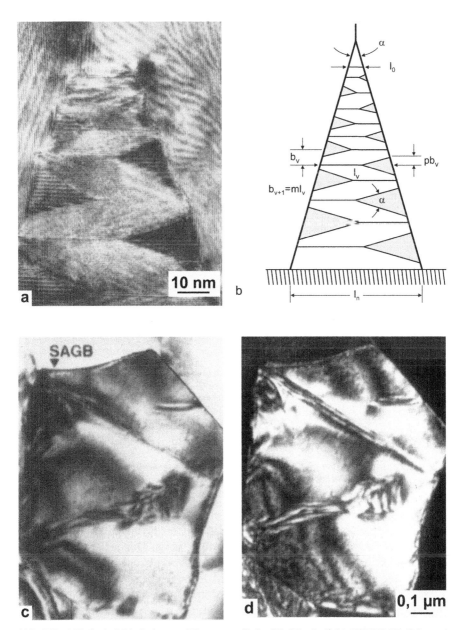

Abb. 7.7: a) Fraktale Mehrfachverzwilligung von ZrO_2 (W. Wunderlich); HRTEM b) Schematische Darstellung des fraktalen Gefüges (W. Wunderlich) c)-d) Spannungsinduzierte martensitische Umwandlung vor der Rissspitze in polykristallinem ZrO_2 (M. Rühle): c) TEM-Hellfeld, d) TEM-Dunkelfeld

Wie erwähnt, sind die Keramikgefüge denen der Metalle in fast jeder Hinsicht analog. Eine bemerkenswerte Anwendung liefern Mischgefüge aus den keramischen Verbindungen Al_2O_3 + ZrO_2. Hier wandelt unter mechanischer Spannung ZrO_2 martensitisch (Kap. 9.1) in eine Phase mit geringerer Dichte um. Durch mikroskopische Untersuchungen kann geklärt werden, wie Risse angehalten und ein Werkstoff mit erhöhter Bruchzähigkeit erhalten werden (Abb. 7.7c-d).

7.5 Polymerwerkstoffe

Diese Werkstoffgruppe unterscheidet sich von Metall und Keramik dadurch, dass ihre Grundbausteine nicht einzelne Atome, sondern kettenförmige Moleküle sind. Wir unterscheiden nach Aufbau und Anwendungsgebieten drei Gruppen von Polymerwerkstoffen (Tabelle 7.4).

Tabelle 7.4: Die Einteilung der Polymerwerkstoffe

Eigenschaft Gruppe	Struktur	Kristallisationsfähigkeit	mechanische und thermische Eigenschaften
Plastomere (Thermoplaste)	unvernetzte Ketten	taktische, steife Moleküle, Faltkristall	plastisch verformbar und schmelzbar
Duromere (Harze)	stark vernetzte Ketten	praktisch nicht kristallin	nicht plastisch verformbar, nicht schmelzbar
Elastomere (Gummi)	schwach vernetze, verknäuelte Ketten	Kristallisation nur nach Orientierung durch Spannung	stark elastisch verformbar

Diese Ketten bestehen natürlich auch aus Atomen, die ähnlich wie bei geordneten Kristallen, aber eindimensional längs der Kette ungeordnet oder geordnet aufgereiht sein können. Man spricht von ataktischen und isotaktischen Molekülen. Diese werden in Abb. 7.8 für das wichtige Polymer Poly-Propylen (PP) gezeigt (vgl. auch Abb. 7.11). Die räumliche Struktur der Moleküle lässt sich aus der tetraedrischen Anordnung in der Umgebung der C-Atome in der Diamantstruktur oder im Methan ableiten. Die verschiedenen Grade der Abstraktion der Darstellung der Polymermoleküle sind aus Abb. 7.8 ebenfalls zu entnehmen.

Die Gefüge der Polymere werden als Morphologie bezeichnet. Sie sind aus Kristall- und Glasphasen aufgebaut. Dazu kommen oft weitere, häufig nichtpolymere Zusätze, die Additive. Die Kristalle zeigen eine Besonderheit: Ein einzelnes Molekül kann in sich durch die Bildung von Faltlamellen kristallisieren. Diese wiederum bilden zusammen mit Glasbestandteilen Strukturen, von denen die Sphärolite häufig beim Erstarren von Schmelzen entstehen (Abb. 7.11). Kristallisation wird begünstigt durch Taktizität des Moleküls (d. h. die in bestimmten In-

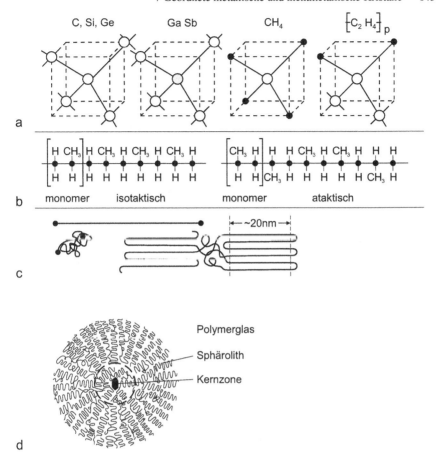

Abb. 7.8: Aufbau von Kettenmolekülen (verschieden stark abstrahiert): a) von kovalenten Kristallen über das Methan (CH$_4$) zu einem Element der Kette des Polyäthylens (PE) b) Ordnung und Unordnung der Monomere des Polypropylens (PP) c) gestreckte, verknäuelte Kette, Faltkristall d) sphärolitische Kristallisation

tervallen wiederkehrende Anordnung der Seitenketten). Stark verknäuelte Moleküle bilden beim Abkühlen aus dem flüssigen Zustand Polymergläser. Ebenso sind vernetzte Polymere glasförmig, also Duromere (Kunstharz) und Elastomere (Gummi). Eine Vernetzung (d. h. starke kovalente Bindung zwischen den Molekülketten) finden wir auch als Problem bei der Untersuchung unvernetzter (thermoplastischer) Polymere im Elektronenmikroskop. Durch Entfernung der äußeren H-Atome entstehen freie Bindungen, die sich mit ebensolchen des Nachbarmoleküls verbinden. Durch diese Strahlenschädigung wandelt ein Polymerkristall nach wenigen Sekunden der Beobachtung im Mikroskop in eine amorphe Struktur um. Dieser Vorgang ist sehr leicht mittels Elektronenbeugung zu verfolgen.

Beim Verformen von Thermoplasten orientieren sich die Moleküle in Scherrichtung (Abb. 7.9, 7.10 und 7.12). Danach kann auch eine dann vorwiegend mechanisch aktivierte Kristallisation auftreten. In gespanntem Gummi ist dies eine Fehlerscheinung. In Thermoplasten führt diese Orientierung zu starker Festigkeitssteigerung in Streckrichtung.

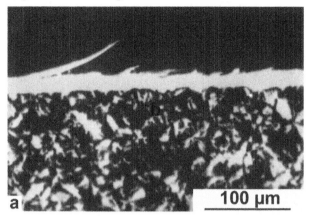

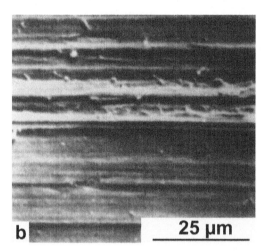

Abb. 7.9: Mikroskopie von Polyäthylen aus einem tribologischen System: a) Geriebene Oberfläche mit orientierter Oberflächenzone mit Delamination; LM (K Schäfer) b) Oberfläche derselben Probe; REM (K Schäfer)

Die Abbildung der Gefüge erfolgt bei Gläsern durch Dicken- und Dichtenkontrast. Ebenso werden Additive mit meist höherer Dichte abgebildet. Kristalline Phasen können mit Hilfe der Dunkelfeldmethode von Glasbestandteilen getrennt werden. Auch eine Färbemethode (nach G. Kanig) ist geeignet zur Darstellung von Kristall-Glasgemischen (Abb. 7.10). Die amorphen Bestandteile werden mit einer Lösung getränkt, die Schwermetallionen (OsO_4) enthält.

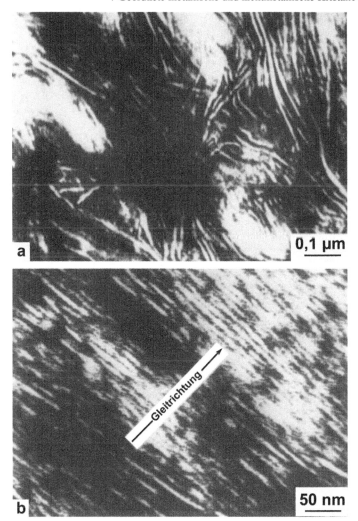

Abb. 7.10: a) Regellose Anordnung der Kristalllamellen im Inneren einer Probe aus Polyäthylen, TEM, Kanig-Methode (I. Wittkamp) b) Orientierte Moleküle und Lamellen in Oberflächennähe; → Reibrichtung, TEM, Kanig-Methode (I. Wittkamp)

Die dichter gepackten Kristalle nehmen diese Lösung nicht auf. Folglich erscheinen die nichtkristallinen Bereiche im Mikroskop dunkler. In manchen Fällen ist ein Phasenkontrast nützlich, der durch Defokussieren erzielt werden kann. Er entsteht an Grenzflächen von Bereichen mit verschiedener Dichte und somit zwischen Kristall und Glas.

Abb. 7.11: Isotaktisches Poly-Propylen, LM (I. Wittkamp): a) Einzelne Sphärolithe in feinkristalliner Grundmasse, b) In Polyedern zusammengewachsene Sphärolite

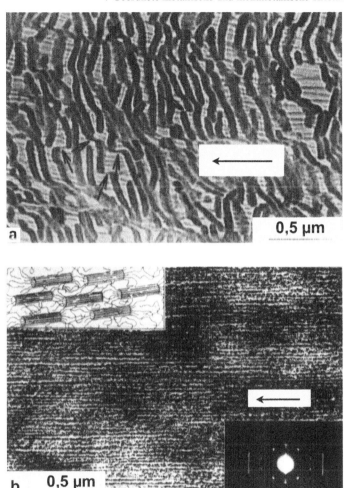

Abb. 7.12: a) Polyäthylen-Hartfasern, lamellenförmige Kristalle (dunkel) werden durch Fibrillen verknüpft; Reck- und Orientierungsrichtung der Moleküle wird durch den Pfeil markiert. TEM (J. Petermann) b) Selbstverstärkung von Polybuten durch nadelförmige Kristalle, TEM (J. Petermann)

7.6 Literatur

Hornbogen E, Friedrich K (1978) Gefüge von Kunststoffen. Sonderbd Prakt Met 2: 143-170
Hornbogen E, Wittkamp I (1980) Die Kombination verschiedener Methoden zur Untersuchung der Mikrostruktur von PTFE. Sonderbd Prakt Met 11: 341-351
International Symposium (1992) Metal-ceramic interfaces. Acta Met et Mat 40: 1-333

Lang AR (1963) Topography, x-ray diffraction. In: Clark GL (Hrsg.) The encyclopedia of x-rays and gamma rays, Reinhold Publishing Corp., New York, S. 1053

Lütjering G, Warlimont H (1965) Untersuchung von Ordnungsvorgängen an den Phasen Fe$_3$Al und Cu$_3$Al. Z Metallkde 56: 1

Mareinkowski MJ (1963) Theory and Direct Observation of Antiphase Boundaries and Dislocations in Superlattices. In: Electron Microscopy and Strength of Crystals, Interscience 333

Miles M, Petermann J, Gleiter H (1976) Structure and deformation of polyethylene hard fibers. J macromol Sci, Phys 12: 523-534

Pashley DW, Presland AEB (1958-59) The Observation of Antiphase Boundaries during the Transition from CuAuI to CuAuII. J Inst Met 87: 419

Rühle M, Evans AG (1989) High toughness ceramics and ceramic composites. Progr Mat Sci 33: 85-167

Washburn J (1963) The Sodium Chloride Structure. In: Electron Microscopy and Strength of Crystals, Interscience 301

Wilkens M, Hornbogen E (1964) Kontrasterscheinungen an Versetzungspaaren. Phys stat sol 1: 557

8 Die Analyse von Phasengemischen

8.1 Entstehung von Phasengemischen

Phasengemische können danach unterschieden werden, ob sie sich im thermodynamischen Gleichgewicht befinden oder nicht. In Phasengemischen, die nicht im Gleichgewicht sind, können sich Kristallstruktur und chemische Zusammensetzung der Kristalle ändern. In Gemischen, die sich im Gleichgewicht befinden, nimmt lediglich die Größe der einzelnen Kristalle zu, wenn dem Gemisch die Möglichkeit zur Diffusion gegeben wird. Phasengemische können auf folgende Weise hergestellt werden:

1. durch Sintern von beliebigen Phasengemengen, besonders, wenn die beteiligten Phasen nicht im Gleichgewicht miteinander auftreten,
2. durch Kristallisation von Flüssigkeiten oder Gläsern, deren Atomarten im kristallinen Zustand nicht mischbar sind, d. h. z. B. durch eine eutektische Reaktion,
3. durch die entsprechenden Reaktionen im festen Zustand, z. B. durch Umwandlung eines Mischkristalls in zwei neue Kristallarten (eutektoidische Umwandlung),
4. durch Ausscheidung aus Mischkristallen, wenn die Löslichkeit einer Atomart mit sinkender Temperatur abnimmt. Die Kristallstruktur des Grundgitters ändert sich dabei nicht, es kommt als zweite Phase die Ausscheidung hinzu,
5. durch teilweise Kristallisation eines Glases entsteht ein Glas-Kristall-Gemisch (nanodispersoid).

In n-Stoffsystemen können bis zu n + 1 Phasen im Gleichgewicht nebeneinander auftreten. Sehr häufig treten jedoch Phasengemische auf, die nicht im Gleichgewicht miteinander stehen. Durch Sintern können beliebig viele Kristallarten miteinander verbunden werden. Es ist schwierig, den Phasenbegriff in manchen Grenzfällen zu definieren. Es ist z. B. Definitionssache, ob ein Stapelfehler im kfz-Gitter (Kap. 5) eine dünne Schicht einer hexagonalen Phase oder ein Gitterbaufehler ist.

8.2 Drei Arten von Phasengrenzen

Folgende Größen müssen bei der Beschreibung von Phasengemischen berücksichtigt werden:

1. die Glas- oder Kristallstruktur der Phasen,
2. die Art und Verteilung der Atome in den Phasen,
3. die Struktur der Grenzflächen zwischen den Phasen

4. die Form der Grenzflächen,
5. die Volumenanteile der Phasen.

Wir haben bereits die Abbildung der Grenzen zwischen gleichen Phasen besprochen, nämlich Korngrenzen und Zwillingsgrenzen (Kap. 5) und Versetzungsnetze (= Kleinwinkelkorngrenzen, Kap. 6). Bei der Beurteilung der Kontraste von Phasengemischen müssen alle oben erwähnten Faktoren berücksichtigt werden.
Wir unterscheiden drei Arten von Phasengrenzen (Abb. 8.1):

1. die kohärente Grenzfläche, Abb. 8.1a,
2. die teil-kohärente Grenzfläche, Abb. 8.1b,
3. die nicht-kohärente Grenzfläche, Abb. 8.1c.

Im ersten Fall ändert sich in der Grenzfläche nur die Atomart, evtl. die Ordnung der Atome (elastische Verzerrungen sind allerdings erlaubt, wenn sich die Gitterabmessungen der Phasen unterscheiden). Teil-Kohärenz bedeutet, dass diese Kohärenz stellenweise durch Einbau von Gitterfehlern, z. B. Grenzflächenversetzungen, unterbrochen ist wie an der Schmalseite der in Abb. 8.1b dargestellten Ausscheidung. Eine nicht-kohärente Grenzfläche ist in ihrer Struktur ähnlich einer Großwinkelkorngrenze, nur ist die Kristallstruktur und meist (außer bei diffusionslos gebildeten Phasen) auch die Zusammensetzung verschieden. Kohärente und teil-kohärente Grenzflächen schließen festgesetzte Orientierungsbeziehungen zwi-

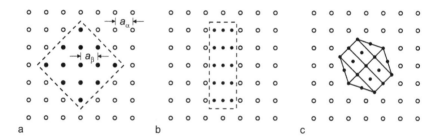

a   b   c

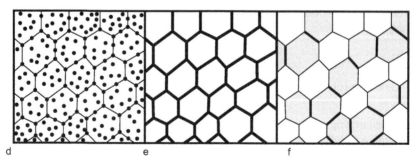

d   e   f

Abb. 8.1: a) Kohärentes, b) teil-kohärentes, c) nicht-kohärentes Teilchen, schematisch. Typen zweiphasiger Gefüge, schematisch, auf Grundlage eines Korngefüges: d) Dispersions-, e) Zell-, f) Duplex- oder Netzgefüge

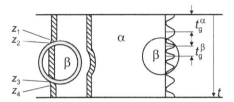

Abb. 8.2: Erscheinungen beim Durchgang eines Elektronenstrahls durch Folie (α) mit Teilchen (β). Rechts: kohärentes, unverspanntes Teilchen; es ändert sich nur die Extinktionslänge beim Durchgang durch das Teilchen. Links: allgemeiner Fall, nicht-kohärentes Teilchen, Verspannung des Grundgitter α. z_1 Verzerrung des Grundgitters, z_2 Phasensprung in der Grenzfläche, z_2-z_3 Änderung der Extinktionslänge, z_3 Phasensprung in der Grenzfläche, z_4 Verzerrung der Matrix, t Foliendicke

schen den Phasen ein. Im Extremfall einer nichtkohärenten Grenzfläche (z. B. Kristall im Glas) ist die Orientierungsverteilung statistisch.

Abb. 8.2 zeigt, wie man vorgehen muss, um den Kontrast eines zweiphasigen Stoffes zu analysieren. Wir unterscheiden eine Phase α mit Extinktionslänge t_g^{α} und eine Phase β mit t_g^{β}. Die Amplitude, die am unteren Ende der Folie austrat, setzt sich zusammen aus fünf Teilen, wie für eine beliebige Säule schematisch gezeigt werden soll (Abb. 8.2 links): von z_1 bis z_2 bewegen wir uns in der Phase α (mit t_g^{α} und einem bestimmten Wert von s). In der Umgebung des Teilchens kann das Gitter der Phase α verzerrt sein. Dann wird die Grenzfläche durchlaufen. Je nach ihrer Struktur tritt ein Phasensprung auf (siehe Kap. 5). Im dritten Teil, zwischen z_2 und z_3, befinden wir uns in der Phase β mit t_g^{β}. Bei z_3 erfolgt der zweite Phasensprung beim Durchlaufen der Grenzfläche. Bei z_4 kann das Gitter der Phase α wieder verzerrt sein. Schließlich wird bis zur unteren Oberfläche wieder die Phase α durchlaufen. Für verschiedene Säulen, d. h. an verschiedenen Stellen der Probe mit den Koordinaten x, y ändern sich natürlich die Ortskoordinaten z. Es ist auch leicht einzusehen, dass die Tiefenlage der Phasen in der Folie den Kontrast beeinflusst. Aus dem gleichen Grunde ist es möglich, aus dem Kontrastverlauf in den Grenzflächen genauen Aufschluss über die Form des Teilchens zu erhalten.

8.3 Kohärente Teilchen mit Spannungsfeld

Zur Berechnung des Kontrastes von Phasengemischen ist es sinnvoll, nur jeweils einen der oben erwähnten Faktoren zu berücksichtigen und die anderen zu vernachlässigen. Der wirkliche Kontrast kann dann durch Zusammensetzen mehrerer solcher einfacher Kontrastmechanismen erhalten werden. In vielen Fällen dominiert ein Faktor, z. B. Spannungsfeld, Unterschied der Streuamplituden der Atome oder Struktur der Grenzflächen. Als erstes soll der Fall eines kohärenten Teilchens β im Grundgitter α behandelt werden, wobei in der Umgebung des Teilchens ein

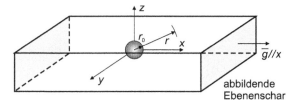

Abb. 8.3: Teilchen mit Radius r_0 und kugelsymmetrischem Spannungsfeld. Die Verzerrung $\Delta \overline{r}$ nimmt alle möglichen Richtungen zum abbildenden reziproken Gittervektor $\overline{g}$ ein

kugelsymmetrisches Spannungsfeld erzeugt wird ($a_\alpha \neq a_\beta$). Die t_g-Werte sollen aber für α und β annähernd gleich sein (Abb. 8.2). Unter diesen Voraussetzungen erhalten wir wie bei Versetzungen einen reinen Verzerrungskontrast. Der Fall der Versetzung war allerdings einfacher, da parallel zur Versetzungslinie (y-Achse, Abb. 6.2) der Kontrast konstant ist. Für das kugelsymmetrische Spannungsfeld ist der Kontrast in x- und y-Richtung variabel, da die radiale Verzerrung alle möglichen Richtungen im Raum hat.

Es soll angenommen werden, dass das kugelförmige Teilchen mit dem Radius r_0 Abb. 8.3, gleichmäßig verzerrt ist.

$$\Delta r_\beta = \varepsilon r \qquad \text{für } r < r_0 \qquad (8.1)$$

Für das Verzerrungsfeld in der Umgebung von β in einem Abstand r vom Mittelpunkt des Teilchens gilt

$$\Delta r_\alpha = \frac{\varepsilon r_0^3}{\left(r - r_0\right)^2} \qquad \text{für } r > r_0 \qquad (8.2)$$

ε ist der Verzerrungsparameter:

$$\frac{a_\alpha - a_\beta}{a_\alpha} = \delta \approx \frac{3}{2}\, \varepsilon$$

mit a_i als Gitterparameter der verschiedenen Phasen. Für den Phasenwinkel ϕ außerhalb des Teilchens erhalten wir durch Einsetzen in Gl. (5.3)

$$\phi = 2\,\pi\,\overline{g}\,\Delta r_\alpha = \frac{2\,\pi\,\overline{g}\,\varepsilon\,r_0^3}{\left(r - r_0\right)^2} \qquad (8.3)$$

Zur Ermittlung der Amplitude muss r in seine Komponenten parallel zu x, y, z zerlegt werden. Dann können die Amplituden aller Säulen in der Umgebung des Teilchens durch Integration ermittelt werden. Die Verzerrung bewirkt (Abb. 8.2), dass die abbildende Ebene z. B. oberhalb des Teilchens zur Bragg-Bedingung hin, darunter von dieser Bedingung weggebogen wird. Da das Spannungsfeld kugel-

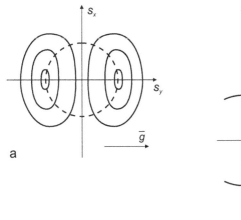

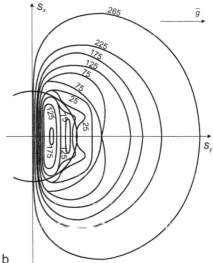

a

b

Abb. 8.4: Das Kontrastprofil eines mit $\bar{g}$ abgebildeten Teilchens: a) schematisch, b) nach der dynamischen Theorie berechnet von M. Ashby

symmetrisch ist, können wir bei Abbildung mit einer einzigen Ebenenschar $\bar{g}$ immer sowohl den Fall $\bar{g} \cdot \Delta \bar{r} = 0$ als auch $\bar{g} \cdot \Delta \bar{r} = $ Maximum erwarten. Aus diesem Grunde zeigt das Kontrastprofil des Teilchens nicht die Symmetrie des Spannungsfeldes. Es tritt eine kontrastfreie Richtung auf, in der $\bar{g}$ und $\Delta \bar{r}$ senkrecht aufeinander stehen. Abb. 8.4 zeigt schematisch das Kontrastprofil für ein kugelförmiges Spannungsfeld ("Kaffeebohnenkontrast"), abgebildet mit einer Ebene, deren $\bar{g}$-Vektor parallel zur y-Achse liegt. Plattenförmige Teilchen können näherungsweise wie prismatische Versetzungsringe behandelt werden. Sie sind nur sichtbar, wenn $\bar{g} \cdot \Delta \bar{r} \neq 0$ erfüllt ist (Abb. 8.5).

In Abb. 8.6a und b sind die Spannungsfelder von in Cu ausgeschiedenen Co-Teilchen abgebildet worden. Diese Kontrasterscheinung täuscht eine Plattenform der Phase β vor.

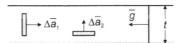

Abb. 8.5: Abbildung von kohärenten, plattenförmigen Teilchen (Guinier-Preston-Zonen). Das Teilchen 1 ist sichtbar, das Teilchen 2 ist unsichtbar

Durch Abbildung mit verschiedenen Strahlen $\bar{g}$ kann gezeigt werden, dass es sich nicht um Platten handelt. Durch Abbildung mit mehreren Strahlen $\bar{g}$ zugleich entsteht ein komplizierter Kontrast (Vielstrahlfall), z. B. ein kreuzförmiger Kontrast, wenn zwei $\bar{g}$-Vektoren etwa senkrecht aufeinander stehen.

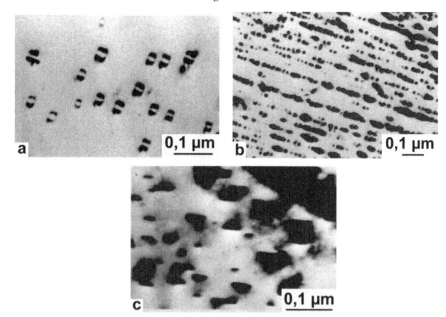

Abb. 8.6: Beispiele für die Abbildung von Phasengemischen mit Verzerrungskontrast: a) Cu + 2,8 at.% Co-Legierung; kohärente Kobaltteilchen mit "Kaffeebohnenkontrast", reiner Spannungskontrast (U. Köster) b) Reihenfömig angeordnete Kobaltteilchen (diskontinuierliche Ausscheidung). Überlagerung der Kontraste in den Reihen (H. Kreye) c) Guinier-Preston-Zonen II in Al + 3 wt.% Cu-Legierung (U. Köster)

8.4 Unterschiedliche Extinktionslänge in beiden Phasen

Dies ist ein anderer einfacher Fall. Die Gitter sollen kohärent und völlig unverzerrt sein. In den Phasen α und β befinden sich aber Atome, deren Streuamplituden sich stark unterscheiden. Folglich ändert sich die Extinktionslänge beim Durchlaufen der Grenzfläche (Abb. 8.2 rechts, Abb. 8.7).

Je nach Größe und Lage der Phase β in α kommt es dadurch zu zusätzlichen Interferenzerscheinungen, die zu $\phi \neq 0$ führen können. Zur Berechnung des Kontrastes kann angenommen werden, dass eine Änderung von t_g in einem bestimmten Bereich der Säule einer örtlichen Änderung der Dicke t der Folie äquivalent ist. Die effektive Dicke t_{eff} beträgt:

$$t_{\textit{eff}} = t + \Delta z \cdot t_g^{\alpha} \left(\frac{1}{t_g^{\beta}} - \frac{1}{t_g^{\alpha}} \right)$$

(8.4)

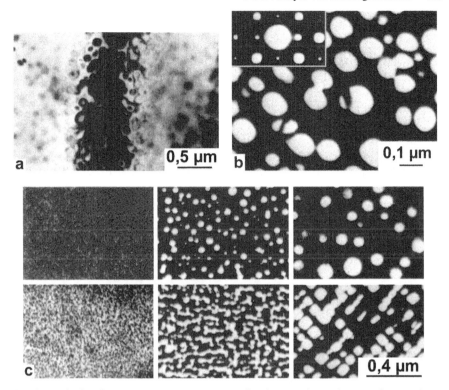

Abb. 8.7: Beispiele für die Analyse von kohärenten Gemischen mit geordneter und ungeordneter kfz-Struktur: a) Hellfeldabbildung von kugelförmigen Teilchen, Kontraständerung in einer dynamischen Spannungskontur. Ni + 18,2 at.% Cr + 5,7 at.% Al, 95 h bei 750 °C geglüht. b) Fe + 22,7 at.% Al, langsam (1° C/h) von 1.000 °C auf 500 °C abgekühlt. Gemisch aus α-Fe-Al-Mischkristall und Fe_3Al; im Beugungsbild (oben links) sind die Hauptreflexe beider Phasen nicht zu trennen. Abgebildet wird mit einem Überstrukturreflex der ausgeschiedenen Phase, z. B. mit (002). c) Analyse von Größe, Form und Verteilung der Teilchen mit der Dunkelfeldmethode - oben: Ni + 18,7 at. % Cr + 5,4 at.% Al mit folgenden Alterungsbehandlungen: 140 h bei 600 °C, 95 h bei 750 °C; 1.000 h bei 750 °C. - unten: Ni + 12,8 at. % Al mit folgenden Alterungsbehandlungen: 280 h bei 500 °C, 30 h bei 650 °C, 285 h bei 650 °C

Δz = Dicke des Teilchens in z-Richtung. Mit diesem Ansatz gelangt man zu den Bedingungen, unter denen die Phase β hell, dunkel oder nicht sichtbar ist. Sowohl beim Spannungsfeld- als auch beim Extinktionslängenkontrast ist es meist notwendig, unter dynamischen Kontrastbedingungen zu arbeiten, um gut sichtbare Kontraste zu erhalten. Die quantitative Behandlung dieser Erscheinungen muss deshalb unter der Voraussetzung der dynamischen Theorie durchgeführt werden.

8.5 Zusammengesetzte Kontraste, Dunkelfeldmethode

Im Gegensatz zu kohärenten Teilchen dominiert bei teil- oder nicht-kohärenten Teilchen der Kontrast der Grenzfläche. Die Prinzipien der Versetzungs-, Stapelfehler- und Korngrenzen-Abbildung können wir direkt übernehmen. Er überlagert sich mit den in Kap. 8.3 und 8.4 besprochenen Kontrasten.

Abbildung 8.8 zeigt ein nicht-kohärentes Phasengemisch am Beispiel des Perlits im Stahl. Ferrit und Fe_3C sind lamellar angeordnet. Im Lichtmikroskop sind die Perlitlamellen nur teilweise auflösbar. Abbildung 8.9a zeigt die Θ'-Phase Al_2Cu (Flussspatgitter) in Aluminium. Die beiden parallelen Flächen der sehr dünnen Platten sind beim anfänglichen Wachstum der Θ'-Kristalle vollständig kohärent. Ihr Kontrast entspricht dann qualitativ dem von Stapelfehlern. Mit zuneh-

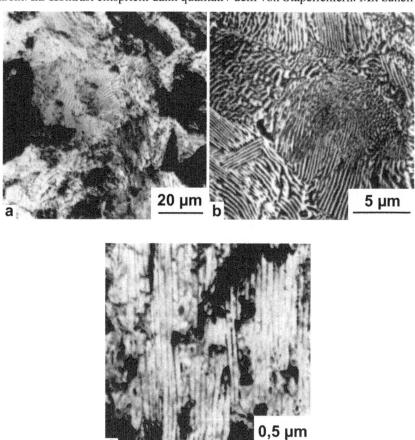

Abb. 8.8: Perlit im Stahl 50CrV4: nicht-kohärentes Phasengemisch aus α-Eisen und Fe_3C. a) LM (M. Hühner) b) REM (E. Kobus) c) TEM

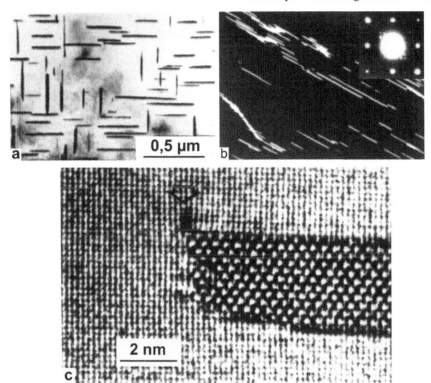

Abb. 8.9: Analyse eines Phasengemisches mit mehreren Orientierungsbeziehungen zwischen Matrix (Al-Cu-Mischkristall) und Teilchen (Θ'-Al$_2$Cu, tetragonal, Flussspatstruktur) (U. Köster): a) Die plattenförmigen Teilchen liegen parallel zu den drei {100}-Ebenen des Aluminiums; Hellfeld. b) Durch Abbildung mit einem Reflex der Θ'-Phase erscheinen nur die Teilchen mit einer der drei Orientierungsmöglichkeiten im Dunkelfeldbild. Im Beugungsbild (oben rechts) sind die Reflexe von zwei der drei Orientierungen zu erkennen; da bei der {100}-Orientierung die Platten der dritten Orientierung parallel der Folienoberfläche liegen (siehe a), sind deren Reflexe nicht zu erkennen. c) Hochauflösungsaufnahme einer Θ'-Ausscheidung (K Urban)

mendem Wachstum der Kristalle lagern sich Grenzflächenversetzungen in die Grenzfläche ein, die dadurch teilkohärent wird. Diese Grenzflächenversetzungen erzeugen einen Kontrast ähnlich, aber nicht gleich dem von Gitterversetzungen, da ihr Spannungsfeld einen etwas anderen Verlauf hat, und die Abbildungsbedingungen sich von den in Kap. 6 besprochenen dadurch unterscheiden, dass das Spannungsfeld sich in zwei verschiedenen Kristallen befindet.

Bei der Analyse derartiger mehrphasiger Gefüge erweist sich die Kombination von Beugungsbild und Abbildung und dabei besonders die Dunkelfeldabbildung als sehr nützlich (Abb. 8.7 und 8.9). Bei der Identifizierung von bestimmten Phasen geht man folgendermaßen vor:

1. Im Beugungsbild wird ein Reflex der gesuchten Phase identifiziert, der wiederum möglichst hohe Intensität besitzen und nahe der Mikroskopachse liegen soll.

2. Wird dieser Reflex zur Abbildung verwendet, erscheinen im Bild alle die Bereiche hell, in denen sich diese Kristallart befindet.

Das gilt allerdings nur dann, wenn die Kristalle β nur in einer einzigen Orientierungsbeziehung zum Gitter α vorkommen. Abbildung 8.7 zeigt die Anwendung dieser Methode bei der Trennung einer geordneten von einer ungeordneten Kristallart. Wie bei der Abbildung von Antiphasengrenzen wurde mit einem Überstrukturreflex von Fe_3Al und Ni_3Al abgebildet. Die geordneten Kristalle erscheinen dadurch hell.

Falls mehrere Orientierungsmöglichkeiten bestehen, erscheint bei Abbildung mit einem Reflex immer nur eine hell. Auf diese Weise können z. B. Vorgänge bei Kristallneubildung verfolgt werden (Abb. 8.9).

In vielen Mischkristallen scheiden sich gleichzeitig nicht eine, sondern mehrere Phasen aus. Das ist besonders dann der Fall, wenn Gitterbaufehler wie Korngren-

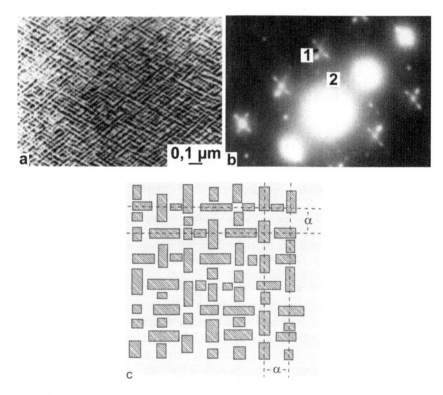

Abb. 8.10: a) In einer kfz Fe + 28 at.% Ni + 12 at.% Al-Legierung bilden sich beim Altern (1.500 h, 400 °C) Reihen von geordneten, kohärenten γ'-Teilchen (vgl. Abb. 8.7 c). b) Beugungsbild zu a). 1 ≡ Hauptreflex der γ-Matrix, umgeben von Satellitenreflexen (Seitenbänder in Ringdiagrammen) durch periodische Anordnung der kohärenten Teilchen. Der Abstand der Reflexe vom Hauptreflex ist umgekehrt proportional zum Abstand der Reihen. 2 ≡ Überstrukturreflex der Teilchen. c) Schematische Darstellung des Gefüges. Die kohärenten γ'-Teilchen sind in Reihen mit Abstand α angeordnet

zen oder Versetzungen die Keimbildung einer bestimmten Phase begünstigen. Es entstehen dann Gefüge mit verschiedenen Phasen in verschiedener Verteilung. Abb. 8.10a zeigt im Hellfeld die periodische Anordnung der γ'-Phase (Ni_3Al) in einem aushärtbaren rostfreien Stahl. Eine derartige periodische Anordnung der Teilchen führt zu besonderen Beugungserscheinungen (Abb. 8.10b., Seitenbänder), die in Kap. 3 bereits besprochen wurden.

Erwähnt werden müssen noch die Kontrasterscheinungen von sehr dünnen, kohärenten, plattenförmigen Teilchen β, die aus Atomen mit von α verschiedener Größe bestehen (Guinier-Preston-Zonen). Das Spannungsfeld dieser Platten kann wie ein prismatischer Versetzungsring (Abb. 6.4) behandelt werden, bei dem der Verzerrungsvektor $\Delta \overline{a} < \overline{b}$ ist. Es kann nachgewiesen werden, dass für solche Teilchen die entsprechenden Abbildungskriterien gelten, wie für die Ringe. Sie sind sichtbar für $\Delta \overline{a} \cdot \overline{g} \neq 0$ und unsichtbar bei $\Delta \overline{a} \cdot \overline{g} = 0$ (Abb. 8.5 und 8.6c).

In diesem Zusammenhang sei noch der Moiré-Kontrast erwähnt, der zwischen zwei in der Folie überlagerten Kristallen auftreten kann. Es kann sich dabei um zwei Kristalle mit gleichem Netzabstand d handeln, die um den Winkel α gegeneinander verdreht sind, oder um zwei Kristallstrukturen mit dem Abstand d_1 und d_2 von Netzebenenscharen, die zueinander parallel liegen, oder um eine Kombination beider Fälle. Für die einfachen Fälle des Rotationsmoirés (R) und des Parallelmoirés (P) ergeben sich die Abstände D der Moiré-Linien zu

$$D_R = \frac{d}{\alpha} \tag{8.5}$$

und

$$D_P = \frac{d_1 \cdot d_2}{d_1 - d_2} \tag{8.6}$$

Diese Formeln gelten nur für kinematische Bedingungen. Moiré-Kontraste überlagern sich unter geeigneten Bedingungen den übrigen Kontrasteffekten in der Grenzfläche. Durch Ausmessen der Moiré-Linien kann z. B. der Verdrehwinkel α zwischen zwei Subkörnern bestimmt werden.

8.6 Kristallisation von Gläsern

Ein homogenes Glas, ebenso wie ein völlig defektfreier Kristall, besitzt kein Gefüge. Gläser sind eingefrorene Flüssigkeiten. Sie folgen beim Erwärmen ihrer Neigung zur Kristallisation. Die Zwischenzustände sind Teilkristalle. Derartige Gefüge finden als Glaskeramik seit langem Verwendung. Neu sind sie in metallischen Gläsern. Auch hier gibt es bereits Anwendungen insbesondere für weiche oder harte Ferromagnetika (Kap. 10).

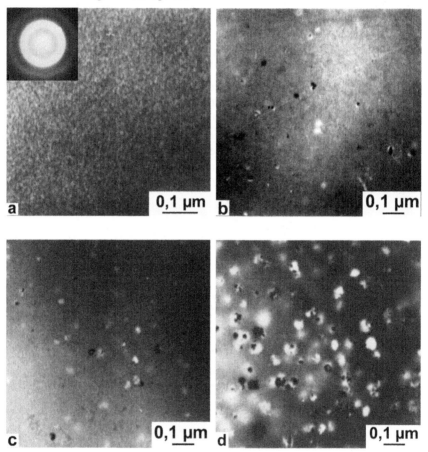

Abb. 8.11: Reaktion im Glaszustand: a) Glas-Glas-Entmischung in einer amorphen Al-17 Si-13 Ni-Legierung (vgl. Abb. 4.5 b). Dunkelfeldabbildung mit dem im Beugungsbild (oben links) gekennzeichneten Ring. Es treten zwei starke und zwei schwache amorphe Ringe auf. b)-d) Primärkristallisation von α-Fe aus Fe-42 Ni-16 P (al.%) nach Glühen bei 350 °C: b) 5 min., c) 10 min., d) 30 min.; TEM

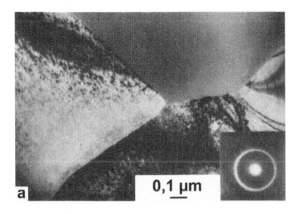

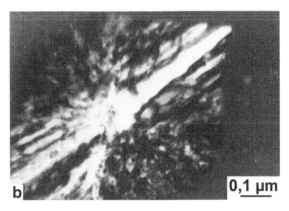

Abb. 8.12: a) Massive Kristallisation, Fe-15 at.% C; TEM. b) eutektische Kristallisation, Fe-31 Cr-20 C (at.%)

Außer der Glas-Glas-Entmischung gibt es drei Grundtypen von Reaktion aus dem amorphen (Glas-)Zustand a, die für die mikroskopische Analyse der Kristallisationsgefüge beachtet werden müssen.

$a \to a' + a''$ Glas-Glas-Entmischung (Abb. 8.11a)

P $a \to a' + \alpha$ Primärkristallisation (Abb. 8.11 b – d)

M $a \to \alpha$ massive Kristallisation (Abb. 8.12a)

E $a \to \alpha + \beta$ eutektische Kristallisation (Abb. 8.12b).

Diese Reaktionen werden als "kontinuierlich" bezeichnet, wenn sie durch individuelle Keimbildung zu einer gleichmäßigen Dispersion des Reaktionsproduktes führen wie die Primärkristallisation. Massive und eutektische Kristallisation erfolgen "diskontinuierlich" in einer Reaktionsfront, die meist von heterogenen Keimstellen ausgeht (Abb. 8.13 und 8.14).

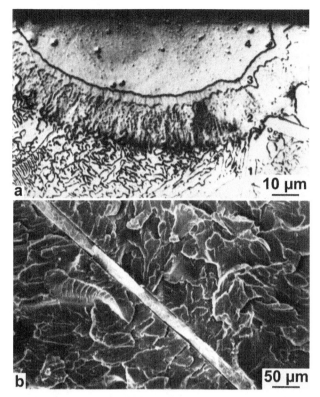

Abb. 8.13: a) Laserschmelzen von Fe-20 B; LM (S. Staniek). 1. heterogenes Grundgefüge, 2. eutektische Kristallisation, 3. massive Kristallisation, 4. eingefrorene Schmelze ≡ Glas. b) Bruchfläche eines mit Metallglasband verstärkten Duromers; REM

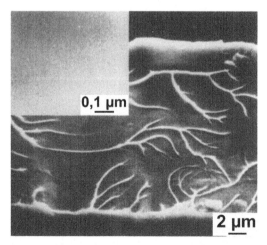

Abb. 8.14: Metallglas $Fe_{84}B_{16}$: Durchstrahlung TEM (oben links), Bruchfläche mit Venenmuster, REM (I. Schmidt)

8.7 Extraktionsabdrücke

Falls sehr kleine Teilchen der Phase β in einer großen Menge von α eingebettet liegen, ist es manchmal schwierig, deren Kristallstruktur durch Elektronenbeugung zu bestimmen, da die gestreute Intensität zu klein ist. In solchen Fällen nützt häufig das Extraktionsverfahren. Dazu könnten die Teilchen mit einer chemischen Methode extrahiert und als Pulver untersucht werden. Falls aber die Phase auch noch in ihrer ursprünglichen Lage im Gefüge beobachtet werden soll, hilft eine leichte Modifizierung der üblichen Oberflächenabdruckmethode. Die Probe wird poliert, die Oberfläche mit einem Ätzmittel stark geätzt, in dem sich die α-Phase, aber nicht die β-Phase löst. Dann wird die Schicht, meist amorpher Kohlenstoff, für den Oberflächenabdruck aufgebracht. In manchen Fällen ist es nützlich, noch ein zweites Mal unter diese Schicht zu ätzen, um die Teilchen von der Grundmasse α zu lösen. Diese Schicht enthält dann die extrahierten Teilchen (aber nur annähernd) in der Lage und Verteilung wie in der Probe. Die Kristallstruktur kann dann leicht bestimmt werden, wenn genügend Teilchen extrahiert wurden (Abb. 8.15).

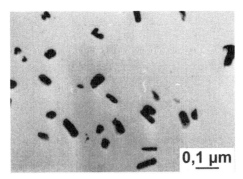

Abb. 8.15: Aus einer Eisen-Kupfer-Legierung extrahierte Kupferteilchen auf Formvarfolie (s. auch Abb. 1.12c)

8.8 Literatur

Ashby MF, Brown LM (1963) Diffraction Contrast from Spherically Symmetrical Coherency Strains. Phil Mag 8: 1083
Ashby MF, Brown LM (1963) On Diffraction Contrast from Inclusions. Phil Mag 8: 1649
Gleiter H (1968) Extinction Contrast from Coherent Distortion-free Particles. Phil Mag 18: 154
Hilliard JE (1962) The Counting and Sizing of Particles in Transmission Microscopy. Trans AIME 224: 906
Hornbogen E (1969) Nucleation in Defect Solid Solutions. In: Zettlemoyer AC (ed) Nucleation. Marcel Dekker, New York

9 Analyse von kompliziert aufgebauten Gefügen

9.1 Überlagerung verschiedener Kontrasterscheinungen

Bei praktischen Materialuntersuchungen findet man nur selten die einfachen Kontrastfälle vor, die berechenbar sind. Vielmehr überlagern sich häufig die Kontrasterscheinungen des perfekten Kristalls (Kap. 4) mit denen, die durch örtliche Verzerrungen und Änderung der Streuamplitude hervorgerufen werden (Kap. 5-7), in komplizierter Weise. Bei der Behandlung der Phasengemische (Kap. 8) haben wir schon Beispiele dafür in Phasengemischen mit teil- und nicht-kohärenten Grenzflächen kennengelernt. Die beste Voraussetzung zur Analyse komplizierter Gefüge ist eine gute Kenntnis der einfachen Kontrastmechanismen. Man kann dann durch Anwendung bestimmter Abbildungskriterien die Bilder "zerlegen", d. h. immer nur eine der sich im allgemeinen Abbildungsfall überlagernden Kontrasterscheinungen herbeiführen. Die nützlichsten Hilfsmittel dazu sind die Auslöschungsbedingungen $\overline{g} \cdot \Delta \overline{r} = 0$, $\overline{g} \cdot \overline{b} = 0$, $\overline{g} \cdot \overline{p} = 0$ und die Dunkelfeldmethode.

Aus der Fülle der Anwendungsmöglichkeiten soll lediglich an einigen Beispielen gezeigt werden, wie komplizierter aufgebaute Gefüge untersucht werden können, und wie die Durchstrahlungs-Elektronenmikroskopie zur Untersuchung des Aufbaus von Werkstoffen angewandt werden kann.

9.2 Gefüge nach martensitischer Umwandlung

Die martensitische Umwandlung ist eine diffusionslose Festkörperreaktion erster Ordnung, bei der die metastabile Kristallstruktur β in die neue stabilere Struktur α überführt wird. Diese Strukturänderung geschieht durch gittervariante Verformung in Form von Scherung des Kristallgitters von β nach α (Abb. 9.1) und ist in vielen Fällen auch mit einer Volumenänderung verbunden, die positiv oder negativ sein kann. Da es dabei zu großen Formänderungen kommen würde, werden die auftretenden Spannungen durch Gleiten oder Zwillingsbildung (gitterinvariante Verformung) abgebaut. Es bleiben im Martensit α Gitterdefekte wie Versetzungen, Zwillinge und Stapelfehler in hoher Konzentration zurück.

Die gebildete Martensitmorphologie hängt neben der chemischen Zusammensetzung von der Umwandlungstemperatur, dem magnetischen Zustand (in Eisenlegierungen) und von der Festigkeit des Austenits β ab. In Fe-Legierungen werden zwei Martensitmorphologien unterschieden. Der Lattenmartensit ist durch ein Netz von Versetzungen innerhalb der Latten gekennzeichnet (Abb. 9.2b und d). Die Latten selbst bestehen aus Paketen vieler paralleler Latten gleicher Größe, welche durch Klein- oder Großwinkelkorngrenzen voneinander getrennt sind. Der

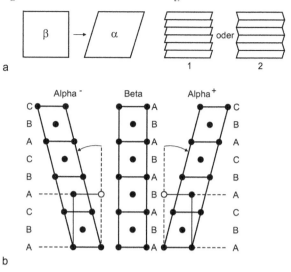

a

b

Abb. 9.1: a) Die Formänderung bei Umwandlung der Phase β nach α durch homogene Scherung kann durch innere Verformung durch Gleiten (1) oder Zwillingsbildung (2) kompensiert werden. b) Änderung der Stapelfolge durch Scherung und Bildung von zwei Varianten des Martensits α

Plattenmartensit (Abb. 9.2a) besitzt feine Zwillinge und/oder Anordnungen von Versetzungen.

Die Platten sind gegeneinander geneigt angeordnet und unterscheiden sich in ihrer Größe beträchtlich (Abb. 1.6a, Abb. 9.2a und c).

Neben diesen beiden krz Morphologien tritt in einigen Fe-Legierungen (FeMn, Fe-Ni-Cr) hexagonaler Martensit auf, der mit der Bildung von Stapelfehlern verbunden ist (Abb.9.2e-f). Wird ein gealtertes Austenitgefüge umgewandelt, so werden die Teilchen in die neue Struktur mitgeschert, sofern sie kohärent sind. Diese metastabilen Teilchen begünstigen die Rückumwandlung in den Austenit, da sie bestrebt sind, in ihre stabile Struktur zurückzuschern. Dies begünstigt die Reversibilität der Rückumwandlung in Fe-Legierungen. Es soll bei der Reaustenitisierung der gleiche Umwandlungsweg genommen werden, d. h. der zuletzt gebildete Martensitkristall verschwindet als erster wieder. Ist die Umwandlung irreversibel, erfolgt die Keimbildung des Austenits an den α-Korngrenzen und den α/β bzw. β/β-Grenzflächen und es entsteht ein neues Austenitgefüge, welches sich von dem ursprünglichen vollständig unterscheidet.

Für die vollständige Analyse des Gefüges wird neben Art, Dichte und Verteilung der Gitterbaufehler in α die Orientierungsbeziehung zwischen Ausgangsphase β und Martensit α mit Hilfe der Elektronenbeugung bestimmt.

Darüber hinaus ist die Orientierung der Phasengrenzfläche (Habitusebene) charakteristisch für eine Martensitmorphologie. Die Untersuchungen der Struktur der Grenzfläche zwischen α und β gibt Aufschluss über ihren Charakter. Abb. 9.2 bis 9.7 zeigen einige Beispiele für Martensit- und Bainitgefüge in verschiedenen Legierungen.

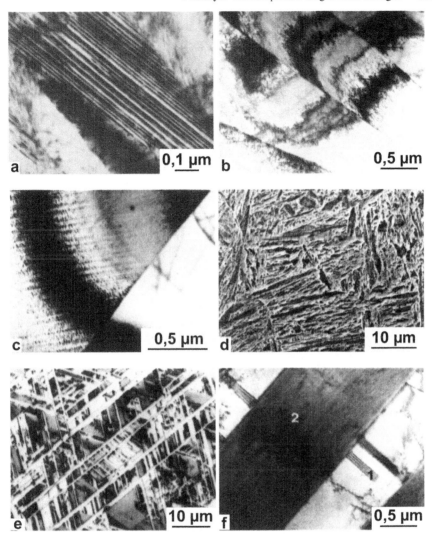

Abb. 9.2: Elektronenmikroskopische Untersuchungen des Gefüges von martensitisch umgewandelten Kristallen: a) Plattenmartensit, der sich durch Zwillingsbildung verformt hat; TEM. Fe-30,8 wt. % Ni, M_s = -22 °C (vgl. Abb. 1.6a). b) Martensit mit innerer Verformung durch Versetzungen; TEM. Fe-24 Ni-8,6 Cu (at.%), M_s = 130 °C. c) Martensit/Austenit-Grenzfläche. Nach Austenitalterung (7 h/400 °C) bildet sich verzwillingter Martensit; TEM. Fe-27,8 Ni-11,8 Al. d) Latten- und Plattenmartensit; REM. Fe-0,74 % C. e) Widmanstättengefüge des hexagonalen ε-Martensits (hell) und Restaustenits (dunkel); LM. Fe-23,4 Mn-2,3 Ge (at.%), M_s = 90 °C. f) Stapelfehler mit Streifenkontrast (1) und ε-Martensit (2); TEM. Fe-24,5 at% Mn

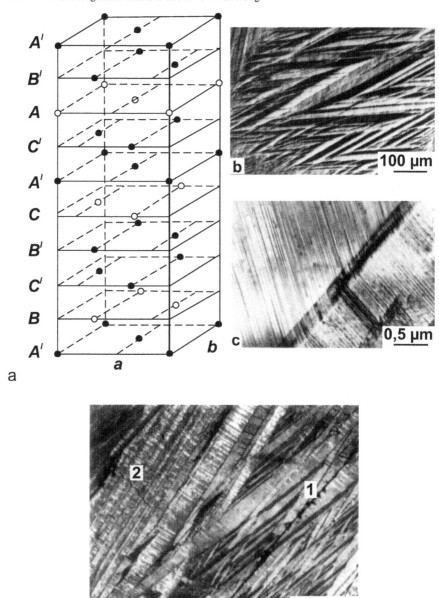

Abb. 9.3: a) Elementarzelle von α'-CuZn (Martensit) mit 9R-Struktur. b) Martensitisches Gefüge einer CuZnAl-Legierung mit $M_f > 20\ °C$, LM. c) Stapelfehler auf den Basalebenen im Martensit, TEM. d) Rissbildung in mechanisch ermüdeten α'-Martensit-Gefügen: (1) α'/α'-interkristallin und (2) α'/α'-transkristallin, LM (M. Thumann)

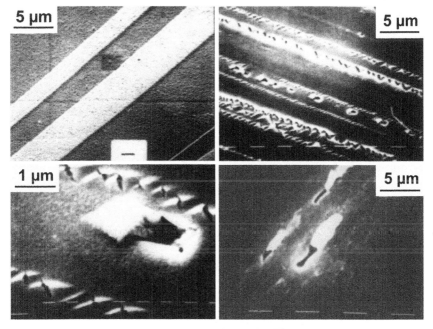

Abb. 9.4: Mechanische Ermüdung von CuZnAl im martensitischen Zustand. Extrusionen und Intrusionen an den Grenzen der Orientierungsvarianten, REM

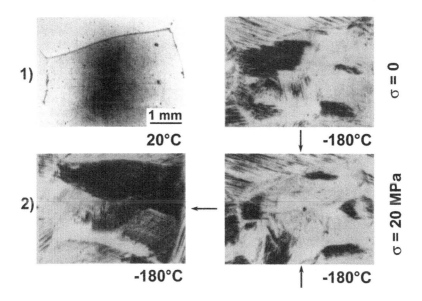

Abb. 9.5: Austenit-Martensit-Bildung in β-Messing (59 % Cu): 1) thermisch umgewandelt, 2) unter Druckspannung umgewandelt, LM, Oberflächenrelief

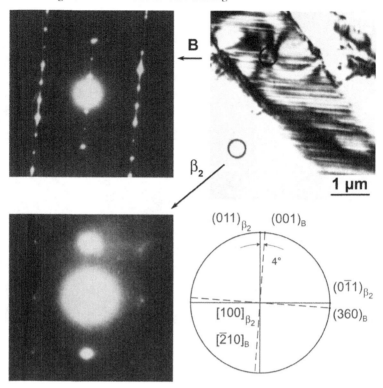

Abb. 9.6: Analyse des Gefüges eines teilweise bainitisch umgewandelten β-Messings, 58,4 wt.% Cu, 300 min. bei 250 °C gealtert (H. Warlimont). rechts oben: Der Bainit enthält eine große Anzahl von Stapelfehlern und regelmäßig angeordnete Stapelverschiebungen (nicht im Kontrast) auf einer {111}-Ebene des kfz α-Messing-Gitters. Senkrecht zu diesen Stapelfehlern zeigt das Beugungsbild Stäbe im reziproken Gitter. links oben: Beugungsbild des bainitisch ausgeschiedenen α-Messings. links unten: Beugungsaufnahme des β-Messings. rechts unten: Orientierungszusammenhang zwischen Bainit und β-Messing

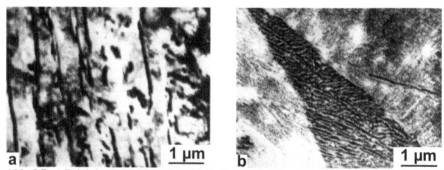

Abb. 9.7: a) Bainit im Stahl 55 Cr 3, TEM. Fe₃C-Ausscheidungen (vgl. Abb. 1.5) innerhalb und auf den Lattengrenzen (B. Gleising). b) Wachstum von Bainit im Austenit (der anschließend martensitisch umwandelt), FeCrC-Stahl, REM

9.3 Keimbildung von Teilchen an Versetzungen

In Kap. 8 war der Kontrast von teilkohärenten Grenzflächen besprochen worden. Diese Grenzflächen sind aus einer regelmäßigen Anordnung von Versetzungen aufgebaut. Häufig bilden sich auch Kristallkeime an vorher im Gitter schon vorhandenen Versetzungen. Die Abbildungsbedingungen sind dann häufig so, dass man nicht beide Objekte - Versetzung und Teilchen - gleichzeitig mit gutem Kontrast abbilden kann (Abb. 9.8a). Hier hilft oft eine Kombination von Hell- und Dunkelfeldaufnahme. Im Hellfeld werden die Versetzungen gut abgebildet (Abb. 9.8b), während im Dunkelfeld das Profil der Teilchen klar erkennbar wird (Abb. 9.8c).

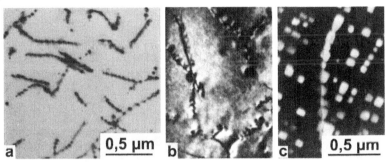

Abb. 9.8: Keimbildung an Versetzungen: a) Keime von kfz-Goldteilchen bilden sich im krz Eisen-Goldmischkristall durch Aufspalten von Versetzungen. Der Kontrast der Versetzungen ändert sich dadurch stark. Fe + 1 at. % Au, 24 h bei 500°C gealtert. b)-c): Keime von kfz-geordnetem Ni$_3$Al bilden sich im Spannungsfeld von Stufenversetzungen in NiAl-Legierungen. Der Kontrast der Versetzungen (b) wird wenig geändert. Zur Abbildung der Versetzungen eignet sich die Hellfeld- (b), zur Abbildung der Teilchen die Dunkelfeldaufnahme (c)

9.4 Beobachtung der Ausscheidungshärtung

In einem Grundgitter α verteilte Teilchen β wirken als Hindernisse der Bewegung von Versetzungen. Teilchen und Versetzungen (Kap. 6 und 8) haben sehr verschiedene Abbildungsbedingungen. Man wird daher versuchen, an der gleichen Probenstelle einmal nur die Phase β, dann nur die Versetzungen abzubilden. Bei der plastischen Verformung können die Versetzungen die Teilchen entweder durchschneiden oder umgehen (Abb. 9.10d und Abb. 9.11). Die Versetzungen werden im Hellfeld beobachtet mit der Abbildungsbedingung $\overline{b} \cdot \overline{g} = $ max. Die kohärenten, geordneten Teilchen können dabei infolge ungünstiger Kontrastbedingungen kaum zu sehen sein (Abb. 9.9a - d).

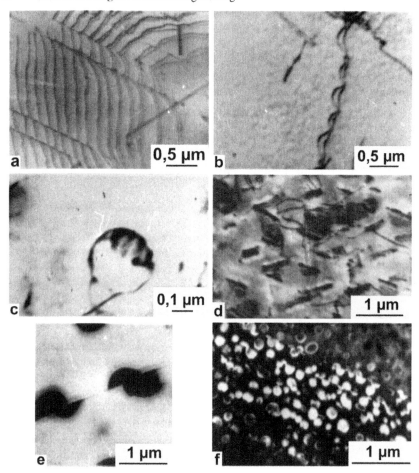

Abb. 9.9: a) - b) Hellfeldabbildungen von Versetzungen, die durch ein kohärentes Gemisch von geordneter Phase γ' (Ni₃Al) und ungeordnetem Mischkristall laufen. Ni-20 at.% Cr-7,5 at.% Al; Teilchengrößen: a) 9 nm, b) 30 nm. Zu beachten ist der Kontrast der Versetzungspaare (Abb. 6.10). Wird der Abstand der Versetzungen kleiner als die Kontrastbreite (≈ 20 nm), ist das Versetzungspaar nicht mehr aufzulösen (H. P. Klein). c) Eine Versetzung erzeugt eine Antiphasengrenze beim Eindringen in ein geordnetes Ni₃Al-Teilchen. d) Ni-11,4 at.% Al mit Ni₃Al-Teilchen von 120 nm (in der Hellfeldaufnahme kaum Teilchenkontrast). Die Versetzungen umgehen die Teilchen und liegen als Ringe in deren Grenzfläche. e) - f) Ni-18,7 at.% Cr-5,4 at.% Ni, Abscheren der Teilchen in den Gleitebenen, Hellfeld- (e) und Dunkelfeldaufnahme (f)

Verwendet man dagegen Dunkelfeldabbildung mit einem Überstrukturreflex, z. B. in diesem Fall für die Phase γ' (= Ni₃Al), so erscheinen nur die Teilchen hell, und die Versetzungen werden unsichtbar (Abb. 9.9f).

Unter bestimmten Voraussetzungen werden geordnete Teilchen in ausscheidungsgehärteten Legierungen von Versetzungen geschnitten. Ist ein solches Teilchen kohärent und geordnet, so erzeugt die Versetzung innerhalb des Teilchens eine Antiphasengrenze (Abb. 7.4). In Abb. 9.9c sind diese APG und die schneidende Versetzungslinie abgebildet worden, während das Teilchen selbst fast unsichtbar ist. Eine Dunkelfeldabbildung wie in Abb. 9.9f ist die beste Methode, um Größe und Form dieses Teilchens zu ermitteln. Zu einer vollständigen mikroskopischen Analyse der mechanischen Eigenschaften teilchengehärteter Legierungen ist die Ermittlung der Verteilung der aus der Oberfläche tretenden Versetzungen

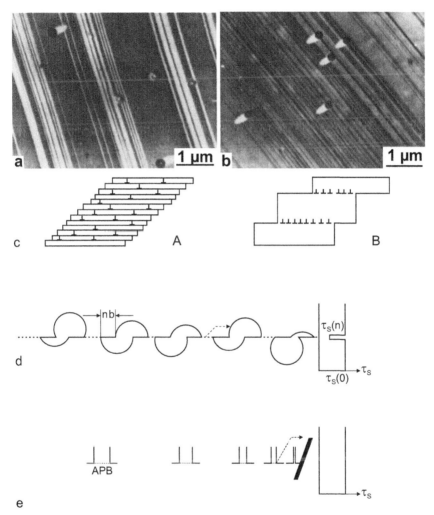

Abb. 9.10: a) Abscheren der Teilchen führt auf der Probenoberfläche zu hohen Gleitstufen in großem Abstand; Formvar-Replika, Latexkugeln zur Bestimmung der Stufenhöhe (H. P. Klein). b) Umgehen der Teilchen (Abb. 9.5d) führt zu geringer Höhe und gleichmäßiger Verteilung der Gleitstufen (H. P. Klein). c) Grobe (B) und feine (A) Gleitverteilung, schematisch (H. P. Klein). d) Versetzungslokalisation als Folge des Schneidens kohärenter Teilchen (e), vgl. Abb. 9.9 e

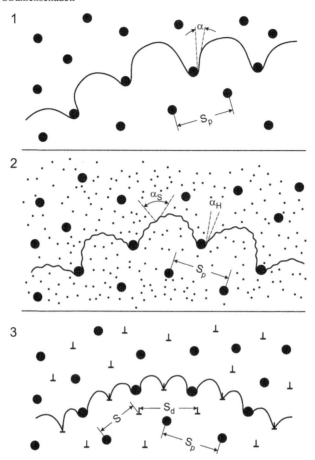

Abb. 9.11: Wechselwirkung von Gleitversetzungen mit Hindernissen, schematisch. 1) Teilchen 2) gelöste Atome und Teilchen 3) Versetzungen und Teilchen

als Gleitstufen notwendig (Abb. 9.10a und b). Die Abdruckbilder zeigen eine grobe Verteilung der Gleitstufen (Abb. 9.10a große Stufenhöhe, große Abstände der Stufen) und feinere Gleitung (Abb. 9.10b). Der Unterschied ist in Abb. 9.10c schematisch dargestellt worden.

9.5 Strahlenschäden

Die nach Bestrahlung von Kristallen mit energiearmer Strahlung (Elektronen) entstehenden einzelnen Leerstellen, Zwischengitteratome und nahen Frenkel-Paare können elektronenmikroskopisch nicht abgebildet werden, es sei denn, dass sie Cluster bilden oder kondensieren (siehe Kap. 6). Gut geeignet wäre die Methode jedoch zur Untersuchung der nach sehr energiereichen Stößen (Neutronen) am

Ende von Verlagerungskaskaden auftretenden großen Störzonen ("verdünnte Zonen"). Diese Gebilde sind aber nur in der Nähe von 0 K stabil.

Es ist daher schwierig, sie im Elektronenmikroskop zu beobachten. Da der Aufbau dieser Gitterstörungen noch weitgehend unbekannt ist, wendet man in diesem Fall die Kontrasttheorie umgekehrt an als wir es bisher beschrieben haben. Es wird versucht, aus dem unter definierten Bedingungen im Elektronenmikroskop gemessenen Kontrast die Struktur der diesen Kontrast erzeugenden Gitterbaufehler zu ermitteln. Abb. 9.12 zeigt Beispiele für Strahlenschäden. Die bei Raumtemperatur aufgenommenen Kontraste (Abb. 6.9b-c) können manchmal als sehr kleine Versetzungsringe (siehe Kap. 6) gedeutet werden, die durch Kondensation von Zwischengitteratomen oder Leerstellen oder durch Umordnung innerhalb der verdünnten Zonen entstanden sein können. Ringe mit einem Durchmesser, der kleiner als die Kontrastbreite einer Versetzung ist, erscheinen näherungsweise als dunkle Punkte.

Bei den Versetzungsringen kann es sich entweder um Leerstellen- oder um interstitielle Ringe handeln, die durch quantitative Kontrast-Experimente zur Bestimmung der Richtung des Burgersvektors unterschieden werden können. Bei weiterer Kondensation von Leerstellen können die Versetzungsringe wachsen oder es entstehen durch Anlagerung in der dritten Dimension Poren (Abb. 9.12b). Deren Oberflächen werden bei weiterem Wachstum durch die Kristallanisotropie bestimmt. So werden im kfz Gitter z. B. würfelförmige Poren beobachtet.

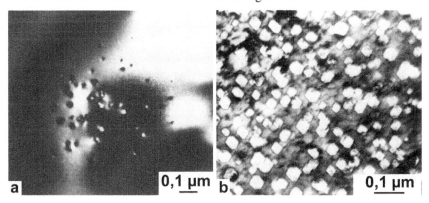

Abb. 9.12: a) Durch den Elektronenstrahl induzierte Strahlenschädigung bei Quarz. Kaffeebohnenartige Kontraste sind Spannungszentren, hervorgerufen durch winzige nichtkristalline Einschlüsse, die durch Strahlenschädigung erzeugt werden. Helle Punkte sind bereits vergröberte, gewachsene, nichtkristalline Bereiche. Weitere Bestrahlung führt zu einer völligen Umwandlung von kristallinem zu nichtkristallinem Quarz (R. Wirth). b) Elektronenmikroskopische Porenbildung in neutronenbestrahltem, austenitischen Stahl

9.6 Gefüge von Vielkristallen beim Beginn plastischer Verformung

Unverformte Vielkristalle enthalten (nach sorgfältiger Behandlung) nur Korngrenzen und evtl. Zwillingsgrenzen, aber fast keine Versetzungen (Abb. 5.7). Beim Beginn der plastischen Verformung entstehen in Legierungen mit kontinuierlichem Fließbeginn bei sehr niedriger Spannung sogenannte Korngrenzenversetzungen. Sie sind zu unterscheiden von den Gitterversetzungen. Ihr Burgers-Vektor $\bar{b}_{KGV}$ ist kein Gittervektor. Er liegt, wie auch die Versetzungslinie, in der Korngrenzenfläche. Der Kontrast dieser Korngrenzenversetzung überlagert sich dem Streifenkontrast der versetzungsfreien Korngrenze (Abb. 9.13; Kap. 5.4).

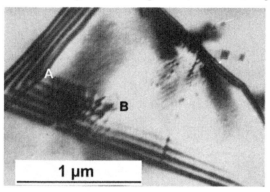

Abb. 9.13: Verhalten eines Vielkristalls beim Beginn der plastischen Verformung. Ni-11 at. % Al; 0,5 % verformt. Es bilden sich Korngrenzenversetzungen und Gitterversetzungen (B), die wiederum unter Bildung von Korngrenzenversetzungen durch Korngrenzen hindurchtreten können (oben im Bild; G. Bäro)

Diese Korngrenzenversetzungen sind in der Korngrenzenfläche begrenzt beweglich, sie können dadurch von Stufen in der Korngrenze unterschieden werden (Abb. 9.13, unten rechts). Sie können Aufstauungen (bei AB) oder Netze bilden wie Gitterversetzungen. Schließlich können sie miteinander reagieren und Gitterversetzungen bilden (Abb. 9.13). Dies ist ein Beispiel für das gleichzeitige Auftreten von drei Verzerrungskontrasten: die Gitterversetzung, die Korngrenzenversetzung und die Korngrenzenfläche.

9.7 Rekristallisation und kombinierte Reaktionen

Dieses Gebiet ist von großer technischer Bedeutung. Es treten Reaktionen auf, die denen der Kristallisation von Gläsern ähnlich sind. Wir bezeichnen sie als kombinierte Reaktionen, wenn mehr als eine der drei Grundreaktionen beteiligt sind:

A. *Ausheilen* von Gitterdefekten

B. *Ausscheiden* übersättigt gelöster Atome
C. Vollständige *Umwandlung* einer Kristallstruktur.

Alle diese Reaktionen können kontinuierlich oder diskontinuierlich ablaufen. Kristallerholung ist die kontinuierliche, Rekristallisation die diskontinuierliche Form des Ausheilens von Gitterbaufehlern. Analog den in Kap. 8.6 beschriebenen Kristallisationsreaktionen (aus Glas oder Flüssigkeit) sind folgende drei Reaktionstypen aus dem kristallinen Zustand $\alpha_{\ddot{u}}$ möglich:

1. Ausscheidung $\qquad\qquad$ $\alpha_{\ddot{u}} \rightarrow \alpha + \beta$ $\qquad$ (kontinuierlich oder diskontinuierlich)

2. massive Umwandlung $\qquad$ $\alpha_{\ddot{u}} \rightarrow \beta$ $\qquad\qquad$ (diskontinuierlich)

3. eutektische Kristallisation $\quad$ $\alpha_{\ddot{u}} \rightarrow \beta + \gamma$ $\qquad$ (diskontinuierlich)

Hier ist $\alpha_{\ddot{u}}$ die übersättigte (reaktionsfähige) kristalline Phase. Die folgenden Beispiele (Bild 9.14a - g) betreffen die Beobachtung des Ausheilens der Versetzungen (Weichglühen durch Erholung) und Rekristallisation (diskontinuierlich) und die Kombination dieser Vorgänge mit der Ausscheidung (vgl. Abschn. 8.1 bis 8.5). Ein defekter und übersättigtes Kristall $\alpha_{\ddot{u} + d}$ geht in einen perfekteren, entmischten über:

4. Ausscheidung und Rekristallisation $\quad$ $\alpha_{\ddot{u} + d} \rightarrow \alpha + \beta$

Bei Weichglühen einer großen Zahl technischer Legierungen (z. B. beim Anlassen von gehärteten Stählen, ausscheidungsgehärteten Aluminium- oder Nickellegierungen nach plastischer Verformung) beeinflussen sich das Ausheilen von Gitterbaufehlern und die Ausscheidung von Atomen gegenseitig. Das Ausheilen der Gitterbaufehler führt zu Kondensation von Leerstellen und Zwischengitteratomen, zu Versetzungsringen oder zur Bildung von Versetzungswendeln. Die Versetzungen ordnen sich um zu Netzen. Aus diesen Netzen können sich wiederum als Rekristallisationskeime dienende Korngrenzen bilden (Abb. 9.14a - b). Diese Vorgänge werden durch die gleichzeitige Ausscheidung von Atomen in komplizierter Weise beeinflusst. Die Abb. 9.14c – e und 9.15 geben einige Beispiel für typische Zwischenstadien beim Weichglühen solcher Legierungen. Auf den Abbildungen sind fast alle denkbaren Kontrastmechanismen vereinigt. Trotzdem lässt sich auch hier ein klares Bild über Vorgänge gewinnen, auch wenn es nicht möglich ist, alle Kontrasterscheinungen quantitativ zu deuten. Die kompliziert aufgebauten Gefüge bieten jedenfalls eine bisher nur zum geringsten Teil ausgeschöpfte Möglichkeit zur praktischen Anwendung der Durchstrahlungselektronenmikroskopie.

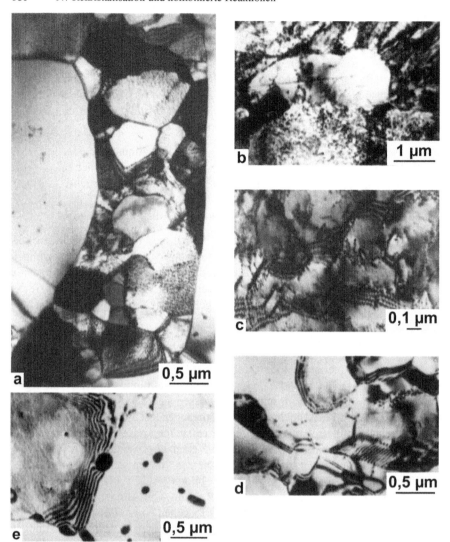

Abb. 9.14: Gefüge beim Ablauf von Rekristallisationsprozessen. a) Teilrekristallisiertes Gefüge einer Fe-6 % Ni-Legierung, 90 % verformt und 1 h/700 °C geglüht. b) Wachstum eines Rekristallisationskeimes. Rekristallisierter und nicht-rekristallisierter Bereich (N ≈ 10^9 cm^{-2}) unterscheiden sich durch Orientierung und Versetzungsdichte. c) Al-3 wt.% Cu, 25 % verformt, auf 370 °C aufgeheizt. Versetzungen ordnen sich zu regelmäßigen Netzwerken um, an denen sich Θ'-Teilchen ausscheiden. Es bildet sich keine Rekristallisationsfront wie in Abb. 9.14b (U. Köster). d) Al-5 wt.% Cu, 90 % verformt, 10 min. bei 240 °C geglüht. Es haben sich Netzwerke gebildet (zum Teil liegt zusätzlich oder ausschließlich Moiré-Kontrast vor), die durch Teilchen der stabilen Θ-Phase an der Umordnung gehindert werden (U. Köster). e) Al-5 wt.% Cu, 90 % verformt, auf 350 °C aufgeheizt, vollständig rekristallisierter Zustand, das Kornwachstum wird durch die nicht-kohärenten Θ-Teilchen behindert

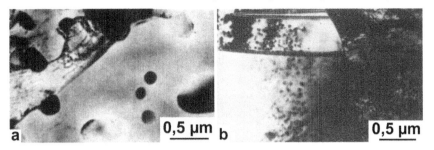

Abb. 9.15: a) Al-5 wt.% Cu, 50 % verformt, auf 400 °C aufgeheizt. Rekristallisationsfront (Korngrenzenkontrast) bewegt sich im Gefüge aus Θ-Teilchen und Versetzungsnetzen (U. Köster). b) Ni12,8 at.% Al, 70 % verformt, 6 h bei 700 °C geglüht, Ni_3Al-Teilchen lösen sich in der Rekristallisationsfront auf und scheiden sich dahinter wieder aus. Es bilden sich Rekristallisationszwillinge (H. Kreye)

9.8 Gefüge ultrahochfester Stähle

Wird in Legierungen eine sehr hohe Festigkeit angestrebt, so versucht man, in das Gefüge eine möglichst hohe Dichte von wirksamen Hindernissen für die Bewegung von Versetzungen zu bringen, d. h. sie enthalten Gitterbaufehler, besonders Versetzungen und Teilchen in sehr großer Zahl. Man erreicht dies z. B. durch martensitische Umwandlung und anschließendes Anlassen zur Ausscheidung von Teilchen ("maraging"), Verformung vor der martensitischen Umwandlung zur Erhöhung der Versetzungsdichte des Ausgangsgitters ("ausforming") oder durch Anlassen zur Erzeugung von Ausscheidungsteilchen oberhalb der martensitischen Umwandlungstemperatur. Bei der anschließenden martensitischen Umwandlung werden diese Teilchen metastabil; sie erhalten hohe Schubspannungsfelder, was zusammen mit den bei der Umwandlung entstehenden Gitterbaufehlern eine hohe Festigkeit bewirkt. Bei der Analyse dieser unübersichtlichen Gefüge (Abb. 9.16 und 9.17) geht man folgendermaßen vor:

1. Ermittlung der Größe und Verteilung der Teilchen durch Abbildung mit deren Reflexen (aller möglichen Orientierungen von α zu β) im Dunkelfeld.
2. Bestimmung der Dichte der Gitterbaufehler (meist Versetzungen) durch Abbildung mit einer größeren Zahl von $\overline{g}$-Werten, um für alle Verzerrungen die Bedingung $\overline{g} \cdot \overline{b} \neq 0$ zu erhalten.
3. Es kann noch versucht werden, Aufschluss über die Art des Spannungsfeldes von Teilchen zu gewinnen. Die störenden Kontraste von Versetzungen können durch Ausnutzen der Bedingung $\overline{g} \cdot \overline{b} = 0$ verringert werden.

Abb. 9.16: FeNiAlTi martensitaushärtender Stahl. Ausscheidung von ca. 15 v/o intermetallischer Verbindungen aus dem Martensitgefüge nach 10 h/400 °C, TEM

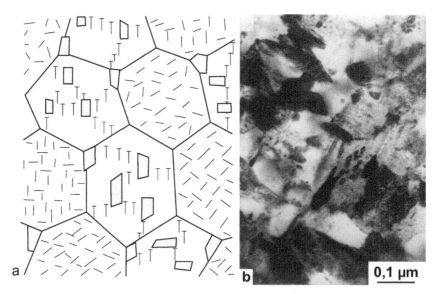

Abb. 9.17: a) FeNiAlTi martensitaushärtender Stahl. Interkritische Glühung (im α + γ-Gebiet 10 h/750 °C, abgeschreckt in H₂O, angelassen 1 h/600 °C, schematisch), b) feine Ausscheidung im martensitisch umgewandelten ehemaligen Austenit (γ). Beispiel für kompliziert aufgebaute Gefüge

9.9 Mikroskopie des Bruchs

Dieses Gebiet ist von großer Bedeutung für die Schadensanalyse. In der Bruch-
mikroskopie (auch Fraktographie) ist eine Kombination von Licht- und Elektronenmikroskopie sinnvoll. Die Rasterelektronenmikroskopie ist mit Abstand die
geeignetste Methode für die Analyse der Oberfläche von Brüchen (Abb. 9.18). Für
die Vorgänge, die zur Entstehung von Rissen führen, liefert dagegen die Transmissionselektronenmikroskopie die wichtigste Information. Mit Lichtmikroskopie
kann inter- und transkristalliner und auch spröder und zäher (mit plastischer Verformung verbundener) Bruch unterschieden werden. Die Mikroskopie erlaubt
auch die Unterscheidung von kritischem (auch Gewaltbruch) und unterkritischem
Risswachstum. Letzteres ist ein Beispiel für langsames Wachstum von Ermü-
dungsrissen bei periodisch wechselnder Belastung. Durch Plastizität an der Riss-
spitze entstehen sogenannte Schwingstreifen, die mit dem Fortschritt des Risses
pro Lastwechsel korreliert werden können (Abb. 9.19). Für das Verständnis der
Ermüdung ist die Analyse der Verteilung der Versetzungen an die Rissspitze hilfreich (Abb. 9.20 und 9.21).

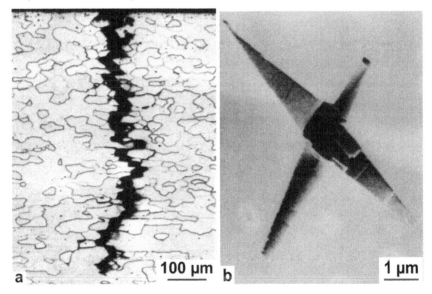

Abb. 9.18: Analyse von Bruchoberflächen: a) Interkristalline Spannungsrisskorrosion; Al-
CuMgLi, LM (B. Grzemba). b) Intrakristalline Korrosion einer Al-Legierung, REM (HG. Feller)

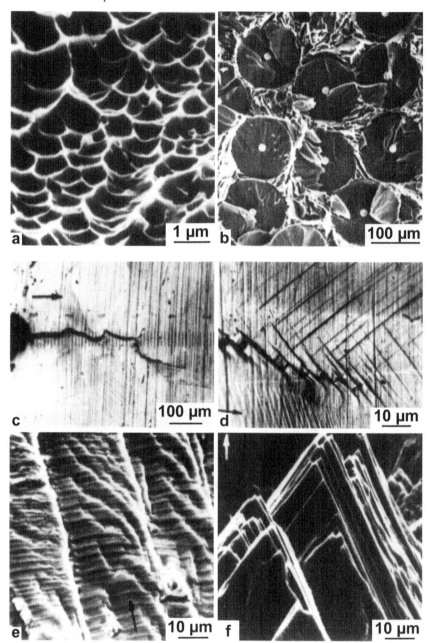

Abb. 9.19: a) Duktiler Wabenbruch in FeNiAl, REM. b) Bruch einer faserverstärkten Al-Legierung, REM (B. Grzemba). c) - f) Risswachstum in FeNiAl nach dynamischer Belastung, c-d: LM, e-f: REM (K. H. Zum Gahr): e) Nichtlokalisierte Plastizität, Bruchoberfläche mit Schwingstreifen, f) Lokalisierte Plastizität auf (111) Gleitebenen

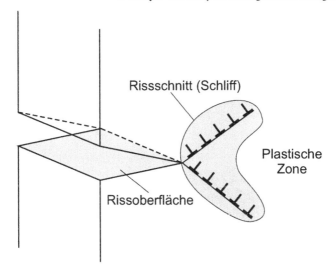

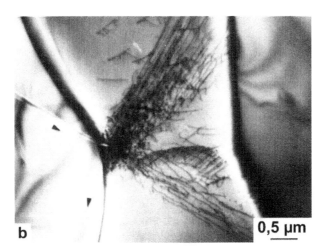

Abb. 9.20: a) Schematische Darstellung eines Risses mit plastischer Verformung vor der Riss-spitze. In der plastischen Zone werden Versetzungen bebildet. b) Rissablenkung an einer NiAl-Phasengrenze und plastische Zone in NiAl, TEM (Legierung: Nb-Ni-Al; W. Wunderlich)

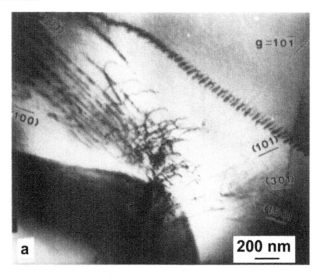

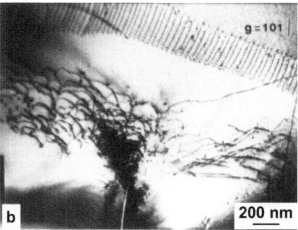

Abb. 9.21: Plastische Zone in NiAl unter verschiedenen Abbildungsbedingungen, TEM (W. Wunderlich): a) $\overline{g} = [\,10\,\overline{1}\,]$ b) $\overline{g} = [\,101\,]$

9.10 Literatur

Gleiter H, Hornbogen E (1968) Precipitation Hardening by Coherent Particles. Mat Sci Eng 6: 285

Hornbogen E (1969) Nucleation in Defect Solid Solutions. In: Zettlemoyer A C, (ed) Nucleation. Marcel Dekker, New York, S. 309

Hornbogen E, Kreye H (1969) Beeinflussung der primären Rekristallisation durch Teilchen. In: Wassermann G , Grewen J (Hrsg) Texturen in Forschung und Praxis. Springer, Berlin, S. 274

Physical Properties of Martensite and Bainite. The Iron and Steel Institute, Special Report 93, 1965

Thomas G (1971) Electron Microscopy Investigations of Ferrous Martensites. Met Trans 2: 2373

Thomas G et al (1969) Precipitation in Fe-Ni-Co Alloys. Trans ASM 62: 852

Wilkens M (1969) Studies of Point Defect Clusters by Transmission electron Microscopy. In: Vacancies and Interstitials in Metals. North-Holland, Amsterdam, S. 485

10 Abbildung ferromagnetischer Bezirke (Lorentz-Mikroskopie)

10.1 Art und Orientierung der Wände

Ferromagnetische Stoffe enthalten Bezirke, die spontan in einer bestimmten Richtung magnetisiert sind. Die Bezirke sind durch Wände (Bloch- und Néel-Wände) voneinander getrennt (Abb. 10.1 und 10.2).

Ein Stoff erscheint nach außen als unmagnetisch, wenn die Summe der Magnetfelder der Bezirke null ist. Wird an einem solchen Stoff ein Magnetfeld angelegt, so wachsen einige der Bezirke auf Kosten anderer. Dies kann durch Verschieben der Wände geschehen. Im Elektronenmikroskop können die Gleichgewichtsanordnung der Bezirke und die Ummagnetisierungsvorgänge direkt beobachtet werden. Jede Kristallstruktur hat eine am leichtesten magnetisierbare Richtung. Wir wollen das kubisch raumzentrierte α-Eisen als Beispiel für die bei der Kontrastbetrachtung wichtigen Wandtypen wählen. Ohne äußeres Feld sind die Bezirke im Eisen in den drei [100]-Richtungen magnetisiert. Abbildung 10.1 zeigt die Anordnung von Bezirken in einer Folie. Wir können zwei Arten von Wänden unterscheiden:

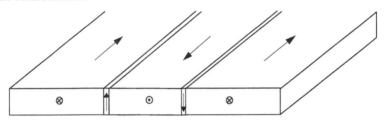

Abb. 10.1: 180°-Bloch-Wände in einer Folie

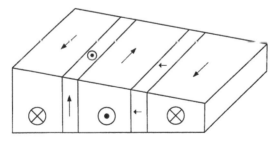

Bloch-Wand   Néel-Wand

Abb. 10.2: Bloch- und Néel-Wand bei verschiedener Foliendicke (vgl. Abb. 10.13b). Die Richtung der spontanen Magnetisierung ist durch Pfeile angedeutet worden. In den Wänden dreht sich die Magnetisierung entweder senkrecht zur oder in der Folienebene

1. solche, in denen sich die Magnetisierung um 180° dreht und die parallel {100}-Ebenen liegen (Abb. 10.1), 2. solche, in denen sich die Magnetisierung um 90° dreht in {110}-Ebenen (Abb. 10.6 oben). Sie werden als 180°- bzw. 90°-Wände bezeichnet. Es gibt zwei Möglichkeiten, wie sich die Magnetisierung in diesen Wänden drehen kann (Abb. 10.2): in der Bloch-Wand wird die Magnetisierungsrichtung um eine Achse senkrecht, in der Néel-Wand um eine Achse parallel zur Wandebene gedreht. Die Dicke der Übergangszone, d. h. der Wand, liegt in der Größenordnung von 100 nm. Unterhalb einer bestimmten Foliendicke, die für Eisen bei $t \approx$ 60-80 nm liegt, wird es energetisch günstiger, die Drehung der Magnetisierung nicht mehr senkrecht zu der Folienebene, sondern in der Folienebene vorzunehmen. Bei Ummagnetisierung der Probe werden entweder Wände verschoben, oder es wird die Richtung der Magnetisierung aus der leichten [100]-Richtung herausgedreht.

10.2 Abbildung im Lichtmikroskop (Bitter-Technik)

Magnetische Strukturen können auch mit der Lichtmikroskopie abgebildet werden. Es wird die "Bitter-Technik" angewendet, indem ferromagnetische Fe_3O_4-Einbereichsteilchen in einer Suspension auf die Oberfläche aufgebracht werden. Diese werden von den Streufeldern an den Grenzen entgegengesetzt magnetisierter Bereiche angezogen und markieren die Elementarbezirke (Bitter-Streifen). Abbildungen 10.3 und 10.4 zeigen Beispiele für diese Abbildungsmethode an Hand von Datenspeichern und einem Supraleiter.

50 µm

Abb. 10.3: Abbildung von magnetischen Strukturen mit der Bitter-Technik: Magnetspuren auf einer HD Flexible Diskette, LM (H. Jacobi)

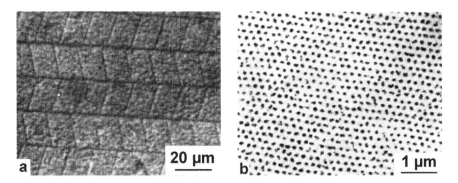

Abb. 10.4: a) Magnetspuren auf einem Videoband, LM (H. Jacobi) b) Elektronenmikroskopie von Supraleitern. Oberhalb eines kritischen Feldes bildet sich ein Gitter von normalleitenden Flussschläuchen (dunkel) in der supraleitenden diamagnetischen Grundmasse (hell). Die Flusslinien werden mit einer der Bitter-Technik ähnlichen Methode markiert. Anschließend wird ein Replika hergestellt, welches im TEM untersucht werden kann. Legierung: Niob bei 1,2 K (U. Essmann)

10.3 Abbildungsmethoden im Elektronenmikroskop

Alle elektronenmikroskopischen Abbildungen von magnetischen Strukturen beruhen auf der Lorentz-Kraft, die Elektronen beim Durchlaufen der Folie erfahren. Abbildung 10.5 zeigt die Richtungen des Geschwindigkeitsvektors oder einfallenden Elektronen $\overline{v}$ der Magnetisierungsrichtung in der Folie $\overline{M}$ und der Lorentzkraft $\overline{K}$. Zwischen ihnen besteht bei hoher Sättigungsmagnetisierung die Beziehung:

$$\overline{K} = -e\left(\overline{v} \times \overline{M}\right) \tag{10.1}$$

Durch diese Kraft $\overline{K}$ werden die Elektronen in eine Richtung senkrecht zu $\overline{M}$ abgelenkt, und zwar ist der Ablenkungswinkel α umso größer, je größer M und je dicker die Folie ist.

$$\alpha = M \cdot t \sqrt{\frac{e}{2\,m_0\,U}} \tag{10.2}$$

In den Gleichungen (10.1) und (10.2) ist e/m_0 die auf die Elektronenmasse m_0 bezogene Elektronenladung und U die Beschleunigungsspannung, die in direktem Zusammenhang mit der Geschwindigkeit $\overline{v}$ steht (Kap. 3). Für Eisen und eine Foliendicke von ≈ 100 nm hat α die Größenordnung 10^{-4} rad. Der Strahl wird also

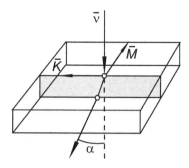

Abb. 10.5: Richtung des einfallenden Elektronenstrahls $\overline{v}$, der Magnetisierung in der Folie $\overline{M}$, der Lorentzkraft $\overline{K}$ in einer Folie. Der Strahl wird in $\overline{K}$-Richtung abgelenkt

um einen Winkel abgelenkt, der kleiner ist als die üblicherweise verwandten Blendenöffnungen ($\alpha = 10^{-2}$ bis 10^{-3} rad, Kap. 4). Um die Bezirke abbilden zu können, ist es notwendig, dass die Apertur, mit der der Strahl in die Probe eintritt, wesentlich kleiner ist als der Ablenkungswinkel. Der Strahl muss also im Kondensorsystem des Mikroskopes gut gebündelt werden. Diese kleine Ablenkung kann für eine Dunkelfeldmethode ausgenützt werden. Wir nehmen an, der einfallende Strahl träfe auf einen Kreuzungspunkt von vier Bloch-Wänden (Abb. 10.6). Dann wird der vorher einheitliche einfallende Strahl in vier Teilstrahlen im Abstand $\approx$ $\sqrt{2}\,a$ aufgespalten. Diese Teilstrahlen können wahlweise durch die Aperturblende abgedeckt werden. Dazu bleibt die Hellfeldstellung erhalten, die Blende wird nur um einen sehr kleinen Betrag aus dem Zentrum verrückt. Die abgedeckten Teilreflexe entsprechen jeweils einer bestimmten Magnetisierungsrichtung. Bezirke mit dieser Richtung erscheinen dunkel (Abb. 10.7).

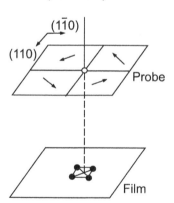

Abb. 10.6: Aufspaltung des Primärstrahlers, der auf vier Bezirke trifft, die durch 90°-Wände getrennt werden, schematisch

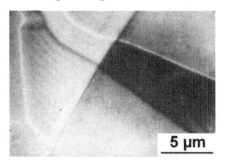

Abb. 10.7: Dunkelfeldkontrast einer Bezirksanordnung durch exzentrische Verschiebung der Aperturblende. α-Eisen mit einer Korngrenze und mehreren Bezirkswänden (R.C. Glenn)

Mit Hilfe einer weiteren Methode können die Wände selbst abgebildet werden. Aus Abb. 10.8 geht hervor, dass für die gezeichnete Anordnung der Bezirke die Elektronen abwechselnd voneinander weg und gegeneinander abgelenkt werden. Dadurch entstehen an der unteren Oberfläche der Probe unterhalb der Wände Zonen höherer und niedrigerer Intensität. In völlig fokussierter Stellung der Probe verschwindet dieser Intensitätsunterschied im Bild. Bei leichter Unter- oder Überfokussierung erscheinen die Wände abwechselnd dunkel und hell (Abb. 10.9).

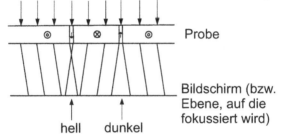

Abb. 10.8: Ursache für Hell-Dunkel-Kontrast von Wänden bei defokussierter Abbildung ist die Ablenkung des Strahles verschiedener Bezirke in entgegengesetzte Richtungen

Dem Vorteil der direkten Abbildung der Wände steht die nachteilige Notwendigkeit der Defokussierung gegenüber. Es müssen also jeweils zwei Aufnahmen gemacht werden, eine zur Abbildung der magnetischen Wände und eine weitere zur fokussierten Abbildung von Gitterbaufehlern und Phasen, die das Gefüge bilden.

Ein dritter Mechanismus kann zur Abbildung der Bezirke verwendet werden, wenn die Probe sich in dynamischer Beugungsbedingung befindet ($t_g \cdot s < 5$). Bei sehr kleinen s-Werten ändert sich die Intensität auch bei kleinen Änderungen von s, d. h. des Winkels α (Kap. 3 und 4, Abb. 3.10) sehr stark. Wie im Spannungsfeld einer Stufenversetzung entfernt ($- \Delta\chi$) oder nähert ($+ \Delta\chi$) man sich auch hier dem idealen Bragg-Winkel ($s = 0$), nur sind die Winkeländerungen ($\Delta\chi = \alpha$) sehr viel kleiner. Unter den erwähnten Voraussetzungen erscheinen die Bezirke als Folge der magnetischen Ablenkung des Strahles heller oder dunkler, je nachdem, ob $\Delta\chi$ positiv oder negativ ist. Mit diesen Methoden kann eine vollständige Analyse der Anordnung der Bezirke vorgenommen werden (Abb. 10.10).

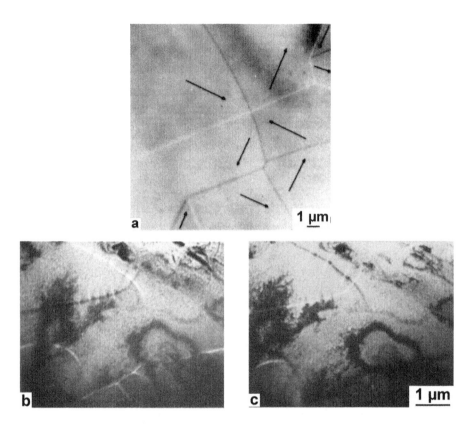

Abb. 10.9: a) Bloch-Wände in einem α-Eisenkristall mit (100)-Orientierung (R.C. Glenn) b) - c) Bloch-Wände und Biegekonturen in einer austenitischen Fe-Ni-Legierung: b) überfokussiert, c) unterfokussiert. oben links: Wand mit wechselndem Bloch- und Néel-Charakter (vgl. Abb. 10.13)

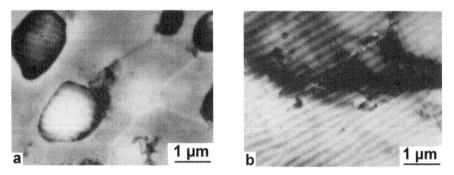

Abb. 10.10: a) Defokussierte Abbildung eines Gefüges mit zwei ferromagnetischen Phasen α-Fe und Fe₃C (Glenn) b) Anordnung der Bezirke in einem Kobaltkristall (R. C. Glenn)

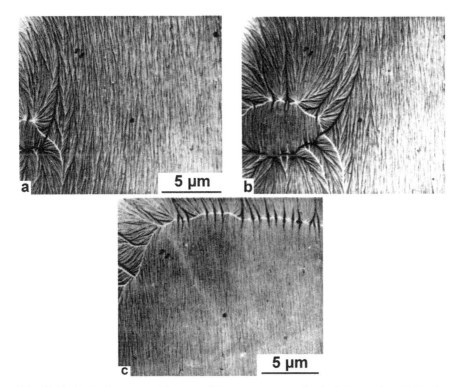

Abb. 10.11: Beobachtung von Ummagnetisierungsvorgängen durch Anlegen eines Feldes im Mikroskop. Aufdampfschicht Ni-20 at.% Fe, etwa 40 nm dick. Ummagnetisierung durch Keimbildung und Wandbewegungen. Angelegtes Feld senkrecht zur Streifung (E. Fuchs) a) $H = 0,90$ H_c: Entstehen eines Keimes mit umgekehrter Magnetisierungsrichtung. b) $H = 0,95$ H_c: Keim wächst durch Wandbewegung. c) $H = 0,99$ H_c. Fast die ganze Schicht ist in Richtung des äußeren Feldes gesättigt. Die Magnetisierung liegt in allen Teilen der Folie senkrecht zur Streifenstruktur. Sie dreht sich in diesem Falle um 180°

Zu berücksichtigen ist jedoch, dass die Anordnung der Bezirke in der Folie nicht die gleiche ist wie im massiven Material. Auch kann sich die Natur der Wände in Folien ändern. Der Übergangsbereich von Bloch- zu Néel-Wänden liegt im Bereich der Probendicken, die für das 100 kV Mikroskop verwendet werden können. Häufig findet man daher Übergangszustände, Wände, die teils Bloch-, teils Néel-Charakter haben. Die Abb. 10.11 und 10.13 zeigen den Aufbau derartiger Übergangs-Wandtypen schematisch und in defokussierter Abbildung.

10.4 Ummagnetisierungsvorgänge

Die wichtigste Anwendung der Untersuchung ferromagnetischer Strukturen im Elektronenmikroskop ist bisher die Beobachtung von Ummagnetisierungsvorgängen. Der dazu benötigte Probenhalter muss eine Magnetisierung der Folie ohne gleichzeitige Ablenkung des Elektronenstrahles aus der Mikroskopachse erlauben. Ein solcher Probenhalter wird in Kap. 11 besprochen.

Die Abb. 10.11, 10.12 und 10.13a geben einige Beispiele dafür, wie die Feinstruktur im Innern der Bezirke aufgelöst werden kann. Abbildung 10.13a zeigt eine Folie, deren Ebene nicht in der Richtung <100>, sondern bei <111> liegt. Eine Riffelung, die auf wellenförmigen Änderungen der Spinrichtungen (die Winkeländerungen betragen 5 - 10°) beruht, ist deutlich zu erkennen. Die Bilderserien zeigen die Bewegung von Bloch-Wänden (Abb. 10.11) und Drehprozesse und Neubildung von Wänden (Abb. 10.12). Alle Abbildungen erfolgten mit der Defokussierungsmethode in vielkristallinen Aufdampfschichten. Die Magnetisierung liegt immer senkrecht zur Riffelung.

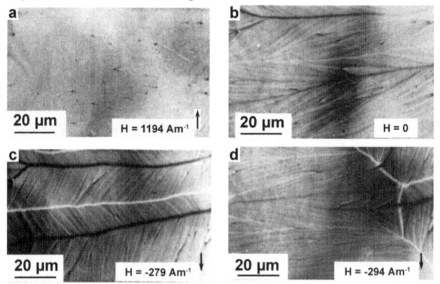

Abb. 10.12: Ummagnetisierung durch Magnetisierungsdrehung und Wandbewegung, Material wie Abb. 10.11 (E. Fuchs). a) H = 1194 Am^{-1}, einheitlich magnetisierte Schicht. b) H = 0 Am^{-1}, Drehung der Magnetisierung an der Streifenstruktur zu erkennen. c) H = -279 Am^{-1}, es entstehen reine Néel-Wände. d) H = -294 Am^{-1}, weitere Ummagnetisierung durch Bewegung dieser Wände

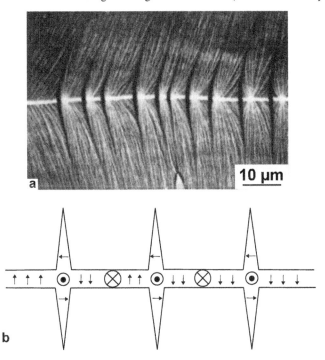

Abb. 10.13: a) Wand mit wechselndem Bloch- und Néel-Charakter (E. Fuchs). b) Schematische Darstellung einer solchen Übergangswand

10.5 Ferroelektrische und antiferromagnetische Stoffe

Ebenso wie magnetische Felder lenken auch elektrostatische Felder die Elektronen ab. Elektrostatische Aufladung kann in der Probe auftreten, wenn sie mit isolierenden Stoffen verschmutzt oder bedeckt ist, oder wenn bei leitenden Proben kein ausreichender elektrischer Kontakt zu den übrigen Teilen des Mikroskops besteht. Die Aufladung kann verschiedenes Vorzeichen haben, je nachdem, ob die Zahl der absorbierten oder die der sekundär emittierten Elektronen überwiegt. Diese Aufladung führt zu den bekannten Störungen durch isolierende Schmutzteilchen, die sich in der Objektebene befinden und den Elektronenstrahl ablenken. Die Aufladung einzelner Moleküle durch Ionisation in amorphen Polymeren oder Silikaten führt zu örtlichen Schwankungen der Untergrundintensität, die verschwindet, wenn die Möglichkeit zur Entladung gegeben ist.

Homogene elektrische Felder in Ferroelektrika sollten analog den ferromagnetischen Bezirken abbildbar sein. Den Kontrasterscheinungen überlagern sich in diesem Falle aber solche von starken Verzerrungen des Kristallgitters der einzelnen Bezirke. Es ist leichter, die Bezirksgrenzen mit Hilfe dieser Verzerrungen als durch die elektrostatische Ablenkung abzubilden.

Die Auflösung der magnetischen Struktur antiferromagnetischer Stoffe, in denen die Spins ihre Richtung periodisch ändern, ist noch nicht gelungen. Es ist aber z. B. in NiO gelungen, die Grenzen der Bezirke mit verschiedener Orientierung abzubilden. Die Abbildung beruht wiederum auf der Verzerrung in den Grenzen, die eine Folge der Änderung der Kristallsymmetrie beim Übergang zum antiferromagnetischen Zustand ist.

10.6 Literatur

Blank H, Amelinckx S (1963) Direct Observation of Ferroelectric Domains in BaTiO$_3$. Appl Phys Letters 2: 140, 236

Boersch H, Raith H (1959) Abbildung Weißscher Bezirke in dünnen ferromagnetischen Schichten, Naturwissenschaften 46:574

Brandt EH, Essmann U (1987) The Flux-Line Lattice in Type-II Superconductors. Phys Stat Sol (b) 144:13-38

Cedghian S (1973) Die magnetischen Werkstoffe, VDI-Verlag GmbH, Düsseldorf

Fuller HW, Haie ME (1960) Determination of Magnetisation Distribution in Thin Films. J Appl Phys 31:238

Pepperhoff W (1963) Sichtbarmachung ferromagnetischer Elementarbereiche im polarisierten Licht. Archiv Eisenhüttenw 34: 767-780

Pitsch W (1965) Elektronenmikroskopische Beobachtung magnetischer Elementarbereiche in gealterten Eisen-Stickstoff-Legierungen. Arch Eisenhütternw 36:737

Träuble H, Essmann U (1967) Die direkte Beobachtung einzelner Linien magnetischen Flusses in Supraleitern. Jahrbuch der Akademie der Wissenschaften, Göttingen 17-30

Wade KH (1962) The Determination of Domain Wall Thickness in Ferromagnetic Films. Proc Phys Soc 79:1237

11 Ausrüstung des Elektronenmikroskopes

11.1 Elektronenoptik

Die Grundausrüstung eines Elektronenmikroskopes, das zur Durchstrahlung fester Stoffe benutzt werden soll, muss folgende Möglichkeiten haben: 1. eine Beschleunigungsspannung von mindestens 100 kV, 2. einen Doppelkondensor, 3. eine Einrichtung für Feinbereichsbeugung.

Eine Spannung von 100 kV reicht gerade noch aus, dünne Folien ($\approx$ 100 nm) der Elemente mit sehr hoher Ordnungszahl (Au, W) zu durchstrahlen. Für die Untersuchung dieser Werkstoffe, aber auch für Stähle, ist eine Spannung von 120 kV oder 200 kV empfehlenswert. Für Werkstoffe mit niedriger Ordnungszahl (Al-Legierungen, Kunststoffe) genügen geringere Spannungen, z. B. 40 – 60 kV. Ihre Anwendung hat dann sogar den Vorteil, dass in sehr dünnen Folien der Kontrast mit abnehmender Spannung zunimmt (Kap. 12). Dass man auch für die Durchstrahlung von Kunststoffen trotzdem hohe Spannungen verwendet, liegt daran, dass dann infolge großer mittlerer freier Weglänge die Strahlenschädigung gering ist. In solchen Fällen ist die Anwendung von elektronischen Bildverstärkern zu empfehlen.

Das Kondensorsystem dient zur Bündelung des Strahles, bevor er auf die Probe fällt. Für die verschiedenen Abbildungsmethoden (parallele/kohärente Beleuchtung) muss der Elektronenstrahl in weiten Bereichen variiert werden können. Für die Analyse im Nanometerbereich z. B. mittels Beugung oder energiedispersiver Röntgenanalyse wird ein sehr kleiner, kohärenter Strahl benötigt. Dazu stehen bis zu vier Kondensorlinsen zur Verfügung, mit denen minimale Strahldurchmesser von etwa 2 nm erzeugt werden können. Wichtig ist außerdem, dass die Beleuchtungseinrichtung für die Dunkelfeldabbildung verkippbar ist.

Es gibt zwei Möglichkeiten für *Beugungsexperimente* im Elektronenmikroskop: Beugung ohne Linsen und Herstellung eines Beugungsbildes dadurch, dass die rückwärtige Fokusebene des Objektivs mit Hilfe der Zwischenlinse auf den Bildschirm des Mikroskopes projiziert wird (Abb. 3.1). Die Kontrastblende muss zu diesem Zweck natürlich aus dem Strahlengang entfernt werden. Dafür kann zwischen Objektiv und Zwischenlinse eine Selektorblende eingeführt werden. Mit ihrer Hilfe erhält man ein Beugungsbild aus einem begrenzten Bereich der Probe. Die untere Grenze dieses Bereichs liegt bei etwa 0,5 μm. Die Feinbereichsbeugung kann zur Identifizierung kleiner Ausscheidungsteilchen, zur Orientierungsbestimmung einzelner Kristallite oder zur Ermittlung von Orientierungsbeziehungen zwischen verschiedenen Phasen oder Kristalliten verwendet werden. Für verschiedene Kristallgrößen sollten verschiedene Blendendurchmesser B bis herab zu 5 μm zur Verfügung stehen. Mit einem sehr feinen Strahl kann aber auch ohne Blende gebeugt werden (konvergente Beugung). Für Strukturen mit sehr großer Einheitszelle müssen sehr große Kameralängen und eine sehr kohärente Beleuchtung zur Verfügung stehen (Low-Angle Diffraction). Der große Vorteil der Beugung mit Linsen ist, dass man durch einfaches Umschalten der Zwischenlinsenerregung und Einschieben der Objektivaperturblende von Beugung zu Abbildung gelangen kann (Abb. 3.1). Es kann häufig vorteilhaft sein, wenn die Abstände in dem Beugungsbild direkt am Leuchtschirm bestimmt werden können, da zeitaufwendige Fotoaufnahmen erspart bleiben.

Das Mikroskop muss natürlich genau justiert und fokussiert sein, da sonst Fehler in den Abmessungen des Beugungsbildes durch die ungenau definierten geometrischen optischen Beziehungen entstehen. Bei Beugung ohne Linsen besteht die einzige Fehlerquelle in dem ungenau bekannten Abstand Probe – Film (Abb. 3.8), die durch Kalibriersubstanzen ausgeschaltet werden kann. Bei Beugung mit Linsen ist eine Kalibrierung der Gitterparameter stets notwendig, wenn nicht nur die Orientierung der Probenoberfläche bestimmt wird.

Für genaue Größenmessungen im Elektronenmikroskop muss die Vergrößerung kalibriert werden. Man bringt dazu ein Objekt bekannter Größe ins Mikroskop und macht Aufnahmen bei verschiedener Erregung der Zwischenlinse oder Projektivlinse. Als Standard können Latexkugeln (Größenangabe ± 2 %), künstliche oder natürliche Netze verwendet werden. Einen absoluten Maßstab erhält man durch die direkte Abbildung von Netzebenen (vgl. Abb. 4.17), deren Abstand durch röntgenographische Messungen genau bekannt ist.

11.2 Kipp-Patronen

In Kap. 4 ist besprochen worden, dass die Abbildung kristalliner Objekte in erster Linie von den Beugungsbedingungen und damit auch vom Winkel zwischen dem einfallenden Elektronenstrahl und der Folie abhängen. Definierte Abbildungsbedingungen können nur dann eingestellt werden, wenn die Probe in alle möglichen Winkellagen gekippt werden kann. Durchstrahlungs-Elektronenmikroskopie mit feststehender Probe ist nicht sinnvoll. Ein euzentrisches Goniometer und ein Einfachkipphalter erlauben das Einstellen nur einer begrenzten Zahl von Orientierungen zum ankommenden Strahl. Das Mikroskop sollte vielmehr für Arbeiten an Kristallen mit einem Doppelkipphalter versehen sein, mit dem sich alle Winkellagen der Probe zum einfallenden Strahl einstellen lassen.

Derartige Probenhalter kommen für folgende Aufgaben in Frage: Verdrehen der Probe um Winkelbeträge von weniger als 1° zum Erzielen der günstigsten Kontrastbedingungen; größere Verdrehwinkel (= 20°) sind notwendig, wenn z. B. der Burgers-Vektor einer Versetzung bestimmt werden soll (Kap. 6). Für vollständige Bestimmungen der Kristallstruktur durch Drehkristallaufnahmen ist schließlich ein Schwenkbereich von bis zu 90° notwendig. Die Probe sollte sich auch in kleinsten Winkelbereichen ruckfrei und ohne Rückfederung bewegen. Wichtig ist die Einstellung der Probe in der euzentrischen Höhe, da dann die Probenstellen nach dem Kippen in die Mitte des Leuchtschirms verbleiben.

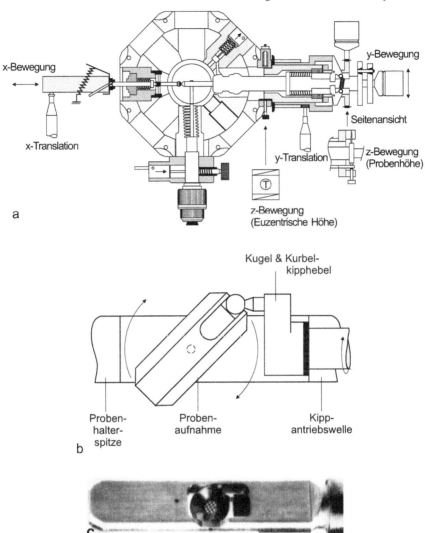

Abb. 11.1: Möglichkeiten der Probenkippung: a) Kippung um die euzentrische Achse des Goniometers. Der Kippwinkel hängt vom Abstand der Polschuhe ab (Philips). b) Schematische Darstellung der Kippung senkrecht zur euzentrischen Achse mit Hilfe des Doppelkipphalters (Gatan Toggle Tilt-Mechanismus). c) Spitze des Doppelkipphaltes mit Probenaufnahme (Gatan)

Der Abstand zwischen den oberen und dem unteren Polschuh der Objektivlinse bestimmt den möglichen Kippwinkel um die euzentrische Achse des Goniometers (Abb. 12.8). Für hochauflösende Geräte ist der Abstand und damit der Kippwinkel oft kleiner. Außerdem bleibt häufig nicht genug Platz für zusätzliche analytische Detektoren, z. B. Rückstreuelektronendetektor (BSD). Abbildung 11.1b-c zeigt einen Doppelkipphalter, der die Probenverkippung senkrecht zur euzentrischen Achse ermöglicht.

Bei der Untersuchung magnetischer Materialien muss die Probe ausreichend fixiert werden, da sie ansonsten beim Kippen aus dem Probenhalter herausgezogen werden kann.

11.3 Probenbehandlung im Mikroskop

Es ist die Regel, dass Proben als massives Material (Kap. 2) behandelt (erwärmt, bestrahlt, verformt etc.) und dann nach dem Dünnen im Mikroskop beobachtet werden. Für die Beobachtungen von bewegten Vorgängen muss die Behandlung im Mikroskop in der Folie erfolgen. Beispiele für solche Beobachtungen sind: Bewegung von Versetzungen und Versetzungsreaktionen, Ausscheiden oder Auflösen von Teilchen, Bewegung von Bloch-Wänden beim Ummagnetisieren, Ablauf martensitischer Umwandlungen in metastabilen Kristallstrukturen.

Für derartige Experimente muss die Folie im Mikroskop verformt, erwärmt, abgekühlt oder magnetisiert werden. Es ist leicht einzusehen, dass es sich dabei nur um qualitative Experimente handeln kann, weil alle Behandlungen wegen des begrenzten Raums, der geringen Probengröße und der anderen Einflussfaktoren nicht mehr unter sehr genau definierten Bedingungen möglich sind. Darüber hinaus ist oft fraglich, ob sich die Folien qualitativ wie das massive Material verhalten. Das ist in Wirklichkeit nur selten der Fall. Zum Beispiel können sich bei plastischer Verformung in der Foliennormalen keine weitreichenden Spannungsfelder bilden, da Versetzungen aus der Folie herauslaufen. Oberflächenkeimbildung führt zu Ausscheidungs- und Umwandlungsreaktionen, die verschieden von denen sind, die im Inneren des Materials ablaufen; schließlich ist auch bekannt, dass die Natur der Grenzen ferromagnetischer Bezirke in dünnen Folien und massivem Material verschieden sind (Kap. 10). Es ist daher nicht ohne Weiteres möglich, Schlüsse aus Experimenten an Folien auf das Verhalten des massiven Materials zu ziehen. Auf jeden Fall sollte durch Parallelversuche mit zunächst im massiven Zustand behandelten und dann gedünnten Proben diese Frage geklärt werden.

Berücksichtigt man das besondere Verhalten der Folien, so ergibt sich trotzdem die Möglichkeit zu einer großen Zahl interessanter Experimente mit Probenhaltern, die eine besondere Behandlung der Probe im Mikroskop erlauben. Ein schwer zu lösendes technisches Problem ist, dass bei diesen Probenhaltern zur Untersuchung kristalliner Stoffe die Forderung nach Kippbarkeit erhalten bleibt.

Das wichtigste Zusatzgerät dieser Art ist der *Heizhalter* (Abb. 11.2). Die Probe befindet sich in einem kleinen Ofen (Abb. 11.2), der durch einen externen Regler kontrolliert wird. Ein Thermoelement ist an diesem Ofen zur Temperaturkontrolle angeschweißt. Es können Temperaturen bis max. 1000 °C in einer Minute erreicht werden. Dies setzt natürlich ein gutes Vakuum voraus. Für kristallographische Untersuchungen stehen auch Doppelkipp-Heizhalter zur Verfügung.

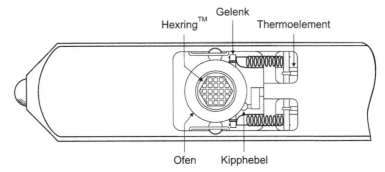

Abb. 11.2: Heizhalter mit Möglichkeit zur Doppelkippung. Die Probe wird mit Hilfe des Ofens bis maximal 1000 °C aufgeheizt (Gatan)

Eine *Kühlvorrichtung* im Probenhalter kann aus dreierlei Gründen von Vorteil sein. Erstens wird ein im Objektraum in der Nähe der Probe befindlicher Kühlfinger die Verschmutzung der Probe während ihrer Beobachtung stark reduzieren. Diese Verschmutzung kommt zustande durch Aufdampfen der Kohlenstoffskelette von organischen Verbindungen, die aus dem Pumpsystem stammen. Dies ist nützlich bei Beugungsexperimenten mit konvergentem Strahl sowie bei EDX und EELS-Analysen.

Zweitens erlaubt die Kühleinrichtung am Probenhalter selbst die Untersuchung von Stoffen, deren Schmelztemperatur nicht weit über Raumtemperatur liegt (z. B. niedrig schmelzende Metalle, Kunststoffe). Falls diese bei Raumtemperatur beobachtet würden, könnten die durchgehenden Elektronen zu Erwärmung führen, die zum schnellen Ablauf thermisch aktivierter Prozesse ausreicht.

Die dritte Anwendungsmöglichkeit ist die Untersuchung von Reaktionen, die bei tiefen Temperaturen ablaufen, besonders martensitische Umwandlungen und von anderen Zuständen, die sich nur bei tiefen Temperaturen einstellen wie die magnetischen Strukturen von supraleitenden Stoffen. Dazu wird die Spitze des Probenhalters einschließlich Probe von einem außerhalb des Mikroskopes befind-

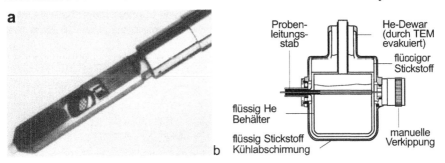

Abb. 11.3: Kühlhalter (Gatan): a) Spitze des Doppelkippkühlhalters b) Die Spitze des Halters wird von einem außerhalb des Mikroskops befindlichen Gefäß mit flüssigem Helium oder Stickstoff gekühlt. Der Leitstab enthält eine elektrische Heizung zur Einstellung der gewünschten Probentemperatur

lichen Gefäß mit flüssigem Stickstoff oder Helium gekühlt. Der Leitstab, der die Spitze des Probenhalters mit dem Kühlmedium verbindet, enthält eine elektrische Heizung, so dass die gewünschte Temperatur eingestellt werden kann (Abb. 11.3).

Der Einfachkipp-*Rotationshalter* wird für spezielle Beugungs-, EDX- und EELS-Untersuchungen sowie für stereologische Analysen eingesetzt. Durch einen Endlosriemen (Abb. 11.4) wird eine kontinuierliche Rotation von 360° erreicht, so dass ein größerer Bereich von Kippwinkeln zur Verfügung steht als mit dem konventionellen Doppelkipphalter.

Der *Mehrfachprobenhalter* (Abb. 11.5) erlaubt die Untersuchung von bis zu fünf Proben unter gleichen Bedingungen. Dies ist z. B. notwendig bei dem Vergleich mit Standards. Fällt eine große Anzahl von Proben an (z. B. Asbestuntersuchungen), kann durch den Mehrfachprobenhalter Zeit gespart werden, da das häufige Probenschleusen entfällt. Der gleiche Halter kann häufig mit einem anderen Einsatz für größere (Bulk-)Proben verwendet werden. Hierbei ist keine Durchstrahlung mehr möglich, sondern es wird die Topographie einer Probe mit Hilfe von Sekundärelektronen untersucht bzw. EDX-Untersuchungen vorgenommen.

Technische Schwierigkeiten bereitet es auch, im Mikroskop eine einigermaßen definierte *mechanische Spannung* in einem durchstrahlbaren Teil einer Probe zu erreichen. In der bewährtesten Einrichtung werden die Bedingungen des Zugversuches nachgeahmt. Die Folie wurde an einem feststehenden und an einem beweglichen Halter befestigt. Die durchstrahlbare Stelle, am besten eine dünne Brücke zwischen zwei dickeren Probenteilen muss zwischen beiden Haltern freiliegen.

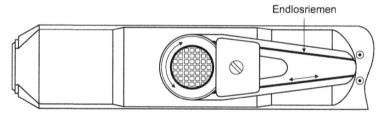

Abb. 11.4: Einfachkipp-Rotationshalter für spezielle Beugungs-, EDX-, EELS-Untersuchungen sowie stereologische Analysen. Durch kontinuierliche Rotation stehen größere Bereiche von Kippwinkeln zur Verfügung (Gatan)

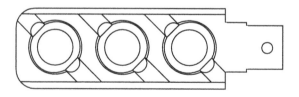

Abb. 11.5: Mehrfachprobenhalter, hier für max. drei Proben, für Untersuchungen unter gleichen Bedingungen, z. B. zum Vergleich mit Standards. Zeitaufwendiges Probenschleusen kann entfallen (Philips)

Mit dieser Einrichtung lassen sich Experimente mit einigermaßen konstanter Verformungsgeschwindigkeit durchführen und Versetzungsbewegungen und Rissbildung direkt beobachten (Abb. 11.6).

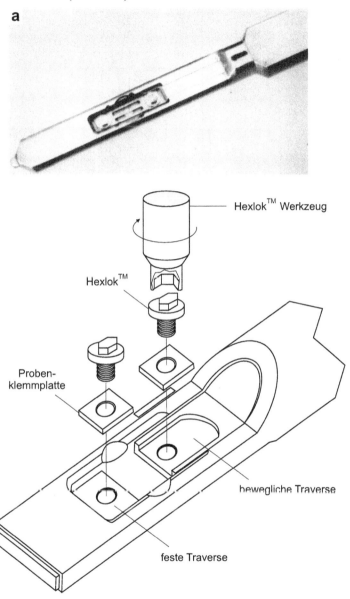

Abb. 11.6: a) Dehnhalter zur Nachahmung des Zugversuchs. Maximale Dehnung: 1 mm; Dehnrate: 0,01 µm/s bis 1 µm/s (Gatan). b) Schematische Darstellung: durch die bewegliche Traverse wird die Kraft auf die Probe aufgebracht (Gatan)

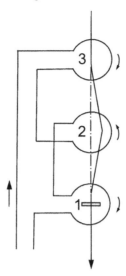

Abb. 11.7: Prinzip des Magnetisierungsprobenhalters. Der gleiche Strom, der die Magnetisierung in der Probe bewirkt (1), fließt gleichzeitig durch die Spulen 2 und 3. Diese Spulen bewirken eine Ablenkung des einfallenden Strahles, die gerade die Ablenkung durch die Magnetisierungsspule aufhebt

Verhältnismäßig einfach ist die Konstruktion eines Probenhalters zum *Magnetisieren* von Folien im Mikroskop. Eine einzelne Spule würde den Elektronenstrahl proportional der Magnetisierung aus der Mikroskopachse ablenken. Aus diesem Grunde verwendet man zwei Kompensationsspulen, die mit der Magnetisierungsspule in Reihe geschaltet sind (Abb. 11.7). Die Kompensationsspulen lenken den Elektronenstrahl proportional der Magnetisierung in der Weise um, dass er die Probe immer in der Achsrichtung verlässt. Auf diese Weise lassen sich die Bewegungen der Bloch-Wände bei gleichzeitiger Beobachtung des Gefüges z. B. von Ausscheidungsteilchen, Versetzungsgruppen beobachten. Wichtig ist dabei auch, dass das vom Objektiv ausgehende Feld vernachlässigbar klein ist.

11.4 Grenzen der Durchstrahlungs-Elektronenmikroskopie, Auflösungsvermögen

Eine wichtige Grenze der Anwendbarkeit der direkten Durchstrahlung von Folien liegt darin, dass die beobachteten Erscheinungen nicht immer repräsentativ für das massive Material sind. Das gilt nicht nur für die im vorangehenden Abschnitt erwähnten Experimente im Mikroskop. Es können auch Veränderungen bei der Probenherstellung auftreten. Dabei soll von plastischer Verformung beim Abtrennen der Folie oder beim Einlegen in den Probenhalter oder vom Eindiffundieren von

Wasserstoff aus einem ungeeigneten Elektrolyten abgesehen werden. Es bleiben dennoch drei wichtige Fälle, in denen die zu beobachtende Struktur sich stark ändert:

1. Verfestigte Legierungen mit weitreichenden Spannungsfeldern und leicht beweglichen Versetzungen,
2. die Anordnung und Art der Grenzen zwischen spontan magnetisierten Bereichen,
3. die Kristallstruktur metastabiler Phasen, die bei tiefen Temperaturen martensitisch umwandeln können.

Nur in Fall 1 kann erreicht werden, dass durch Alterung oder Bestrahlen der Probe unter Spannung vor dem Dünnen die Ursprünglich vorhandene Versetzungsanordnung fixiert werden kann.

Eine weitere Grenze ist gegeben durch das Auflösungsvermögen a der heutigen Elektronenmikroskope. Es ist weniger von der Wellenlänge der Elektronen (Tabelle 3.1) als von der Qualität der Linsen bestimmt. Das Gesamtauflösungsvermögen a setzt sich deswegen aus dem Anteil, der von der Beugung herrührt, a_B, dem Öffnungsfehler a_s (sphärische Aberration) und dem Farbfehler a_c (chromatische Aberration), der jedoch gering ist, zusammen:

$$a = a_B + a_s + a_c$$

$$= \frac{0,6\,\lambda}{\alpha} + c_s \cdot \alpha^3 + c_c \cdot \alpha \cdot \sqrt{\left(\frac{\Delta U}{U}\right)^2 + \left(\frac{2\,\Delta I}{I}\right)^2} \qquad (11.1)$$

Dabei ist α der Aperturwinkel, c_s die Öffnungsfehlerkonstante der Linse, c_c die Farbfehlerkonstante der Linse, $\Delta U/U$ und $\Delta I/I$ die Stabilität der Hochspannung bzw. des Linsenstroms.

In der Nanoforschung besteht ein fortgesetzter Bedarf an höchster Auflösung. Der Weg der höchsten Beschleunigungsspannungen (Kap. 12.1) führt hier nicht immer zum Ziel, da nicht alle Untersuchungsobjekte diese unbeschädigt ertragen. Alternativ wurde an der Verbesserung des Linsendesigns gearbeitet. In den letzten Jahren hat sich die Meinung durchgesetzt, dass die optische Güte von Durchstrahlungs-Elektronenmikroskopen nur noch durch Korrektur der Abbildungsfehler der Linsen erreicht werden kann. Die Korrektur des Öffnungsfehlers von magnetischen Linsen im TEM ist möglich durch den Einsatz von Multipolfeldern, die die Öffnungsfehlerkonstante c_s reduzieren. Der Einsatz derartiger Korrektoren führt zu einer Verbesserung der Auflösung im (S)TEM-Betrieb sowie zu höheren Strahlströmen im fokussierten Elektronenstrahl, was auch für spektroskopische Anwendungen vorteilhaft ist. Mit einem Monochromator kann schließlich die Energieverbreiterung der Elektronenquelle auf unter 0,1 eV reduziert werden, was zu einer Reduzierung der Farbfehlerkonstante c_c führt. Die verringerte Energieverbreiterung resultiert auch in verbesserten analytischen Möglichen des (S)TEM

(Kap. 12.2). Derartige Korrektoren sind heute in kommerziellen Geräten erhältlich. Die damit erreichbare Auflösung wird mit unter 0,1 nm angegeben.

Ein Verfahren zur Verbesserung des Kontrastes durch einen Eingriff in den Strahlengang des Mikroskopes ist der aus der Lichtmikroskopie bekannte Phasenkontrast. Der Brechungsindex von Elektronen n hängt von der Beschleunigungsspannung U und dem inneren Potential U_i der durchstrahlten Probe ab. U_i hat für alle Stoffe die Größenordnung 10 V. Der Brechungsindex

$$n \approx 1 + \frac{1}{2} \frac{U_i}{U} \tag{11.2}$$

liegt also für 100 kV-Elektronen nahe bei 1. Trotzdem ist eine Übertragung des lichtmikroskopischen Phasenkontrastverfahrens auf elektronenmikroskopische Verhältnisse denkbar. In der Lichtmikroskopie wird ein Plättchen in die Brennebene des Objektivs gebracht, das eine Phasenverschiebung $\pm$ $\lambda/4$ bewirkt. Die durch ein Phasenobjekt erzeugte geringe Phasenverschiebung kann dann nach Interferenz in relativ großen Amplitudenunterschied und damit sichtbaren Kontrast umgewandelt werden.

Für die Elektronenmikroskopie können alle örtlichen Schwankungen des inneren Potentials als Phasenobjekte betrachtet werden, so dass das Verfahren besonders für die Auflösung atomarer und molekularer Strukturen Bedeutung erlangen könnte. Die Dicke t_p, die ein Phasenplättchen zur Verschiebung der Phase der Elektronenwellen haben muss, lässt sich aus folgender Beziehung berechnen:

$$t_p (n - 1) = \lambda/4 \tag{11.3}$$

Für 100 kV-Elektronen und U_i = 10 V folgt daraus, dass eine Schicht von etwa 20 nm diese Phasenverschiebung bewirkt (z. B. amorpher Kohlenstoff). Praktische Bedeutung hat das Phasenkontrastverfahren in der Elektronenmikroskopie besonders wegen technischer Schwierigkeiten (Verschmutzung der Phasenplättchen) noch nicht erlangt.

Schließlich gibt es auch Grenzen, die sich aus der hohen Vergrößerung ergeben. Wenn, wie es z. B. in vielen Halbleiterkristallen der Fall ist, die Versetzungsdichte kleiner als $10^5/cm^2$ ist, müsste im Mikroskop bei 10.000facher Vergrößerung eine Fläche von 100 cm^2 abgesucht werden, um eine Versetzung zu finden. Die Bestimmung der Versetzungsdichte wird damit praktisch unmöglich. Es muss in diesem Falle auf andere Methoden – Lichtmikroskopie (Ätzgrübchen) oder Durchstrahlung mit Röntgenstrahlen (Langmethode) zurückgegriffen werden.

Die obere Grenze der Versetzungsdichte, die mit der Durchstrahlungsmikroskopie ermittelt werden kann, liegt bei 10^{10} bis $10^{11}/cm^2$. Oberhalb dieser Versetzungsdichten überlappen sich die Kontrastbreiten der einzelnen Versetzungen, so dass sie nicht mehr zu trennen sind. Ähnliche Grenzen sind auch dann gegeben, wenn die Dichte von Stapelfehlern sehr groß wird, wie in manchen martensitisch umgewandelten Legierungen oder in verformtem α-Messing.

11.5 Literatur

Kisielowski C et al (2008) Detection of Single Atoms and Buried Defects in Three Dimensions by Aberration-Corrected Electron Microscope with 0.5 Å Information Limit. Microsc Microanal 14: 469

van der Stam C, Dahmen U et al (2005) A New Aberration-Corrected Transmission Electron Microscope for a New Era. Microscopy and Analysis 19:9

12 Besondere Verfahren der Transmissionselektronenmikroskopie

12.1 Elektronenmikroskopie bei sehr hoher Spannung

In den vorangegangenen Kapiteln sind eine Reihe von Grenzen der Durchstrahlungs-Elektronenmikroskopie erwähnt worden (Kap. 4, 6, 10, 11). Dabei wurde immer vorausgesetzt, dass für die Versuche die üblichen Mikroskope mit Beschleunigungsspannungen bis unter 200 kV verwendet werden. Die Grenzen der Anwendungsmöglichkeit folgten im Wesentlichen aus der erforderlichen geringen Dicke der Folien und aus Zerstörung der Struktur durch Strahlenschäden. Diese Nachteile lassen sich teilweise vermeiden, wenn Mikroskope mit höherer Beschleunigungsspannung verwendet werden. Seit einigen Jahren sind Geräte mit bis zu 1000 kV auf dem Markt erhältlich, und die ersten Erfahrungen ihrer Anwendung auf dem Gebiet der Werkstoffforschung liegen vor.

Die primäre Folge der Erhöhung der Spannung ist eine Abnahme der Wellenlänge der Elektronen (Tabelle 3.1) und eine geringere Wahrscheinlichkeit ihrer Streuung an den Atomen im Inneren eines Werkstoffes, ausgedrückt durch die Abnahme des Streuquerschnitts σ (vgl. Kap. 3.1, Tabelle 12.1). Dabei nimmt der Anteil der unelastisch gestreuten Elektronen noch sehr viel stärker ab als der der elastisch gestreuten (Tabelle 12.2).

Tabelle 12.1: Elastische Streuquerschnitte σ_e in 10^{-18} cm^2 bei $\alpha = 5 \cdot 10^{-3}$ (nach Dupouy)

U [kV]	C (6)	Al (13)	Au (79)
50	1,267	3,986	55,66
100	0,688	2,114	30,66
500	0,186	0,508	9,63
1000	0,090	0,266	5,98

Die nahe liegendste Wirkung einer erhöhten Spannung sollte ein verbessertes Auflösungsvermögen als Folge der kleineren Wellenlänge sein. Das Auflösungsvermögen für die heutigen Linsensysteme wird von 0,2 nm bei 120 kV auf unter 0,1 nm bei 1 bis 1,2 MV erhöht. Es können also die atomaren Dimensionen unterschritten werden. Bei derartig hohen Beschleunigungsspannungen besteht jedoch die Gefahr von Atomverlagerungen durch Elektronenstöße.

Eine Folge des geringen Streuquerschnitts ist eine erhöhte mittlere freie Weglänge t_m und damit eine größere Eindringtiefe der Elektronen (vgl. Gl. 4.1):

$$t_m = \frac{1}{N\,\sigma} \tag{12.1}$$

N ist die Zahl der Atome pro cm^3.

Tabelle 12.2: Vergleich elastischer (σ_e) und unelastischer (σ_i) Streuquerschnitte von Kohlenstoff bei $\alpha = 5 \cdot 10^{-3}$, $[10^{-18}\ cm^2]$ (nach Dupouy)

U [kV]	σ_e	σ_i
50	1,267	-
75	-	0,848
100	0,688	-
250	0,327	-
300	-	0,157
500	0,186	0,083
1000	0,090	0,031

Tabelle 12.3: Mittlere freie Weglänge t_m [nm] für Graphit, Aluminium und Gold bei einem Aperturwinkel $\alpha = 5 \cdot 10^{-3}$ (nach Dupouy)

U [kV]	Graphit	Al	Au
50	70,0	41,6	3,1
100	128,9	78,4	5,5
500	476,9	326,4	17,6
1000	388,1	622,6	28,3

Tabelle 12.4: Elastische Streuquerschnitte σ_e $[10^{-18}\ cm^2]$ von Aluminium, abhängig von der Apertur α [rad] und Beschleunigungsspannung U [kV] (nach Dupouy)

U [kV]	10^{-4}	10^{-3}	$5 \cdot 10^{-3}$	10^{-2}
50	4,250	4,239	3,986	3,354
100	2,408	2,395	2,114	1,548
500	0,972	0,937	0,508	0,252
1000	0,817	0,743	0,266	0,107

Einige Werte dafür sind für Elemente mit verschiedener Ordnungszahl in Tabelle 12.3 angeführt. Für Aluminium erhöht sich t_m bei optimaler Apertur von $\alpha = 5 \cdot 10^{-3}$ (Tabelle 12.4) auf das 8fache. Daraus folgt der Vorteil, dass durch Erhöhung der Spannung die Strahlenschädigung des Objektes stark verringert wird. Das spielt besonders eine Rolle bei Präparaten, die Atome mit niedriger Ordnungszahl enthalten: biologische Stoffe, Kunststoffe, Kohlenstoffkristalle. Es ist z. B. festgestellt worden, dass bei sonst konstant gehaltenen Bestrahlungsbedingungen die Kristallstruktur von Graphitfolien mit 75 kV-Elektronen sehr viel früher zerstört wurde als mit 250 kV-Elektronen. Diesem Vorteil steht entgegen, dass der Kontrast in amorphen Präparaten mit zunehmender Spannung sehr stark abnimmt.

Die Gl. (4.4) für den Kontrastunterschied kann dann auch folgendermaßen geschrieben werden:

$$\Delta K = \left[\sigma\left(U\right)\rho_1 t_1\right] - \left[\sigma\left(U\right)\rho_2 t_2\right] \qquad \Delta K = \log\frac{I_2}{I_1} \qquad (12.2)$$

Ein Vergleich mit Tabelle 12.1 lehrt, dass die zu erwartende Abnahme des Kontrastes so groß ist, dass es fraglich ist, ob unter diesen Bedingungen überhaupt sinnvoll gearbeitet werden kann. Als Ausweg bieten sich zwei Möglichkeiten an. Erstens die Anwendung elektronischer Bildverstärker, zweitens eine modifizierte Dunkelfeldmethode. Damit erreicht man auch ohne Verstärkung eine Verbesserung des Kontrastes. Sie beruht darauf, dass der größere Teil der nicht an den Atomen in der Probe gestreuten, also die in ihrer ursprünglichen Richtung weiterlaufenden Elektronen, aus dem weiteren Strahlengang entfernt werden. Das geschieht durch eine Scheibe ($\approx 5\ \mu m\ \varnothing$), die in der Ebene der Aperturblende ($\approx 20\ \mu m\ \varnothing$) in der Mikroskopachse liegt (Abb. 12.1). Aufgefangen werden also alle Elektronen mit $\alpha > \alpha_0$ und $\alpha < \alpha_1$. Der Kontrast entsteht nur durch die Elektronen mit $\alpha_0 < \alpha_a < \alpha_1$.

Dadurch wird die für alle Probenstellen gleiche Untergrundintensität verringert und der Kontrast verstärkt. Das Prinzip ist dem der Dunkelfeldabbildung kristalliner Objekte ähnlich. Die große freie Weglänge der Elektronen bei höherer Spannung ist für Werkstoffe, besonders bei der Untersuchung von Kunststoffen, von Vorteil. Bei geringen Spannungen erkauft man sich gute Kontrastbedingungen mit einer starken Veränderung des Präparates durch Strahlenschäden. Solche Veränderungen sind: Zerstörung der kristallinen Anteile im Gefüge und Vernetzung und Aufbrechen von Molekülketten. Die Elektronenmikroskopie der Hochpolymeren ist ein unerschlossenes Gebiet, in dem vielleicht die Mikroskopie mit sehr hohen Spannungen zu zuverlässigeren Ergebnissen führen wird.

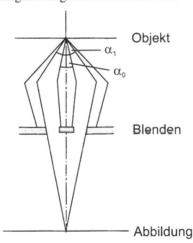

Abb. 12.1: Durch Anbringen einer Scheibe im Zentrum des Strahlenganges werden die nicht oder nur mit sehr kleinem Winkel gestreuten Elektronen aufgefangen. Dadurch erhält man einen besseren Kontrast in kontrastschwachen Objekten

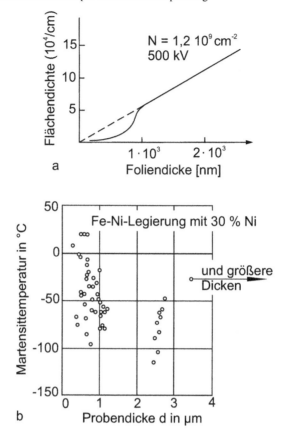

Abb. 12.2: a) Bestimmung der kritischen Dicke einer Folie. Unterhalb von $1 \cdot 10^3$ nm ist die gemessene Versetzungsdichte bei den angegebenen Bedingungen geringer als der wirkliche Wert, da ein Teil der Versetzungen sich umordnet oder die Folie verlässt. Nur oberhalb dieser Dicke ist die Folie repräsentativ für das massive Material. b) Abhängigkeit der Martensitstarttemperatur M_s von der Probendicke (H. Warlimont)

Die durchstrahlbare Dicke kristalliner Proben ist in erster Linie begrenzt durch den chromatischen Fehler, der von inelastisch gestreuten Elektronen verursacht wird (s. Kap. 11.4). Die Erkennbarkeit von Bildobjekten wie z. B. Versetzungen nimmt mit zunehmender Probendicke infolge der zunehmenden diffusen Untergrundintensität ab. Häufig erkennt man auch eine Verschlechterung des Kontrastes des in der Nähe der unteren Oberfläche liegenden Teils einer schräg in der Folie liegenden Versetzungslinie oder Korngrenze. Eine Erhöhung der Spannung führt zu einer starken Verringerung der unelastischen Streuung, zu geringerem chromatischem Fehler und damit zu kontrastreicher Abbildung auch bei großen Foliendicken. Dies scheint der Hauptvorteil der Mikroskopie mit höchsten Spannungen zu sein. Man ist in der Lage, Folien in einer Dicke zu durchstrahlen, bei der das Ge-

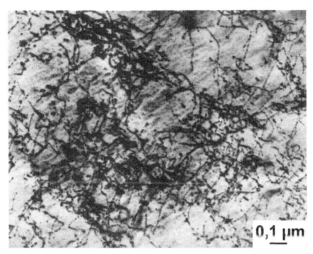

Abb. 12.3: Fe-0,75 wt. % Mn, Dicke der Folie ~ 2000 nm, durchstrahlt mit 1000 kV (K. F. Hale)

füge repräsentativ für das massive Material wird. Das bedeutet, dass die meisten der in Kap. 11 erwähnten Experimente im Mikroskop durchgeführt werden können, und dass die dort beschriebenen Fehlermöglichkeiten wegfallen oder sich zumindest stark verringern lassen.

Es kann angenommen werden, dass zur Beobachtung von Versetzungen in verfestigten Metallen und von Ausscheidungs-, Umwandlungs- und Rekristallisationsreaktionen eine Foliendicke von $t_c = 1$ bis 4 μm notwendig ist, um das Verhalten des massiven Materials zu repräsentieren (Tabelle 12.5). Im 1000 kV-Mikroskop kann der größte Teil der Werkstoffe unter den Bedingungen des massiven Materials untersucht werden. Die kritische Dicke t_c hat für verschiedene Bildobjekte verschiedene Werte. Für eine Versetzungsdichte von $1,2 \cdot 10^9$ cm^{-2} in Reinstaluminium ist sie experimentell zu 0,8 μm bestimmt worden (Abb. 12.2a). Sie muss von Fall zu Fall ermittelt werden. Es steht aber fest, dass viele Erscheinungen in metallischen Werkstoffen zuverlässig nur mit Spannungen, die größer als 100 kV sind, beobachtet werden können (Abb. 12.2b und 12.3).

Die bisherigen Erfahrungen bei der Anwendung sehr hoher Spannungen können so zusammengefasst werden:

- die Verringerung der Wellenlänge führt theoretisch zu einer Verbesserung des Auflösungsvermögens, welche aber durch die Verschlechterung des Kontrasts teilweise wieder verloren geht und den Einsatz von Kontrastverstärkern notwendig macht,
- geringere Strahlenschädigung bei Stoffen mit niedriger Ordnungszahl,
- geringerer Kontrast amorpher Stoffe,
- erhöhter Kontrast dicker Folien kristalliner Stoffe (Tabelle 12.5 und Abb. 12.4).

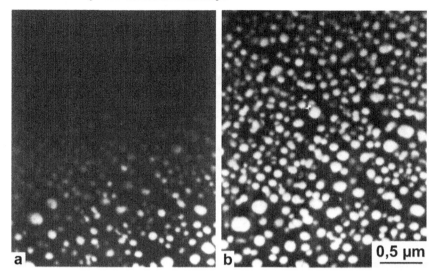

Abb. 12.4: Fe-22,4 at. % Al, Fe₃Al-Teilchen, Dunkelfeldaufnahme mit (111) von Fe₃Al (vgl. Abb. 8.7) a) 100 kV, b) 200 kV. Verbesserung der Durchstrahlbarkeit und des Kontrastes durch erhöhte Spannung (H. Warlimont)

Tabelle 12.5: Erhöhung der Durchstrahlbarkeit von Kristallen bei Spannungen über 100 kV (nach Wilkens)

U [kV]	Erhöhung (x-fach)
100	1
200	1,6
300	2,0
500	2,5
1000	3,0

Das Auflösungsvermögen kann durch Linsenkorrektoren ebenfalls verbessert werden (siehe Kap. 11.4). Diese können auch bei geringeren Beschleunigungs-spannungen ($\leq$ 300 kV) eingesetzt werden, was kostengünstiger ist als die Erhö-hung der Beschleunigungsspannung, denn die Gerätekosten steigen mehr als pro-portional mit zunehmender Beschleunigungsspannung an.

12.2 Analytische Elektronenmikroskopie

Die analytische Elektronenmikroskopie (AEM) stützt sich auf die Technik der Rasterdurchstrahlungs-Elektronenmikroskopie (Scanning Transmission Electron Microscopy = STEM). Dabei wird ein feiner Elektronenstrahl (< 10 nm) über eine

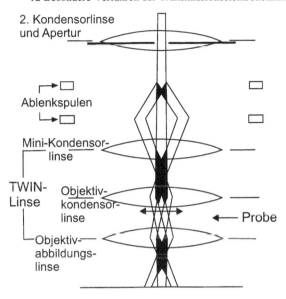

2. Kondensorlinse
und Apertur

Ablenkspulen

Mini-Kondensor-
linse

TWIN-
Linse   Objektiv-
kondensor-
linse   ← Probe

Objektiv-
abbildungs-
linse

Abb. 12.5: Prinzip der Rasterdurchstrahlungs-Elektronenmikroskopie (STEM). Ein feiner Elektronenstrahl wird mit Hilfe von Ablenkspulen parallel über die Probe bewegt (Philips)

elektronentransparente Folie gerastert (Abb. 12.5), ähnlich wie im Rasterelektronenmikroskop (REM).

Im Gegensatz zum TEM, das mit einem parallelen, kohärenten Strahl arbeitet, wird im STEM ein konvergenter, inkohärenter Strahl verwendet. Das STEM dient als Zusatz zum TEM und erfordert einige gerätetechnische Veränderungen. Es muss ein sehr feiner Strahl erzeugt werden, ohne dass die Möglichkeit zur Beobachtung großer Probenbereiche im TEM verloren geht. Dies wird durch ein Kondensor-/Objektivlinsensystem erreicht, welches den oberen Polschuh der Objektivlinse als starke dritte Kondensorlinse nutzt. In der TEM-Säule müssen zusätzlich Strahlablenkungssysteme und Detektoren installiert werden, die zeitabhängige Bilder erzeugen, ohne dass die hintere Brennebene der Objektivlinse beeinträchtigt wird. Schließlich wird eine Vielzahl von Signalen erzeugt (Abb. 1.15). Um sie nutzen zu können, müssen verschiedene Detektoren eingebaut werden (Abb. 12.7 und 12.8).

Die auf einem Monitor erzeugten Bilder sind äquivalent zum TEM-Bild. Es sind sowohl Hellfeld- als auch Dunkelfeldbilder möglich (Abb. 12.6), wobei der ringförmige Dunkelfelddetektor Signale von einem kompletten Kegel gestreuter Elektronen erhält (Abb. 12.7). Mit einem HAADF-Detektor (High Angle Annular Dark Field) werden Elektronen verwendet, die um größere Winkel gestreut wurden. Dieser Modus liefert eine höhere Auflösung sowie (bei konstanter Probendicke) Informationen über die Zusammensetzung (Z-Kontrast Abbildung).

Der Sekundärelektronendetektor liefert Informationen über die Topographie der Probenoberfläche. Hiermit können auch Abbildungen von nichttransparenten

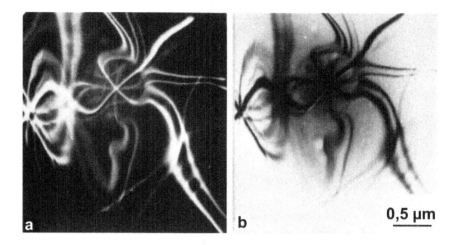

Abb. 12.6: Biegelinien in Reinaluminium. STEM a) Dunkelfeld- und b) Hellfeldabbildung

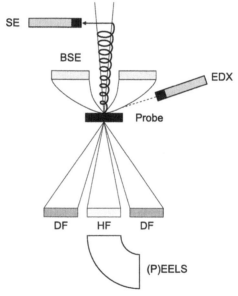

Abb. 12.7: Detektoren der analytischen Elektronenmikroskopie: zur Nutzung aller auftretenden Signale wird eine Vielzahl von Detektoren eingebaut: HF = STEM-Hellfelddetektor, DF = STEM-Dunkelfelddetektor, BSE = Rückstreuelektronendetektor, SE = Sekundärelektronendetektor, EDX = Detektor für energiedispersive Röntgenanalyse, (P)EELS = (paralleler) Elektronen-Energie-Verlust-Spektroskopie-Detektor

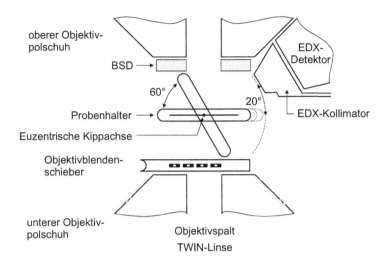

Abb. 12.8: Detektoranordnung zwischen oberem und unterem Objektivpolschuh: der ringförmige Rückstreuelektronendetektor befindet sich direkt unter dem oberen Polschuh. Der Abnahmewinkel des EDX-Detektors beträgt 20°, so dass die Probe zum Detektor hin gekippt werden muss. Der euzentrische Kippwinkel beträgt 60°. Bei hochauflösenden Geräten ist der Abstand zwischen oberem und unterem Polschuh oft kleiner und infolgedessen der Kippwinkel eingeschränkt (Philips)

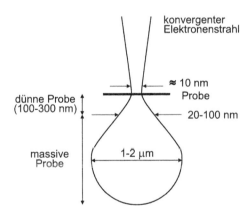

Abb. 12.9: Vergleich des Anregungsvolumens für massive Proben (REM) und dünne Proben (TEM, STEM). Die laterale Auflösung wird gegenüber dicken Proben verbessert

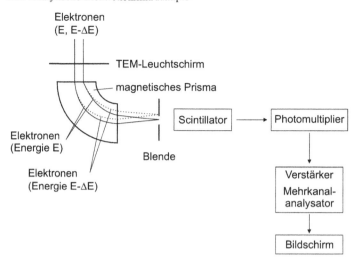

Abb. 12.10: Prinzip der Elektronen-Energie-Verlust-Spektroskopie (EELS). Elektronen erleiden beim Durchgang durch die Probe durch unelastische Streuung einen Energieverlust ΔE. Ein magnetisches Prisma trennt die Elektronen der verschiedenen Energieniveaus. Diese treten durch eine Blende in den Scintillator. Der charakteristische Energieverlust kann den entsprechenden Elementen zugeordnet werden

Folien erzeugt werden. Die Rückstreuelektronen liefern Informationen über die Elementverteilung. Mit Hilfe der energiedispersiven Röntgenanalyse (EDX) kann die chemische Zusammensetzung in sehr kleinen Probenbereichen (z. B. Ausscheidungen) bestimmt werden. Dazu wird die für ein Element charakteristische Röntgenstrahlung verwendet, die in dem Bereich der Probe entsteht, der mit den Elektronen in Wechselwirkung tritt. Zusätzlich sind Linienprofile und Elementverteilungsbilder möglich. Die Elektronen-Energie-Verlust-Spektroskopie (Electron-Energy-Lost-Spectroscopy = EELS) liefert ebenfalls Informationen über die chemische Zusammensetzung. Es können aber auch energiegefilterte Bilder erzeugt werden.

Die Röntgenanalyse dünner Proben unterscheidet sich von der massiver Proben wie in Abb. 12.9 dargestellt: von der Anregungsbirne existiert nur der Hals, dadurch wird die ZAF-Korrektur (= Korrektur hinsichtlich der unterschiedlichen Elektronenstreuung aufgrund der Atomart (Z), der Selbstabsorption von Röntgenstrahlen (A) in der Probe und der Fluoreszenz (F) von Röntgenstrahlen) überflüssig. Die laterale Auflösung wird erhöht. Bei kleinen Strahldurchmessern erhält man allerdings nur noch geringe Zählraten, wodurch die Aufnahme eines Spektrums sehr zeitaufwendig werden kann. In der Regel muss die Probe zum Detektor hin gekippt werden, da der Detektor nicht nah genug an die Probe gebracht werden kann (Abb. 12.8). Dies kann bei magnetischen Proben zu Problemen führen. Ist der Detektor mit einem dünnen Polymerfenster oder fensterlos ausgestattet, können Elemente der Ordnungszahl $Z \geq 5$ erfasst werden.

Die Elektronen-Energie-Verlust-Spektroskopie ist empfindlich für Elemente mit niedriger Ordnungszahl. Bei diesem Verfahren wird der Energieverlust unelastisch gestreuter Elektronen genutzt (Abb. 12.10), wobei der Energieverlust charakteristisch für ein Element ist.

Da die meisten Signale im STEM-Modus elektronisch gesammelt und angezeigt werden, hängt die Qualität der Bilder vom Signal-Rausch-Verhältnis ab. Um gute STEM-Bilder zu erzeugen, sind hohe Strahlströme erforderlich, die in der Regel zumindest eine LaB_6-Kathode erfordern (Tabelle 12.6).

Tabelle 12.6: Vergleich verschiedener Kathoden (Philips Course Manual)

	Wolfram thermisch	LaB_6 thermisch	Feldemission kalt
Temperatur [K]	2800	2000	Umgebung
Richtstrahlwert (100kV)	$5 \cdot 10^5$	$5 \cdot 10^6$	$10^8 - 10^9$
Strahlstrom [A]	10^{-12}	10^{-10}	10^{-8}
(10 nm Spot)			
Vakuum [Pa]	$\sim 10^{-3}$	$\sim 10^{-4}$	$10^{-7} - 10^{-8}$
Lebensdauer [h]	10 - 50	500 - 1000	1000

Den Vorteilen des STEM- vor dem TEM-Betrieb stehen jedoch auch einige Nachteile gegenüber:

Vorteile:
– Es können spezielle Informationen über die Probe gewonnen werden:

 • chemische Zusammensetzung (EDX, EELS)
 • Ordnungszahl (BSE)
 • Topographie (SE)

– Kein chromatischer Fehler, da die Linsen unterhalb der Probe nur Elektronen zum Detektor weitergeben, aber an der Bildentstehung selbst nicht beteiligt sind.
– Keine störenden dynamischen Kontraste
– Keine Bildrotation
– Geringere Belastung strahlenempfindlicher Proben, z. B. Polymere und biologische Präparate
– Bild kann verdreht und verschoben werden

Nachteile:
– Schlechtere Auflösung als im TEM
– Geringer dynamischer Beugungs- und Phasenkontrast
– Monitore besitzen $\sim 2 \cdot 10^6$ Bildpunkte; das sind $\sim$ 40 x geringer als auf den TEM-Planfilmen

Abschließend sei noch die Methode der energiegefilterten Abbildung im TEM-Betrieb (EFTEM) erwähnt. In Kap. 3.1 wurde bereits erläutert, dass Elektronen an den Atomen der TEM-Folie sowohl elastisch (reine Richtungsänderung) als auch unelastisch (Änderung von Richtung und Geschwindigkeit) gestreut werden. Letztere ist mit einer Energieänderung ΔE verbunden. Für die konventionelle Transmissions-Elektronenmikroskopie werden die für die Abbildung verwendeten Elektronen durch die Objektivaperturblende nach ihrem Streuwinkel ausgewählt. Die Energie der Elektronen bzw. ihr Energieunterschied spielt dafür keine Rolle. Bei der energiegefilterten Abbildung werden die Elektronen nicht nur nach ihrem Streuwinkel, sondern anschließend auch nach ihrer Energie (Wellenlänge) ausgelesen. Die Elektronen laufen in einem Filter durch ein Magnetfeld und werden durch die Lorentzkraft abgelenkt. Schnellere Elektronen werden weniger, langsamere stärker abgelenkt. Ein Schlitz variabler Breite selektiert schließlich für die

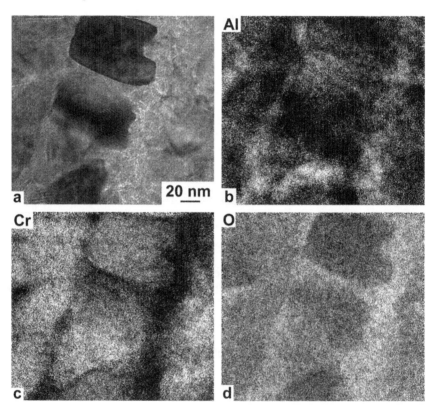

Abb. 12.11: Aluminiumoxidschicht abgeschieden auf IN 718. Die Schicht wurde bei 800°C Wasserdampf für 800 h ausgesetzt, was zu Diffusion aus dem Substrat in die Oxidschicht führt. a) Abbildung mit Elektronen, die keinen Energieverlust beim Durchtritt durch die Probe erlitten haben. Verteilung der Elemente b) Aluminium, c) Chrom und d) Sauerstoff durch Abbildung mit den zugehörigen Verlustkanten (mit freundlicher Genehmigung von I. Dörfel)

Abbildung Elektronen entweder ohne Energieverlust (elastische Abbildung) oder mit einem Energieverlust ΔE (unelastische Abbildung) und einer definierten Energiebandbreite.

Die Abbildungen zeigen größere Kontraste und es lassen sich qualitativ bessere Abbildungen auch von dickeren Proben erzeugen. Schließlich kann die Verteilung von Elementen in der Probe mit dieser Methode in der Abbildung sichtbar gemacht werden. Abbildung 12.11 zeigt beispielhaft eine Aluminiumoxid-Schicht, die auf der Nickelbasislegierung IN 718 abgeschieden und anschließend bei hoher Temperatur Wasserdampf ausgesetzt wurde. Abbildung 12.11a ist eine Abbildung mit Elektronen, die keinen Energieverlust erlitten haben (zero loss), während die Abb. 12.11b-d die Verteilung der Elemente Aluminium, Chrom und Sauerstoff zeigen. Für die energiegefilterten Abbildungen wurden jeweils die entsprechenden Verlustkanten-Energien verwendet. Die starke Diffusion von Chrom aus der Nickelbasislegierung in die Oxidschicht ist deutlich zu erkennen.

12.3 Literatur

Dupouy G (1968) Electron Microscopy at Very High Voltages. In: Advances in Optical and Electron Microscopy. Academic Press, New York, Bd 2: 167

Egerton RF (1986) Electron Energy-Loss Spectroscopy in the Electron Microscope. Plenum Press, New York.

Egerton RF (2003) New Techniques in Electron Energy-Loss Spectroscopy and Energy-Filtered Imaging, Micron 34, 127

Fujita H et al (1967) Metallurgical Investigations with a 500 kV Microscope. Trans Nat Res Int Metals 3: 95

Gilroy J et al (1966) A New Approach to Electron Microscope Design, Scientific Research. S. 31

Hofer F, Warbichler P, Grogger W, Lang O (1995) On the application of energy filtering TEM in materials science .1. Precipitates in a Ni/Cr-alloy, Micron 26: 377-390

Taoka J (1970) The High Voltage Electron Microscope and its Metallurgical Applications. Reinststoff Symposium, Dresden

Warlimont H (1961) Increased Martensite Formation Temperature in Thin Films. Trans Metallurg Soc AIME 221: 1270

Warlimont H (1970) Grundlagen der Elektronenmikroskopie bei höheren Spannungen und ein Vergleich 100 kV – 200 kV. Prakt Metallogr 7: 654

Williams DB (1984) Practical Analytical Electron Microscopy in Materials Science. Verlag Chemie International, Weinheim

Anhang

A 1: Polierlösungen zum chemischen bzw. elektrolytischen Vordünnen und Dünnpolieren metallischer und nichtmetallischer Werkstoffe

Tabelle A 1.1: Chemisches Vordünnen durch Eintauchen in das Lösungsmittel

Nr.	Material	Lösungsmittel	Temperatur [°C]
1	Al und Al-Legierungen	20 g Natriumhydroxid 100 cm³ Wasser	70
2	Cu und Cu-Legierungen	50 % Salpetersäure	20
		25 % Essigsäure	
		25 % Phosphorsäure	
3	Fe und rostfreier Stahl	15 % Salzsäure	≈ 90
		30 % Salpetersäure	
		45 % Wasser	
		10 % Flusssäure	
4	Fe und niedrig legierte Stähle	40 % Salpetersäure	20
		10 % Flusssäure	
		50 % Wasser	
5	Fe und Fe-Mn	33 % Salpetersäure	60
		33 % Essigsäure	
		34 % Wasser	
6	Ge	15 cm³ Essigsäure	20
		0,3 cm³ Brom	
		15 cm³ Flusssäure	
		25 cm³ Salpetersäure	
7	Mg und Mg-Legierungen	2 % Salpetersäure in Alkohol	20
8	Nb	30 % Flusssäure (40 %)	0
		70 % Salpetersäure	
9	Si	17 % Flusssäure	20
		83 % Salpetersäure	
10	SiO_2	50 % Salpetersäure	20
		50 % Flusssäure	
11	U und U-Legierungen	50 % Salzsäure	20
		50 % Wasser	
12	Fe-, Ti-, Zr-Legierungen	66 % Phosphorsäure	20
		34 % Wasserstoffperoxid	

Tabelle A 1.2: Polierlösungen für elektrolytisches Dünnpolieren mit konventionellen Methoden

Nr.	Material	Verfahren	Elektrolyt	Spannung [V]	Strom-dichte [A cm^{-2}]	Temperatur [°C]
1	Ag, Au	Fenster	9 % Kaliumcyanid in Wasser	8	1,8	< 20
2	Al und Al-Legierungen	Fenster	20 % Perchlorsäure 80 % Äthylalkohol	15 - 20	0,2	< 30
3	Al und Al-Legierungen	Bollmann	33 % Perchlorsäure 67 % Essigsäure	18 - 20	-	
4	Cu und Cu-Legierungen	Fenster Bollmann	33 % Salpetersäure 76 % Methylalkohol	4 - 8	0,5 – 0,6	< 0
5	Fe, rostfreier Stahl	Fenster	5 % Perchlorsäure 95 % Essigsäure	35 - 45	0,7	< 30
6	Fe, niedrig leg. Stähle	Fenster Bollmann	133 cm^3 Essigsäure 7 cm^3 Wasser 25 g Chromsäure	25 - 30	0,1 – 0,2	20
7	rostfreier Stahl	Bollmann	40 % Schwefelsäure 60 % Phosphorsäure	-	-	20
8	Mg und Mg-Legierungen	Fenster	33 % Salpetersäure 67 % Methylalkohol	9	0,5	20
9	Mo und Mo-Legierungen	Fenster	12,5 % Schwefelsäure 87,5 % Methylalkohol	5	1,0	5 - 10
10	Nb und Nb-Legierungen	Bollmann	10 % Flusssäure 90 % Schwefelsäure	12	1,0	< 0
11	Ni (oder wie Stahl)	Fenster	60 % Schwefelsäure 40 % Wasser	5 - 6	0,6 – 0,8	20
12	Ti	Fenster	5 % Perchlorsäure 95 % Essigsäure	30 - 40	-	< -10
13	U	Bollmann	617 cm^3 Phosphorsäure 134 cm^3 Schwefelsäure 240 cm^3 Wasser 156 g Chromsäure	20	1,5	20
14	V	Bollmann	20 % Schwefelsäure 80 % Methylakohol	12 - 30	0,5	-
15	W	Bollmann	2 % Natriumhydroxid in Wasser	-	-	-
16	W	Fenster	5 % Schwefelsäure 1,25 % Flusssäure (40 %) in Methylalkohol	50 - 70	4,4	0
17	Zn	Fenster	20 % Salpetersäure 80 % Methylalkohol	2,5	-	20
18	Zr und Zr-Legierungen	Bollmann	20 % Perchlorsäure 80 % Äthylalkohol	20 - 22	0,5	< 25

Tabelle A 1.3: Chemisches Strahldünnen von Halbleitern und Isolatoren

Nr.	Material	Lösungsmittel	Temperatur [°C]
1	Al_2O_3	85 % Phosphorsäure	450 – 510
		15 % Wasser	
2	$BaTiO_3$	konz. Schwefelsäure	20
3	CdS, ZnS	Schwefelsäure + Chromoxid	-
4	$CaWO_4$	konz. Phosphorsäure	250
5	GaAs	90 % Salzsäure	20
		10 % Flusssäure	
6	GaP	50 % Salpetersäure	20
		50 % Salzsäure	
7	MgO	konz. Phosphorsäure	100
8	NaCl	Wasser Alkohol-Gemisch	20
9	Si, Ge	90 % Salpetersäure (60 %)	20
		10 % Flusssäure (48 %)	
10	UO_2	konz. Phosphorsäure	heiß
11	ZnS	40 % Salpetersäure	-
		40 % Salzsäure	
		20 % Wasser	

Tabelle A 1.4: Elektrolytisches Strahldünnen

Nr.	Material	Düsendurch- messer [cm]	Elektrolyt	Spannung [V]	Stromdichte [A cm^{-2}]	Tempe- ratur [°C]
1	Ag	0,15	10 – 20 % Salpetersäure 80 – 90 % Wasser	20	0,2	20
2	Al und Al- Legierungen	0,10	10 % Salpetersäure 90 % Wasser	80	-	20
3	Cu und Cu- Legierungen	0,15	10 – 20 % Salpetersäure 80 – 90 % Wasser	20	0,2	20
4	Fe, niedrig leg. Stähle	0,15	75 % Salzsäure 25 % Wasser	30 - 40	0,2	20
5	rostfreier Stahl	-	40 % Essigsäure 30 % Phosphorsäure 20 % Salpetersäure 10 % Wasser	40 - 50	-	20
6	Ge	0,05	1/5 N Kaliumhydroxid	-	≈ 0,007	20
7	Nb und Nb- Legierungen	0,001	2 % Flusssäure 5 % Schwefelsäure 93 % Methylalkohol	300	10	-60
8	Ni und Ni- Legierungen	0,001	75 % Salzsäure 25 % Wasser	30 – 40	≈ 0,2	20
9	U	0,15	18 % Phosphorsäure 18 % Schwefelsäure 10 % Methylalkohol 54 % Wasser	80	≈ 0,1	20
10	W	0,001	2 % Natriumhydroxid in Wasser	150	20	20

Tabelle A 1.5: Bewährte Polierlösungen für Doppelstrahl-Probendünnungsverfahren (nach R. Stickler)

Material	Lösung
Cu und Cu-Legierungen	30 % H_3PO_4 in H_2O, elektrolytisch (Spannung erhöhen, bis Gasblasen auftreten, dann erniedrigen, bis Gasblasen eben verschwinden, fertigpolieren)
Stahl und Fe-Legierungen	10 % $HClO_4$ in CH_3COOH, elektrolytisch
	100 g Na_2CrO_4 + 500 ml CH_3COOH, elektrolytisch
Mo	20 ml HF + 80 ml H_2SO_4, elektrolytisch
Nb und Nb-Legierungen	600 ml CH_3OH + 10 ml H_2SO_4 + 5 ml HF, -50 °C, elektrolytisch
Ti und Ti-Legierungen	6 ml $HClO_4$ + 60 ml CH_3OH + 35 ml Butyl-Cellosolve, -30 °C, elektrolytisch
W	2 % NaOH in H_2O, elektrolytisch (sehr langsamer Elektrolytumlauf)
Bi_2Te_3	400 ml NaOH (10 %ig), + 85 ml Weinsäure (40 %ig), elektrolytisch
Gläser	10 ml HCl + 90 ml HF, stromlos

A 2: Häufige Kristalltypen (Gitterebenenabstände d_{hkl}, Winkel ϕ zwischen zwei Ebenen, Volumen der Einheitszelle V und Strukturfaktor $|F|^2$)

kubisch: $a = b = c$; $\alpha = \beta = \gamma = 90°$

$$\frac{1}{d^2} = \frac{h^2 + k^2 + l^2}{a^2}$$

$$\cos \phi = \frac{h_1 h_2 + k_1 k_2 + l_1 l_2}{\sqrt{\left(h_1^2 + k_1^2 + l_1^2\right)\left(h_2^2 + k_2^2 + l_2^2\right)}}$$

$$V = a^3$$

a) kubisch raumzentriert

Die Atome der Einheitszelle sind (0, 0, 0) und (1/2, 1/2, 1/2).

$|F|^2 = 0$ wenn $(h + k + l)$ ungerade,

$|F|^2 = 4f^2$ wenn $(h + k + l)$ gerade.

b) kubisch flächenzentriert

Die Atome der Einheitszelle sind (0, 0, 0), (1/2, 1/2, 0), (1/2, 0, 1/2), (0, 1/2, 1/2).

$|F|^2 = 0$ wenn h, k, l gemischt,

$|F|^2 = 16f^2$ wenn h, k, l alle gerade oder ungerade.

c) Diamantstruktur

Die Einheitszelle besteht aus zwei flächenzentrierten Gittern, die um ein Viertel der Raumdiagonale verschoben sind: (1/4, 1/4, 1/4).

$|F|^2 = 0$ wenn h, k, l gemischt,

$|F|^2 = 64f^2$ wenn h, k, l gerade und $(h + k + l) = 4n$,

$|F|^2 = 32f^2$ wenn h, k, l ungerade,

$|F|^2 = 0$ wenn h, k, l gerade und $(h + k + l) = 4(n + 1/2)$

d) Cäsium-Chlorid-Struktur

Die Einheitszelle besteht aus zwei kubisch primitiven Gittern, die um die Hälfte der Raumdiagonalen verschoben sind: (1/2, 1/2, 1/2).

Cs: (0, 0, 0), Cl: (1/2, 1/2, 1/2)

$$|F|^2 = (f_{Cs} + f_{Cl})^2 \qquad \text{wenn } (h + k + l) \text{ gerade,}$$

$$|F|^2 = (f_{Cs} - f_{Cl})^2 \qquad \text{wenn } (h + k + l) \text{ ungerade.}$$

e) Natrium-Chlorid-Struktur

Die Einheitszelle besteht aus zwei flächenzentrierten Na und Cl Subgittern, die um die Hälfte der Raumdiagonale verschoben sind: (1/2, 1/2, 1/2).

$$|F|^2 = 0 \qquad \text{wenn } h, k, l \text{ gemischt,}$$

$$|F|^2 = 16(f_{Na} + f_{Cl})^2 \qquad \text{wenn } h, k, l \text{ gerade,}$$

$$|F|^2 = 16(f_{Na} - f_{Cl})^2 \qquad \text{wenn } h, k, l \text{ ungerade.}$$

f) Zinkblende-Struktur

Die Einheitszelle besteht aus zwei flächenzentrierten Zn und S Subgittern, die um ein Viertel der Raumdiagonalen verschoben sind: (1/4, 1/4, 1/4).

$$|F|^2 = 0 \qquad \text{wenn } h, k, l \text{ gemischt,}$$

$$|F|^2 = 16(f_{Zn}^2 + f_S^2) \qquad \text{wenn } h, k, l \text{ ungerade,}$$

$$|F|^2 = 16(f_{Zn} + f_S)^2 \qquad \text{wenn } h, k, l \text{ gerade und } (h + k + l) = 4n,$$

$$|F|^2 = 16(f_{Zn} - f_S)^2 \qquad \text{wenn } h, k, l \text{ gerade und } (h + k + l) = 4(n + 1/2).$$

tetragonal: $a = b \neq c$; $\alpha = \beta = \gamma = 90°$

$$\frac{1}{d^2} = \frac{h^2 + k^2}{a^2} + \frac{l^2}{c^2}$$

$$\cos\phi = \frac{\dfrac{h_1 h_2 + k_1 k_2}{a^2} + \dfrac{l_1 l_2}{c^2}}{\sqrt{\left(\dfrac{h_1^2 + k_1^2}{a^2} + \dfrac{l_1^2}{c^2}\right)\left(\dfrac{h_2^2 + k_2^2}{a^2} + \dfrac{l_2^2}{c^2}\right)}}$$

$$V = a^2 c$$

orthorhombisch: $a \neq b \neq c$; $\alpha = \beta = \gamma = 90°$

$$\frac{1}{d^2} = \frac{h^2}{a^2} + \frac{k^2}{b^2} + \frac{l^2}{c^2}$$

$$\cos\phi = \frac{\dfrac{h_1 h_2}{a^2} + \dfrac{k_1 k_2}{b_2} + \dfrac{l_1 l_2}{c^2}}{\sqrt{\left(\dfrac{h_1^2}{a^2} + \dfrac{k_1^2}{b^2} + \dfrac{l_1^2}{c^2}\right)\left(\dfrac{h_2^2}{a^2} + \dfrac{k_2^2}{b^2} + \dfrac{l_2^2}{c^2}\right)}}$$

$$V = abc$$

hexagonal: $a = b \neq c$; $\alpha = \beta = 90°$, $\gamma = 120°$

$$\frac{1}{d^2} = \frac{4}{3} \cdot \frac{h^2 + hk + k^2}{a^2} + \frac{l^2}{c^2}$$

$$\cos\phi = \frac{h_1 h_2 + k_1 k_2 + \dfrac{1}{2}(h_1 k_2 + h_2 k_1) + \dfrac{3}{4}\dfrac{a^2}{c^2} l_1 l_2}{\sqrt{\left(h_1^2 + k_1^2 + h_1 k_1 + \dfrac{3}{4}\dfrac{a^2}{c^2} l_1^2\right)\left(h_2^2 + k_2^2 + h_2 k_2 + \dfrac{3}{4}\dfrac{a^2}{c^2} l_2^2\right)}}$$

$$V = \frac{\sqrt{3}}{2} a^2 c$$

hexagonal dichteste Packung

Die Einheitszelle besteht aus den Atomen (0, 0, 0) und (1/3, 1/3, 1/2)

$|F|^2 = 0$	wenn l ungerade und $(h + 2k) = 3n$,
$|F|^2 = 4f^2$	wenn l gerade und $(h + 2k) = 3n$,
$|F|^2 = 3f^2$	wenn l ungerade und $(h + 2k) = 3n + 1$ oder $3n + 2$,
$|F|^2 = f^2$	wenn l gerade und $(h + 2k) = 3n + 1$ oder $3n + 2$.

rhomboedrisch: $a = b = c$; $\alpha = \beta = \gamma < 120° \neq 90°$

$$\frac{1}{d^3} = \frac{\sin^2\alpha\left(h^2 + k^2 + l^2\right) + 2\left(\cos^2\alpha - \cos\alpha\right)\left(hk + kl + hl\right)}{a^2\left(1 - 3\cos^2\alpha + 2\cos^3\alpha\right)}$$

$$\cos\phi = \frac{a^4\, d_1\, d_2}{V^2}\left\{ \begin{array}{l} \sin^2\alpha\,\left(h_1\,h_2 + k_1\,k_2 + l_1\,l_2\right) \\ + \left(\cos^2\alpha - \cos\alpha\right)\left(k_1\,l_2 + k_2\,l_1 + l_1\,h_2 + l_2\,h_1 + h_1\,k_2 + h_2\,k_1\right) \end{array} \right\}$$

$$V = a^3\,\sqrt{1 - 3\cos^2\alpha + 2\cos^3\alpha}$$

monoklin: $a \neq b \neq c;\ \alpha = \gamma = 90° \neq \beta$

$$\frac{1}{d^2} = \frac{1}{\sin^2\beta}\left(\frac{h^2}{a^2} + \frac{k^2\sin^2\beta}{b^2} + \frac{l^2}{c^2} - \frac{2hl\cos\beta}{ac} \right)$$

$$\cos\phi = \frac{d_1\,d_2}{\sin^2\beta}\left(\frac{h_1\,h_2}{a^2} + \frac{k_1\,k_2\sin^2\beta}{b^2} + \frac{l_1\,l_2}{c^2} - \frac{(l_1\,h_2 + l_2\,h_1)\cos\beta}{ac} \right)$$

$$V = abc\cdot\sin\beta$$

triklin: $a \neq b \neq c;\ \alpha \neq \beta \neq \gamma$

$$\frac{1}{d^2} = \frac{1}{V^2}\left\{ S_{11}\,h^2 + S_{22}\,k^2 + S_{33}\,l^2 + 2S_{12}\,hk + 2S_{23}\,kl + 2S_{13}\,hl \right\}$$

$$S_{11} = b^2\,c^2\sin^2\alpha$$
$$S_{22} = a^2\,c^2\sin^2\beta$$
$$S_{33} = a^2\,b^2\sin^2\gamma$$
$$S_{12} = abc^2\,(\cos\alpha\cos\beta - \cos\gamma)$$
$$S_{23} = a^2\,bc\,(\cos\beta\cos\gamma - \cos\alpha)$$
$$S_{13} = ab^2\,c\,(\cos\gamma\cos\alpha - \cos\beta)$$

$$\cos\phi = \frac{d_1\,d_2}{V^2}\left\{ \begin{array}{l} S_{11}\,h_1\,h_2 + S_{22}\,k_1\,k_2 + S_{33}\,l_1\,l_2 \\ + S_{23}\,(k_1\,l_2 + k_2\,l_1) + S_{13}\left(l_1\,h_2 + l_2\,h_1\right) + S_{12}\left(h_1\,k_2 + h_2\,k_1\right) \end{array} \right\}$$

$$V = abc\,\sqrt{1 - \cos^2\alpha - \cos^2\beta - \cos^2\gamma + 2\cos\alpha\cos\beta\cos\gamma}$$

A 3: Standard-Elektronenbeugungsdiagramme einiger häufig auftretender Kristallstrukturen

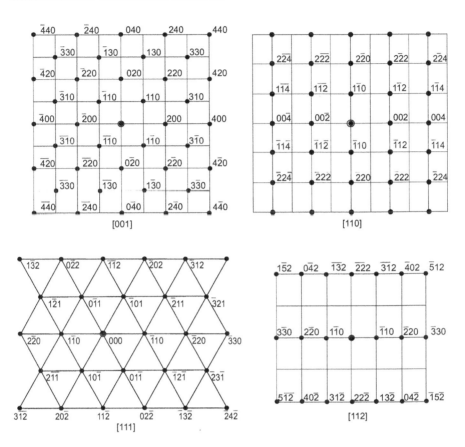

Abb. A 3.1: Kubisch-raumzentrierte Einkristalle. Reflexe treten auf, wenn $(h + k + l) = 2n$, n ist eine ganze Zahl

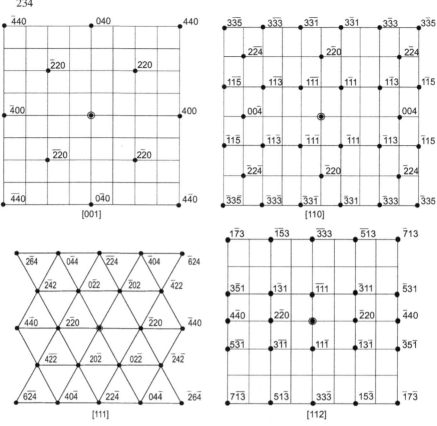

Abb. A 3.2: Einkristalle mit Diamantstruktur. Reflexe treten auf, wenn h, k, l alle ungerade, oder alle gerade plus $(h + k + l) = 4n$

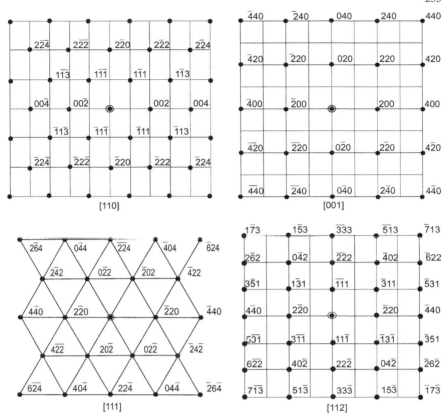

Abb. A 3.3: Kubisch flächenzentrierte Einkristalle. Reflexe treten auf, wenn *h, k, l* alle ungerade oder alle gerade

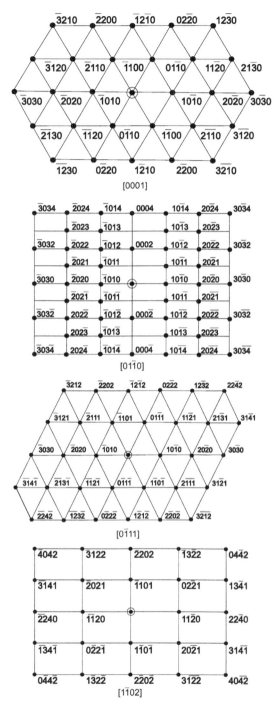

Abb. A 3.4: Hexagonal-dichtgepackte Einkristalle mit $c/a = 1{,}633$

A 4: Kristallstrukturen wichtiger Elemente

Element: (Umwandlungs- temperatur)	Temperatur [°C]	Struktur	Typ	Gitterkonstanten			Atomradius [nm]	Dichte [gcm⁻³]	Volumen pro Atom [10⁻³ nm]
				a [nm]	b [nm]	c [nm] (α oder β)			
Aluminium (Al)	25	kfz	A1	0,40496			0,143	2,698	16,60
Antimon (Sb)	25	rhomb.	A7	0,45067		57°6'27"	0,161	6,692	30,20
	26	rhomb.	A7	0,4307		1,1273			
Arsen (As)		rhomb. orthorh. kubisch	A7	0,4131		α=54°10'	0,125	5,766	21,54
Barium (Ba)	RT	krz	A2	0,5019			0,224	3,594	62,59
Berillium, α (Be)	20	hdp	A3	0,22856		0,35832	0,113	1,846	8,11
β? > 1250	1250	krz	A2	0,255			0,034⁺		8,29
Blei (Pb)	25	kfz	A1	0,49502			0,175	11,341	30,33
Bor, α (B)	RT	rhomb.					0,097	2,466	7,67
1100 - 1300		tetrag.						2,33	
> 1300		rhomb.						2,356	
Cadmium (Cd)	21	hdp	A3	0,29788		0,56167	0,125	8,647	21,58
Cäsium (Cs)	-10	krz	A2	0,614			0,270	1,91	115,17
Chrom (Cr)	20	krz	A2	0,28846			0,128	7,194	12,0

238

Element: (Umwandlungstemperatur)	Temperatur [°C]	Struktur	Typ	Gitterkonstanten			Atomradius [nm]	Dichte [gcm⁻³]	Volumen pro Atom [10⁻³ nm]
				a [nm]	b [nm]	c [nm] (α oder β)			
Eisen, α (Fe)	20	krz	A2	0,28664			0,128	7,873	11,77
γ 911 bis 1392	916	kfz	A1	0,36468				7,646	
δ 1392 bis T_L	1394	krz	A2	0,29322				7,356	
Gallium (Ga)	20	orthorh.		0,45258	0,45198	0,76602	(0,126)	5,908	19,59
Germanium (Ge)	25	kubisch	A4	0,56576			(0,139)	5,324	22,64
Gold (Au)	25	kfz	A1	0,40788			0,144	19,281	16,96
Kalium (K)	78 K	krz	A2	0,5247			0,238	0,899	75,31
Kalzium, α (Ca)	8	kfz	A1	0,5582			0,197	1,530	43,48
β = unbestätigt			(A3)						
γ 464 bis T_L	~500	krz	A2	0,4477				1,483	
Kobalt, α (Co)	18	hdp	A3	0,2506		0,4069	0,125	8,8	11,13
β stabil ~450 bis T_L	18	kfz	A1	0,3544				8,7	
Kohlenstoff (C)									
Diamant	20	kubisch	A4	0,35670			0,077	3,516	5,68
Graphit, α	20	hex.	A9	0,24612		0,67078		2,266	
Graphit, β		rhomb.		0,24612		1,00618		2,266	
Kupfer (Cu)	20	kfz	A1	0,36147			0,128	8,932	11,81
Lithium (Li)	20	krz	A2	0,35092			0,157	0,533	21,61
unter ~72 K	78 K	hdp	A3	0,3111		0,5093	0,078⁺		
Magnesium (Mg)	25	hdp	A3	0,32094		0,52105	0,160	1,737	23,23
Mangan, α (Mn)	25	kubisch	A12	0,89139			0,112	7,473	12,21

Element: (Um-wandlungs-temperatur)	Temperatur [°C]	Struktur	Typ	Gitterkonstanten			Atomradius [nm]	Dichte [gcm⁻³]	Volumen pro Atom [10⁻³ nm]
				a [nm]	b [nm]	c [nm] (α oder β)			
β 742 bis 1095	25	kubisch	A13	0,6315				7,24	
γ 1095 bis 1133	1095	kfz	A1	0,3862				6,33	
δ 1133 bis T_L	1134	krz	A2	0,3081				6,23	
Molybdän (Mo)	20	krz	A2	0,31468			0,140	10,22	15,58
Natrium (Na)	20	krz	A2	0,42906			0,192	0,9660	39,5
unter ~36 K	5 K	hdp	A3	0,3767		0,6154		1,009	
Nickel (Ni)	18	kfz	A1	0,35236			0,125	8,907	10,94
Niob (Nb)	20	krz	A2	0,33007			0,147	8,578	17,98
Palladium (Pd)	22	kfz	A1	0,38907			0,137	11,995	14,72
Phosphor (P)									
weiß	-35	kubisch		0,717			0,109	2,22	
schwarz	RT	orthorh.		0,332	1,052	0,439		2,69	16,59
rot	RT	kubisch		1,131				2,35	
gelb, über -70	RT	kubisch		1,88				1,80	
Platin (Pt)	20	kfz	A1	0,39239			0,138	21,47	15,10
Plutonium (Pu)									
α	21	monoklin		0,61835	0,48244	1,0973 β=101,81°		19,814	23,4
β 122 bis 206	190	monoklin		0,9284	1,0463	0,7859 β=92,13°		17,70	
γ 206 bis 319	235	orthorh.		0,3159	0,5768	1,0162		17,14	
δ 319 bis 451	320	kfz	A1	0,4637				15,92	

| Element (Umwandlungs-temperatur) | Temperatur [°C] | Struktur | Typ | Gitterkonstanten | | | Atomradius [nm] | Dichte [gcm⁻³] | Volumen pro Atom [10⁻³ nm] |
				a [nm]	b [nm]	c [nm] (α oder β)			
δ' 451 bis 485	477	tetrag.		0,3339		0,4446		16,01	
ε 476 bis T$_L$	490	krz	A2	0,3636				16,51	
Quecksilber (Hg)	−46	rhomb.	A10	0,3005		α= 70°32'	0,155	14,26	23,42
< 79 K nach Druck	77 K	trz		0,3995		0,2825		14,77	
Schwefel (S)									
α, gelb	RT	orthorh.		1,0414	1,0845	2,4369	0,104	2,086	25,52
β, monoklin	RT	monoklin	P2$_1$/c	1,092	1,098	1,104 β=83°16'	0,174⁺	2,063	
rhomboedrisch	RT	rhomb.	R $\bar{3}$	0,645		α=115°18'		2,81	
γ, monoklin	RT	monoklin.	P2/n	0,857	1,305	0,823 β=112°54'			
Silizium (Si)	20	kubisch	A4	0,54305			0,117	2,329	20,02
Silber (Ag)	25	kfz	A1	0,40857			0,144	10,50	17,06
Titan, α (Ti)	25	hdp	A3	0,29506		0,46788	0,147	4,508	17,65
β ~882 bis T$_L$	900	krz	A2	0,33065				4,400	
Uran, α (U)	25	orthorh.	A20	0,28536 y=0,010245	0,58699	0,49555	0,105⁺	19,05	20,81
β 662 bis 774	720	tetrag.		1,0759		0,5656		18,11	
γ 774 bis T$_L$	800	krz	A2	0,3534				18,06	
Vanadin (V)	30	krz	A2	0,30282			0,136	6,09	13,88
Wismuth (Bi)	25	rhomb.	A7	0,4546		1,1862	0,182	9,803	35,38

Element: (Umwandlungstemperatur)	Temperatur [°C]	Struktur	Typ	Gitterkonstanten a [nm]	b [nm]	c [nm] (α oder β)	Atomradius [nm]	Dichte [gcm⁻³]	Volumen pro Atom [10⁻³ nm]
Wolfram (W)	21	krz	A2	0,31650			0,141	19,253	15,85
Yttrium (Y)	20	hdp	A3	0,36474		0,57306	0,181	4,475	33,01
1460 bis T_L		krz	A2	0,411					
Zink (Zn)	25	hdp	A3	0,26649		0,49468	0,137	7,134	15,24
Zinn (Sn)									
α, grau	20	kubisch	A4	0,64892			0,158	5,765	27,65
β, weiß, 13,2 bis T_L	25	tetrag.	A5	0,58135		0,31814		7,285	
Zirkon, α (Zr)	25	hdp	A3	0,32312		0,51477	0,160	6,507	23,27
β 862 bis T_L	862	krz	A2	0,36090				6,443	

Sachverzeichnis

244

246

Danksagung

Die Autoren möchten sich für die Unterstützung zahlreicher Fachkolleginnen und
–kollegen zu früheren und zu dieser Auflage bedanken. Ohne ihre Hilfe wäre es
nicht möglich gewesen, das Buch mit einer großen Zahl von Bildern, die Beispiele
für verschiedene Methoden aus vielen Gebieten der Werkstoffmikroskopie geben,
zu illustrieren. Ihre Namen sind im Einzelnen unten aufgeführt. Herrn Dr. W. Hert
(Fa. Gatan) sei für die Beschaffung der Unterlagen über Zusatzeinrichtungen für
die Elektronenmikroskopie gedankt. Herrn Prof. Warlimont danken wir für das
Kapitel 1.4. Danken möchten wir Frau A. Archie für das Einscannen zahlloser
Negative und die Herstellung des druckfähigen Manuskriptes, Frau Dipl.-Ing. G.
Künecke und Herrn Dipl.-Ing. C. Haftaoglu für die Neuerstellung aller Zeichnun-
gen, Frau G. Bornscheuer und Frau G. Schürmann für die Ausführung der Fotoar-
beiten.

Den folgenden Damen und Herren sei für die zur Verfügung gestellten mikroskopischen Aufnahmen gedankt:

Dr. G. Bäro, ABB, Mannheim
Dr. D. Bettge, BAM, Berlin
Dr. U. Dahmen, University of California, USA
Dr. H.-U. Danzebrink, PTB, Braunschweig
Dr. I. Dörfel, BAM, Berlin
Dr. K. Escher, Werkstoffe, Ruhr-Universität Bochum
Dr. U. Essmann, Max-Planck-Institut für Metallforschung, Stuttgart
Prof. H. G. Feller, TU Berlin
Prof. K. Friedrich, Institut für Verbundwerkstoffe, Kaiserslautern
Dr. E. Fuchs, Siemens, München
Dr. D. Gerthsen, Forschungszentrum Jülich GmbH
B. Gleising, Werkstoffe, Ruhr-Universität Bochum
R. C. Glenn, U. S. Steel, Monrocville, PA.
Dr. J. Goebbels, BAM, Berlin
Dr. B. Grzemba, VAW, Bonn
Dr. K. F. Hale, National Phys. Laboratory, Teddington
Dr. U. Herold-Schmidt, Dornier GmbH, Friedrichshafen
M. Hühner, Werkstoffe, Ruhr-Universität Bochum
Dr. H. Jacobi, Küppersbusch, Gelsenkirchen
Dr. B. Kabius, Forschungszentrum Jülich GmbH
Dr. L. Kahlen, Werkstoffe, Ruhr-Universität Bochum
Dr. H. P. Klein, ABB, Baden, Schweiz
E. Kobus, Werkstoffe, Ruhr-Universität Bochum

Dr. B. Koch, BAM, Berlin
Prof. U. Köster, Werkstoffe und Korrosion, Universität Dortmund
Prof. H. Kreye, Hochschule der Bundeswehr, Hamburg
Dr. A. Merz, Battelle Mem. Institut, Frankfurt am Main
Prof. J. Motz, Ratingen
Prof. H. Mughrabi, Universität Erlangen-Nürnberg
G. Oder, BAM, Berlin
Dr. W. Österle, BAM, Berlin
Prof. J. Petermann, Chemietechnik, Universität Dortmund
Prof. A. Rahmel, Dechema, Frankfurt
Dr. B. Ralph, University of Cambridge
Dr. W. Reick, Werkstoffe, Ruhr-Universität Bochum
Dipl.-Ing. H. Renner, Universität Erlangen-Nürnberg
Prof. M. Rühle, Max-Planck-Institut für Metallforschung, Stuttgart
Dr. K. Schäfer, Barmag AG, Remscheid
Dr. M. Schaus, Werkstoffe, Ruhr-Universität Bochum
Dr. K. Schemme, Emscher-Lippe-Agentur GmbH, Herten
Dr. I. Schmidt, Zahnradfabrik Friedrichshafen
Dr. H. Siethoff, Universität Würzburg
Dipl.-Ing. T. Simon, Ruhr-Universität Bochum
Prof. S. Staniek, Fachhochschule Düsseldorf
Dr. H. Strunk, Max-Planck-Institut für Metallforschung, Stuttgart
Dr. H. Sturm, BAM, Berlin
Dr. M. Thumann, ABB, Baden, Schweiz
Prof. K. Urban, Forschungszentrum Jülich GmbH
Prof. R. Wagner, GkSS-Forschungszentrum, Geesthacht
Dipl.-Ing. T. Walther, Forschungszentrum Jülich GmbH
Prof. H. Warlimont, IFW, Dresden
Dr. R. Wirth, Geologie, Ruhr-Universität Bochum
I. Wittkamp, Werkstoffe, Ruhr-Universität Bochum
Dr. W. Wunderlich, Max-Planck-Institut für Mikrostruktur, Halle/Saale
Prof. K. H. Zum Gahr, Universität Karlsruhe
sowie den Firmen
Gatan GmbH, München
Philips GmbH, Kassel

Frau Dipl.-Ing. G. Baumeister und Herrn Dr. U. Waldherr sei für das überlassene Probenmaterial gedankt.

Potsdam, Berlin, im Mai 2009

E. Hornbogen, B. Skrotzki

Printed by Printforce, the Netherlands

Mikro- und Nanoskopie der Werkstoffe